特殊环境下透水混凝土的研发与应用

陈代果　姚　勇　韩培锋　邓勇军　著

中国建筑工业出版社

图书在版编目（CIP）数据

特殊环境下透水混凝土的研发与应用 / 陈代果等著
. — 北京：中国建筑工业出版社，2024.6
ISBN 978-7-112-29897-6

Ⅰ.①特… Ⅱ.①陈… Ⅲ.①渗透性 — 混凝土 Ⅳ.
① TU528.59

中国国家版本馆 CIP 数据核字（2024）第 106266 号

我国地域辽阔，随着海绵城市的推广建设，需要在高寒高海拔地区、盐渍土地区等特殊环境下都能应用透水混凝土，这就对透水混凝土材料本身提出了更高的要求，如高寒高海拔地区透水混凝土的抗冻性能、盐渍土地区透水混凝土的抗侵蚀性能、河道边坡环境下的抗冲刷性能等。在各种特殊环境下，研究其物理力学性能的影响因素和影响规律，对于透水混凝土的推广和应用具有重要意义，同时也为国家海绵城市的建设奠定坚实基础。

本书主要来源于住房和城乡建设部科技计划项目"透水混凝土在严寒地区的冻融机理及设计方法研究""非自重湿陷性黄土透水混凝土路面及地基渗水性研究与示范"和"西南科技大学多孔混凝土研制与改性团队"的相关研究成果。此成果对于透水混凝土后续的寿命预测和现场质量检测等研究有着重要作用。

责任编辑：王华月
责任校对：赵　力

特殊环境下透水混凝土的研发与应用
陈代果　姚　勇　韩培锋　邓勇军　著

*

中国建筑工业出版社出版、发行（北京海淀三里河路9号）
各地新华书店、建筑书店经销
北京点击世代文化传媒有限公司制版
廊坊市金虹宇印务有限公司印刷

*

开本：787毫米×1092毫米　1/16　印张：14½　字数：301千字
2024年6月第一版　2024年6月第一次印刷
定价：**89.00** 元
ISBN 978-7-112-29897-6
（43055）

前言
FOREWORD

20世纪末，随着城镇化建设的推进，以前的绿水青山逐渐被建筑物和硬质不透水路面覆盖，将宝贵的雨水与下层土壤阻断，地下水得不到补充并且增大了城市排水系统压力，严重影响了雨水的有效利用。此外由于不透水路面不透气不保水，很难与空气进行湿度和热量的交换，从而加剧了城市热岛效应。为了适应环境变化和应对雨水带来的自然灾害等问题，2012年4月，在2012低碳城市与区域发展科技论坛中，"海绵城市"概念首次提出。建设海绵城市，就是采用渗、滞、蓄、净、用、排等措施，将70%的降雨就地消纳和利用。为此透水混凝土材料应运而生，它吸水、透水、蓄水等特点不但能提升城市生态系统功能，还能降低城市洪涝灾害的发生。我国地域辽阔，随着海绵城市的推广建设，需要在高寒高海拔地区、盐渍土地区等特殊环境下都能应用透水混凝土，这就对透水混凝土材料本身提出了更高的要求，如高寒高海拔地区透水混凝土的抗冻性能、盐渍土地区透水混凝土的抗侵蚀性能、河道边坡环境下的抗冲刷性能等。在各种特殊环境下，研究其物理力学性能的影响因素和影响规律，对于透水混凝土的推广和应用具有重要意义，同时也为国家海绵城市的建设奠定了坚实基础。

本书主要来源于住房和城乡建设部科技计划项目"透水混凝土在严寒地区的冻融机理及设计方法研究""非自重湿陷性黄土透水混凝土路面及地基渗水性研究与示范"和西南科技大学"多孔混凝土研制与改性团队"的相关研究成果。此成果对于透水混凝土后续的寿命预测和现场质量检测等研究有着重要作用。

感谢四川靓固科技集团有限公司对项目研究给予的支持和帮助；感谢西南科技大学土木工程与建筑学院张兆强老师、褚云朋老师、刘筱玲老师等对本书的指导；感谢西南科技大学土木工程与建筑学院研究生唐子歆在本书编写过程中所做的资料整理和撰写工作；感谢参与课题研究的研究生付东山、唐瑞、范士锦、李想、杨福俭、黄晓惠、杨航、陈聪慧、陈建智、汪雄杰、周大福、黄彬、胡亚南、杨国成、黄世杰等为本书所做的大量工作。

鉴于作者的水平及认识的局限性，书中如有不妥之处，望读者批评指正。

目 录
CONTENTS

第3章　改性透水混凝土在高寒高海拔地区的应用　023

第4章　透水混凝土在盐渍土地区的应用　083

第 6 章   透水混凝土在河道护坡中的应用   179

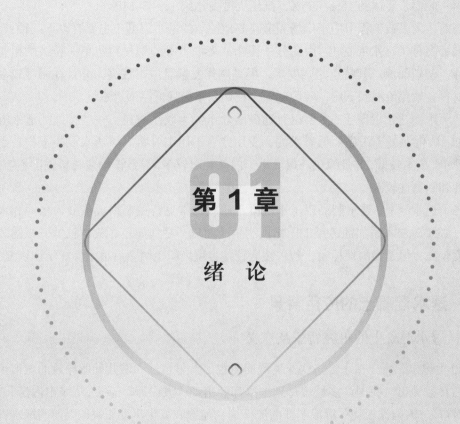

第 1 章

绪　论

1.1 透水混凝土的基本概念及分类

透水混凝土作为新型铺装材料，在国内应用已超前于研究。现有透水混凝土是由骨料、胶结材料、水、外加剂等经过特定工艺搅拌、浇筑而成，其骨料表面被一定量的胶结材料均匀包裹，凝结后形成内部孔隙分布均匀的蜂窝状结构，属于多孔轻质混凝土，具有透气、透水和重量轻的特点。透水混凝土的强度受到多方面因素的影响，例如胶结材料所提供的粘结力、骨料之间的机械咬合力等。国内外应用的透水混凝土孔隙率一般要求要达到 15% ~ 25%，抗压强度要达到 10 ~ 30MPa。

当前，大多数工程中用于广场和道路等地铺装的透水混凝土主要有以下几种：

（1）高分子透水混凝土：由高分子树脂或者沥青等胶结材料与单一粒级的粗骨料经搅拌、浇筑而成。其特点是强度高，但是制作复杂且成本较高，并且在温度较高时胶结材料会软化流淌到下层，随后凝固，长期积累会降低路面透水性。

（2）水泥透水混凝土：主要以普通硅酸盐水泥为胶结材料，一些特殊的透水混凝土（如：植生混凝土）需要低碱水泥，少用或者不用细骨料。该透水混凝土的特点是制作简单、成本较低，并且绿色环保。由于内部孔隙较多，导致该铺装材料强度不够高、抗冻性和耐磨性较差。

（3）透水制品：透水制品以透水混凝土砖较为常见，主要组成成分为水泥和天然石子，必要时加入添加剂，经工厂化预制生产而成，制作简单、成本较低。该铺装材料强度较高，但是易缺棱掉角，透水性能较差，垃圾粉尘堵塞后透水性能不能恢复。

1.2 透水混凝土的应用背景

1.2.1 透水混凝土的研究背景及意义

20 世纪末，由于追求经济快速发展而忽视了人与自然和谐共处所导致的城市生态问题已日益突出，我国许多城市每到雨季都会出现"城中海"景观，"城市内涝""到城市看海""人肉铁板烧"等成了新的流行词。随着城镇化建设加快，以前的绿水青山逐渐被建筑物和硬质不透水路面覆盖，我国大部分城市路面、广场以及公园小区等选择传统混凝土路面作为铺装材料，此路面虽然坚固、耐用，但是其最大的缺点是不透气、不透水、不保水，从而将宝贵的雨水完全与下层土壤阻断，大部分雨水只能通过城市的排水系统排出，使地下水得不到补充并且增大了城市排水系统压力，严重影响了雨水的有效利用（图 1-1）。此外由于不透水路面不透气不保水，很难与空气进行湿度和热量的交换，从而加剧了城市热岛效应（图 1-2）。

为了适应环境变化和应对雨水带来的自然灾害等问题，2012 年 4 月，在 2012 低碳城市与区域发展科技论坛中，"海绵城市"概念首次提出。建设海绵城市，就是采用渗、滞、蓄、净、用、排等措施，将 70% 的降雨就地消纳和利用。海绵城市能适应环境变化，在应对自然灾害等方面具有良好的反馈机制。下雨时透水混凝土层吸水、蓄水（图 1-3），天晴时蓄存的水随着透水混凝土的孔隙蒸发，不但提升了城市生态系统功能，还减少了城市洪涝灾害的发生。

图 1-1　洪涝灾害

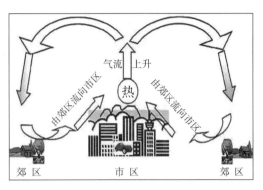

图 1-2　热岛效应

图 1-3　透水混凝土透水性

图 1-4　海绵城市

我国地域辽阔,原来对于透水混凝土的研究都是集中在常规区域,随着海绵城市(图 1-4)的推广,在各种透水环境中都能应用到透水混凝土,如高寒高海拔地区、盐渍土地区等,在高寒高海拔地区推广的主要障碍是抗冻性能,因此国内外对于透水混凝土的抗冻性能进行了大量的研究,研究出了适合在高寒高海拔地区应用的透水混凝土的配合比以及外掺料掺量。在盐渍土地区,由于透水混凝土受到物理侵蚀和化学侵蚀,因此研究透水混凝土因侵蚀而发生的物理力学性能的改变就至关重要。

1.2.2　透水混凝土的研究现状

1. 透水混凝土的应用现状

1852 年英国在进行某项工程建设时由于缺少细集料,工程师 V.M.Malhortra 设计并拌合出单一级配的混凝土,这就是透水混凝土的开端,然而 V.M.Malhortra 并未发现该混凝土出色的透水功能价值。50 年后这种单一级配混凝土的制作方法传入了荷兰、俄罗斯等国家,由于这种单一级配的特殊混凝土能够很好地降低生产成本、减少自身重量,使得其在资源紧缺的战争时期格外受工程师们的欢迎。在接下来的几十年,英国、德国和俄罗斯对这种单一级配的特殊混凝土进行了一系列的研究，英国的科学家还将这种特殊的混凝土用做多层房屋中的承重墙。法国在 1960 年为了解决公园绿道两侧植被的浇灌问题，率先提出了采用该特殊混凝土建设透水路面的想法。1970 年英国正式将单一级配的特殊混凝土用于市政道路的铺装，并给这种特殊的混凝土取名为透水混凝土。

在短短的十多年间，透水混凝土在我国有着广泛的工程应用，2008 年北京奥运会的奥运会广场、停车场等项目做了大量的透水铺装，铺设面积高达 11.7 万 m^2。2009 年陕西省西安市大明宫国家遗迹有 15 万 m^2 的公园道路采用了透水混凝土道路，该透水铺装工程透水效果良好。2010 年上海世界博览会展览园区内 3/5 以上的道路采用了透水铺装。达到美化效果的同时也实现减少路面径流与防洪的目标，河南省会郑州市郑东新区国际会展中心停车场项目和广场项目内使用了生态彩色透水混凝土砖进行面层铺筑。

同时，由于我国"热岛效应"比较严重，透水混凝土路面铺装也成为建设海绵城市十分重要的一环。针对一系列对透水混凝土性能的研究，发现与传统混凝土路面相比，透水混凝土具有以下优势：

（1）降低路面积水径流，缓解洪涝灾害；

（2）过滤雨水，降低雨水对城市用水的污染；

（3）下雨时雨水可补充所在地区的地下水位，太阳天时吸收的水分蒸发，有效降低内陆城市地表温度，缓解城市的热岛效应；

（4）多孔结构既能吸收车辆行驶时产生的噪声，还防止路面积水打滑；

（5）彩色透水混凝土可实现良好的景观效果。

国内外不仅研究了在道路铺装时透水混凝土相比较普通混凝土所占据的优势，还对透水混凝土在抗硫酸盐侵蚀、抗冻融以及在河道护坡性能的提升等方面作了一系列的研究。我国地域辽阔，不同的区域土质特性不一样，气候特性也不一样，透水混凝土要应用于不同的场景，需要专门针对不同的气候特征去研究。如透水混凝土目前的工程应用案例多数集中于南方地区，限制其在我国北方地区推广的主要障碍就是抗冻性能，因此对抗冻性能展开研究对于它在我国寒冷地区的应用具有重要意义。又比如我国盐渍土分布区域较广，在盐渍土环境中的混凝土构件，容易反复多次受到有害盐类的侵蚀。要在盐溶液环境和盐渍土环境中运用透水混凝土，需要从环境和透水混凝土本身出发，了解其中的构造特点和侵蚀机理。

2. 透水混凝土基本物理性能研究现状

透水混凝土在硬化状态下最主要的特征是密度降低，因此单位体积下透水混凝土的质量要比普通混凝土的质量轻，渗透性为 0.2～1.2cm/s，抗压强度为 3.5～28MPa。透水混凝土因其独特的多孔结构，使地上空间和地下结构产生有效"交流"，吸收噪声、缓解城市热岛效应以及水资源回收等。

透水性是透水混凝土的标志性铭牌，在目前的研究中普遍认为透水性的强弱与透水混凝土中孔隙度及孔隙尺寸呈正相关趋势，总体孔隙变大，透水性普遍也跟着增强，而孔结构过多过大会导致混凝土整体结构更疏松，致使透水混凝土的强度较低，张朝辉等指出透水性和孔隙率随着骨料尺寸的增大而增大，抗压强度与透水性和孔隙率的变化趋势相反，因此骨料的粒径及种类对透水系数都有一定的影响。Anush K 等提出，c/a（水泥用量与粗骨料用量比值）对透水混凝土的渗透性影响最大，改变骨料和水泥的比例会比改变任何混合料参数对透水性的影响都显著；Rui Zhong 等指出基体强度、骨料颗粒直径以及骨料和胶凝材料的比值都会对整体结构的强度产生很大影响，其中基体强度的增加在研究范围内使整体强度呈现线性增长的趋势，且引入预测抗压强度半经验模型。黄晓惠考虑不同骨料颗粒直径，建立孔隙率与抗压强度的关系。在考虑骨料类型时，以白云石和粗钢渣为粗骨料并加入河沙浇筑透水混凝土，其中小骨料掺量越高，透水混凝土的抗折强度和动弹模量越大，白云石透水混凝土的总孔隙率大于钢渣透水混凝土，且相比于骨料颗粒直径，连通孔隙率更多受骨料类型所影响；倪凯翔研究发现以玄武岩为骨料的透水混凝土透水系数较小，以石灰岩Ⅱ为骨料的透水混凝土系数较大；Ali A 等表明再生骨料、橡胶纤维和橡胶粉对透水混凝土的透水系数影响较小，对抗压强度、抗弯强度、劈裂抗拉强度这些强度指标影响也比较小。Huang 等探究了玄武岩和花岗岩为骨料的透水混凝土的透水性和强度。

水灰比对混凝土的和易性、收缩、强度、耐久性有一定的影响，对于不同颗粒直径、尺寸、类型粗骨料的透水混凝土，其最佳水灰比也是不同的。当采用单一级配骨料以及确定骨料类型时，透水混凝土的抗压强度最高值往往由一个最适合的水灰比所决定，当水灰比较低时，混合料过于干燥，不利于浆体流动均匀包裹骨料；而水灰比较高时，水泥浆过稀导致对骨料的包裹不充分，不利于水泥浆发挥其粘结性且过稀的水泥浆也会被堵在孔隙处，不利于透水混凝土的透水性，因此对于透水混凝土，水灰比的大小将直接影响透水混凝土的透水性、孔隙率、抗压强度、抗折强度。在水灰比对透水混凝土基本物理力学影响的研究中，蒋正武等指出，相比于骨料颗粒直径大小与级配、骨料与胶凝材料的比例，水灰比对透水混凝土整体性能影响较小；刘霞等提出在选择卵石骨料和碎石骨料时，水灰比在 0.28 ~ 0.32 之间透水混凝土容易达到 C25 强度等级，而随着水灰比的增大，孔隙率和透水系数均增大，抗压强度变化趋势与之相反；张松涛等使用骨料颗粒直径为 5 ~ 10mm 的再生骨料浇筑不同目标孔隙率、不同水灰比的透水混凝土，试验结果表明随着水灰比的增长，透水系数逐渐降低，而抗压强度呈现先增长后减低的趋势；陈代果等表明随着水灰比的增加，透水混凝土的有效孔隙率跟着减小，导致其透水系数减小；姜骞等通过透水混凝土浆体新拌性测试与硬化性能相关性指出，透水混凝土的力学性能和透水性在很大程度上由其工作状态决定，透水混凝土硬化性能受水泥浆体流动性影响的主要原因在于局部表观密度的变化，也就是浆体含量差异导致的现象。透水混凝土的透水性体现在混凝土整体的连通性及有效孔数量的多少将直接影响到透水性的强弱。国内外对透水混凝土透水性的检测方法及试验方法的研究有很广泛的涉猎，因透水混凝土内部存在一侧开口一侧封闭的孔隙致使普遍使用的排水法得到的孔隙率是有一定的误差。除了上述原料种类或掺量对透水混凝土基本物理力学性能的影响，在投料时的投料方式、成型时的成型压力、成型方式、插捣次数等制备手段以及外加剂如减水剂、粉煤灰、硅灰、钢渣等也会对透水混凝土的基本物理力学性能产生一定的影响。

透水混凝土强度受水泥石强度、骨料与骨料间的机械咬合力、骨料与水泥石之间的粘结力等多种因素的控制。大量试验研究结果表明，随着透水混凝土内粗骨料被水泥浆包裹的堆积程度越高，混凝土强度越大，孔隙率越小，透水系数也越小，为深入研究透水混凝土的基本物理力学性能以及相关改性外掺料的影响，国内外诸多专家学者都进行了较为深入的研究，主要研究方式依托基于不同配合比、不同外掺料种类及掺量条件下的透水混凝土试样研究。

如张朝辉的研究就是从透水混凝土基本材料方面展开，选取水泥、粗骨料、水之间的相互关系参数研究透水混凝土强度和透水性的规律，为后续研究提供了基础。Park 在试验中采用粒径为 5~13mm 的碎石和不含细骨料的再生骨料，探究对透水混凝土性能及吸声特性的影响。经其研究发现，50% 为最佳再生骨料替代值，当抗压强度和吸声性达到最佳水平时对应的目标孔隙率均为 25%；当骨料掺量改变时，其对吸声性能的影响不明显。雷丽恒等通过大量试验寻求适合轻型交通道路的透水混凝土配合比，并研究不同孔隙率对透水性和吸声性的影响。张永强等在材料组成上采用了粗细结合的方法，以适量添加细骨料（砂）、改变水灰比的两种方式研究了强度与透水性的规律。结果指出透水混凝土存在最佳水灰比；细骨料掺量对其性能的优劣影响比较显著，不可一味追求强度而增大细骨料含量，当 3.5% 或 5.5% 掺量时变化较明显。张燕刚选用火山渣作为骨料，基于一些基本设计参数的变化系统研究了不同型号火山渣对透水混凝土性能的影响，并最终制得强度为 8.6MPa，透水系数高于 4mm/s 的透水材料并成功用于实际。此外，张燕刚利用线性拟合的方式得出了强度间的关系曲线，研究得到火山渣型号不同时，强度变化规律也不同，火山渣透水混凝土孔隙率—强度满足指数型函数关系。Li 等以骨料种类、胶凝材料、成型压力作为因素设计正交试验，同样对透水混凝土渗透系数开展探究。分析结果表明，骨料种类对渗透系数几乎不构成影响，随着胶凝材料用量和成型压力的增大，透水系数与之呈相反趋势。南峰基于利用黏土陶粒、膨胀珍珠岩和粉煤灰作为外掺料制备轻骨料透水混凝土，得出了透水混凝土基本物理力学性能、pH 值在不同掺量下表现出的变化规律。结果表明添加一定量的粉煤灰与珍珠岩，对透水混凝土强度与密实度的提高有利，而对透水系数的改善不利，此外，pH 值对外掺料掺量的变化不敏感。

采用例如粉煤灰类似外掺料作为变量研究透水混凝土性能的方法，已被诸多学者所采纳：如在刘肖凡的试验中也同样有所体现，其采用单掺粉煤灰等量替代的方法研究了透水混凝土物理力学性能在一定条件下的变化规律，并结合外观形态、细观机理双方面地阐述了透水混凝土的破坏机理。结果表明抗压强度最高可为 18MPa，其随粉煤灰掺量的增大出现先增大后减小的趋势，即粉煤灰掺量过大会对强度产生不利影响，最终得出粉煤灰与骨料颗粒直径的最佳结果分别为 20%（粉煤灰掺量），5~10mm。不仅限于国内，过量粉煤灰会对抗压强度产生负面影响的结论在国外学者 Muthaiyan、Aoki、Zaetang、Natalia 等处也得到了验证，他们均采用粉煤灰作为外掺料替代部分胶凝材料，研究了该材料改性下的透水混凝土不同龄期时基本物理力学性能变化规律。

外掺料的种类及添加方式多种多样，高润东在种类和掺入方式上有所创新，选用硅灰和粉煤灰作为外掺料，分别尝试了单掺与复掺两种方式，研究了透水混凝土的基本性能，并通过电镜扫描和成分分析的方式，从宏观与微观两个方面总结了各项性能的变化规律，并比较了不同掺入方式下其各项性能的优劣。结果表明单掺 6% 硅灰是最佳方式，所有性能均较好。此方法在莫胜民、赵立雷的试验中也被采纳，并得出相似观点：硅灰的加入对提高强度有利，并基于各自试验现象分别提出了硅灰的最佳掺量。上述观点在中南大学张贤超的试验中同样得到了验证，张贤超主要对透水混凝土中使用的复合胶凝材料性能进行研究，认为采用粉煤灰和矿粉来优化早期强度的方法是不可取的，但此方法对于后期强度的改善是可行的。而硅灰对于早强影响规律的结论与粉煤灰相反，并基于该结论提示不可过量添加硅灰，其最佳掺量应在 6% 左右。国外学者 Mann 同样研究了透水混凝土抗压强度在硅灰掺量影响下的变化规律，硅灰代替水泥量范围选定为 0~10%。结果表明，当硅灰代替量在 5% 以内时对和易性提高有利；当硅灰替代量大于 7% 时，抗压强度与硅灰掺量二者呈现正相关。Zerdi 探究了透水混凝土在三种不同配合比的硅灰作用下其强度的变化，结果表明若硅灰大于 10%，则透水混凝土抗压强度均有提高，提高幅度在 45% 以上，最大可达 86%。

为探究多因素共同作用下透水混凝土的性能变化，孙宏友以粉煤灰和硅灰作为外掺料，分别从设计参数、掺料组成、成型方式三大方面选取了 7 种不同因素，设计了七因素三水平的正交试验。通过正交试验分析方法确定了透水系数与抗压强度的因素敏感性顺序及最佳组合，由此得出了最优配合比，表明了正交试验在分析透水混凝土多因素的影响问题时是可行的。此观点在付东山与张勇的试验中也得到了充分验证，付东山利用聚丙烯仿钢纤维作为外掺料，分别选取 4 种不同的水灰比、骨料颗粒直径及仿钢纤维掺量建立了正交表，以数学方法分别得出了基本物理力学性能对应的最显著影响因素与不同性能最佳状态时的配合比。张勇等选取设计孔隙率、外掺料掺量、砂率作为正交试验影响因素，通过直观分析法对外掺料透水混凝土抗压强度、透水系数进行了分析，得到了最佳组合因素，结果表明当设计孔隙率为 15% 时，抗压强度最大可达到 C20。

总而言之，需要对透水混凝土各方面进行详细的研究，并且根据不同环境来对透水混凝土的配合比和外掺料进行调整，从而使得透水混凝土能够应用于不同的场景和环境，由此拓宽透水混凝土的应用领域，缓解城市的热岛效应。

1.3 透水混凝土存在的问题及改进方法

透水混凝土是指由特定水泥、水、骨料、外加剂、掺合料等按特定配合比经特殊工艺制备而成的具有连续孔隙的混凝土（图 1-5）。骨料级配常为单一级配或间断级配，不含砂等细骨料。水泥等胶凝材料包裹骨料、连接骨料形成一个有大大小小孔隙的整体。透水混凝土强度主要取决于骨料颗粒之间胶凝材料的强度、骨料颗粒之间的机械咬合力以及胶凝材料与骨料颗粒之间的粘结强度。

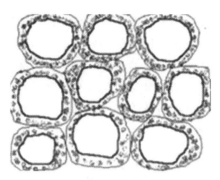

图 1-5 透水混凝土结构

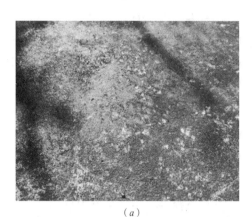

（a）　　　　　　　　　　　　　　　　（b）

图 1-6 硫酸盐侵蚀透水混凝土

（a）路面整体受腐蚀外观；（b）路面受腐蚀局部细节

透水混凝土的构造既成就了它发挥其透水、渗水、过滤的功能，也决定了它的缺陷和问题，透水混凝土在实际运用过程中表现出耐久性较差，在抗侵蚀性研究方面可查文献较少。与传统路面结构相比，透水混凝土强度和整体性均较差，高孔隙率使其从外向内暴露在外界环境中，抵抗侵蚀破坏的能力差，易引发多种病害，从而降低透水混凝土使用寿命。图 1-6 为透水混凝土被硫酸盐侵蚀后的外观，表面胶凝材料已被侵蚀，路面骨料脱落，严重影响美观和其耐久性，研究硫酸盐环境下透水混凝土的侵蚀规律特征是十分有必要的。

此外，透水混凝土因其多孔内部的结构，导致在北方或者高原地区受寒冷水环境冻融破坏的影响相比于普通混凝土更为强烈；在低温环境的影响下对透水混凝土的影响不只是内部冻胀压、渗透压、结晶压的作用使之破坏，其外部孔隙中的自由水结冰产生的冻胀压将直接影响骨料间与水泥浆体界面过渡区的结构稳定性。在严寒地区的冬季，降雪和融雪会加大地表水量，使透水混凝土内部更接近水饱和，会加快透水混凝土劣化的速度，然而想要透水混凝土的优良特性普惠于严寒地区，使透水混凝土在严寒地区得以推广，为此相关研究人员也对透水混凝土的抗冻性及如何改善抗冻性进行系统研究。经研究发现，在透水混凝土中外掺适量的 PAN 纤维和硅灰能够有效提高透水混凝土的抗冻性能。

以上两点是透水混凝土存在的基本问题，还有很多方面没有一一列举，比如如何将透水混凝土在非自重湿陷性黄土地区应用，如何通过改性将透水混凝土应用到河道护坡中等，这都是值得深入研究和改进的。

参考文献

[1] 柳孝图, 林其标, 沈天行. 人与物理环境 [M]. 北京：中国建筑工业出版社, 1996.

[2] 吴良镛. 关于人居环境科学 [J]. 城市发展研究, 1996（1）: 1-5.

[3] 柳孝图. 城市物理环境与可持续发展 [M]. 南京：东南大学出版社, 1999.

[4] 王新友. 环境材料与绿色建材 [J]. 建筑材料学报, 1998（1）: 88-93.

[5] 马光. 环境与可持续性发展导论 [M]. 北京：科学出版社, 2010.

[6] 车生泉, 谢长坤, 陈丹, 等. 海绵城市理论与技术发展沿革及构建途径 [J]. 中国园林, 2015, 31（6）: 11-15.

[7] Malhotra V. M. Advances in concrete technology[J]. Construction and Building Materials：Volume7, 1993（3）: 187.

[8] 洪雷. 混凝土性能及新型混凝土技术 [M]. 大连：大连理工出版社, 2005: 154-155.

[9] 王波. 透水性铺装与生态回归 [M]. 东营：石油大学出版社, 2004: 5-6.

[10] 刘霞, 王加荣, 吴冬, 等. 透水混凝土在奥林匹克森林公园的工程应用 [J]. 混凝土, 2008（10）: 120-122.

[11] 朱小地, 汪大炜. 大明宫国家遗址公园：御道广场工程设计回顾 [J]. 建筑创作, 2012（1）: 62-67.

[12] 周渊. 透水混凝土的研制及在工程中的应用 [J]. 上海建筑科技, 2011（3）: 55-57.

[13] 江信登. 透水混凝土的应用与发展 [J]. 福建建筑, 2009（12）: 43-44+55.

[14] 韩建国. 透水混凝土的性能和应用现状综述 [J]. 混凝土世界, 2014（10）: 46-52.

[15] 夏维学, 祁涛, 张铎. 透水混凝土在海绵城市建设中的应用研究 [J]. 四川水力发电, 2017, 36（2）: 5-6+9.

[16] 张昀, 王宝国, 桂天丽. 透水混凝土在海绵城市建设中的应用 [J]. 建筑技术, 2021, 52（8）: 1010-1012.

[17] Tennis PD, Leming ML, Akers DJ. Pervious concrete pavements [J]. Silver Spring, Maryland：Portland Cement Association Skokie Illinois，2004: 14.

[18] Schaefer V.R., Wang K., Suleiman M.T., et al., Mix design development for pervious concrete in cold weather climates[R]. Final Report.National Concrete Pavement Technology Center, Iowa State University, Ames, IA, 2006.

[19] 张朝辉, 王沁芳, 杨娟. 透水混凝土强度和透水性影响因素研究 [J]. 混凝土, 2008（3）: 7-9.

[20] Anush K. Chandrappa, Krishna Prapoorna Biligiri. Comprehensive investigation of permeability characteristics of pervious concrete：A hydrodynamic approach[J]. Construction and Building Materials, 2016, 123.

[21] Rui Zhong, Kay Wille. Compression response of normal and high strength pervious concrete[J].

Construction and Building Materials, 2016, 109.

[22] Rui Zhong, Kay Wille. Linking pore system characteristics to the compressive behavior of pervious concrete[J]. Cement and Concrete Composites, 2016, 70.

[23] 黄晓惠 . 透水混凝土整体路面施工质量控制与检测技术研究 [D]. 绵阳：西南科技大学, 2021.

[24] K. Ćosić, L. Korat, V. Ducman, et al. Influence of aggregate type and size on properties of pervious concrete[J]. Construction and Building Materials, 2015, 78.

[25] 倪凯翔 . 透水混凝土基本性能试验研究 [D]. 南京：东南大学, 2018.

[26] Ali A.Aliabdo, Abd Elmoaty M. Abd Elmoaty, Ahmed M. Fawzy.Experimental investigation on permeability indices and strength of modified pervious concrete with recycled concrete aggregate[J]. Construction and Building Materials, 2018, 193.

[27] Jinlin Huang, Zhibin Luo, Muhammad Basit Ehsan Khan. Impact of aggregate type and size and mineral admixtures on the properties of pervious concrete：An experimental investigation[J]. Construction and Building Materials, 2020, 265.

[28] 程娟 . 透水混凝土配合比设计及其性能的实验研究 [D]. 杭州：浙江工业大学, 2007.

[29] 张松涛, 贾欣悦, 宋卓, 等 . 无砂再生透水混凝土配合比设计 [J]. 混凝土与水泥制品, 2016（12）：6-12.

[30] 程娟, 郭向阳 . 水灰比在采用体积法进行透水混凝土配合比设计中的作用 [J]. 混凝土, 2008（8）：88-90.

[31] 蒋正武, 孙振平, 王培铭 . 若干因素对多孔透水混凝土性能的影响 [J]. 建筑材料学报, 2005（5）：513-519.

[32] 刘霞, 王加荣, 吴冬, 等 . 透水混凝土在奥林匹克森林公园的工程应用 [J]. 混凝土, 2008（10）：120-122.

[33] 张松涛, 贾欣悦, 宋卓, 等 . 无砂再生透水混凝土配合比设计 [J]. 混凝土与水泥制品, 2016（12）：6-12.

[34] 陈代果, 付东山 . 水灰比、孔隙率对透水混凝土性能的影响 [J]. 西南科技大学学报, 2017, 32（4）：38-42.

[35] 刘建忠, 周华新, 崔巩, 等 . 浆体新拌性能与透水混凝土硬化性能的相关性 [J]. 建筑材料学报, 2018, 21（1）：20-25.

[36] 张敏特, 朱袁洁, 夏晗, 等 . 制备工艺对透水型碎石混凝土强度和透水性能的影响研究 [J]. 新型建筑材料, 2018, 45（12）：14-17.

[37] 徐仁崇, 桂苗苗, 龚明子, 等 . 不同成型方法对透水混凝土性能的影响研究 [J]. 混凝土, 2011（11）：129-131.

[38] 龚平, 谢先当, 李俊涛 . 成型工艺对再生骨料透水混凝土性能的影响研究 [J]. 施工技术, 2015, 44（12）：65-68.

[39] 张立伟, 杨福俭, 陈代果, 等 . 成型参数对透水混凝土抗压强度的影响研究 [J]. 施工技术, 2020, 49（3）：74-76+91.

[40] 杨福俭 . 外掺 PAN 纤维和硅灰透水混凝土抗冻性能影响因素研究 [D]. 绵阳：西南科技大学,

2021.

[41] 白晓辉．粉煤灰透水混凝土改性试验及路用性能研究 [D]．武汉：武汉轻工大学，2015.

[42] Soto-Pérez Linoshka，Hwang Sangchul.Mix design and pollution control potential of pervious concrete with non-compliant waste fly ash[J]. Journal of Environmental Management，2016，176.

[43] Hua Peng，Jian Yin，Weimin Song.Mechanical and hydraulic behaviors of eco-friendly pervious concrete incor-porating fly ash and blast furnace slag[J]. Applied Sciences，2018，8（6）.

[44] 姜骞，刘建忠，周华新，等．浆体新拌性能与透水混凝土硬化性能的相关性 [J]．建筑材料学报，2018，21（1）：20-25.

[45] 杨航．混杂纤维透水混凝土基本物理力学性能及抗冻性研究 [D]．绵阳：西南科技大学，2022.

[46] 虞传海，张治国．复掺钢渣和粉煤灰对透水混凝土性能的影响 [J]．石家庄铁道大学学报（自然科学版），2014，27（3）：47-49.

[47] 张朝辉，王沁芳，杨娟．透水混凝土强度和透水性影响因素研究 [J]．混凝土，2008（3）：7-9.

[48] Park S B，Tia M.An experimental study on the water-purification properties of porous concrete[J]. Cement & Concrete Research，2004，34（2）：177-184.

[49] 雷丽恒，刘荣桂．透水性道路用生态混凝土性能的试验研究 [J]．混凝土，2009，09：99-101.

[50] 张永强，鲍国栋．路面透水混凝土性能研究 [J]．山西建筑，2010，36（33）：162-163.

[51] 张燕刚．火山渣透水混凝土的制备及其性能研究 [D]．北京：北方工业大学，2011.

[52] Li Z Y，Yang J，Li S B，et al. Orthogonal analysis of water permeability of pervious concrete[J]. Asian Journal of Chemistry，2014，26：1811-1815.

[53] 南峰，金瑞灵，伍勇华，等．轻骨料透水混凝土的研究 [J]．混凝土与水泥制品，2012，3：22-25.

[54] 刘肖凡，白晓辉，王展展，等．粉煤灰改性透水混凝土试验研究 [J]．混凝土与水泥制品，2014，01：20-23.

[55] Muthaiyan U M，Thirumalai S.Studies on the properties of pervious fly ash–cement concrete as a pavement material[J]. Cogent Engineering，2017，4：1-18.

[56] Aoki Y，Sri R，Khabbaz H. Properties of pervious concrete containing fly ash[J]. Road Materials and Pavement Design，2012，13：1–11.

[57] Zaetang Y，Wongsa A，Sata V，et al. Use of coal ash as geopolymer binder and coarse aggregate in pervious concrete[J]. Construction and Building Materials，2015，96：289–295.

[58] Natalia I，Linoshka S，Juliana N，et al. Optimization of pervious concrete containing fly ash and iron- oxide nanoparticles and its application for phosphorus removal[J]. Construction and Building Materials，2015，93：22–28.

[59] 高润东，许清风，李向民，等．低品质活性矿物掺合料透水混凝土试验研究 [J]．混凝土，2015，6：103-105+109.

[60] 莫胜民．粉煤灰、硅灰改性透水混凝土关键力学性能试验研究 [D]．广州：广东工业大学，2018.

[61] 赵立雷．硅灰改性透水混凝土配合比设计及性能试验研究 [J]．辽宁省交通高等专科学校学报，2020，22（3）：1-4.

[62] 张贤超．高性能透水混凝土配合比设计及其生命周期环境评价体系研究 [D]．长沙：中南大学，

2012：532–533.

[63]　Mann D A. The effects of utilizing silica fume in Portland cement pervious concrete[M]. Master of Science，University of Missouri-Kansas City：Kansas City，USA，2014.

[64]　Zerdi T A，Samee M A，Ali H，et al. Study of silica fume incorporation in pervious concrete[J]. International Journal of Science and Research，2016，5.

[65]　孙宏友 . 基于正交试验法的透水混凝土配合比设计和试验研究 [D]. 成都：西南交通大学，2016.

[66]　付东山，姚勇，梅军，等 . 基于正交分析法的透水混凝土性能试验研究 [J]. 混凝土，2017，12：181-184+188.

[67]　张勇，陈国华，贾文文，等 . 不同因素对透水混凝土性能影响正交试验分析 [J]. 混凝土，2018，07：157-160.

[68]　张彬鸿，李家科，李亚娇 . 低影响开发（LID）透水铺装技术研究进展 [J]. 水资源与水工程学报，2017，28（4）：137-144.

[69]　杨波，高润东，许清风 . 复杂侵蚀环境下透水混凝土耐久性能试验研究 [J]. 土木建筑与环境工程，2018，40（3）：53-60.

[70]　楼俊杰 . 不同掺合料影响下透水混凝土性能及冻融循环劣化研究 [D]. 济南：山东大学，2016.

[71]　向君正，桂发亮，冷梦辉 . 透水混凝土抗冻性能研究进展 [J]. 混凝土，2021（5）：51-55+60.

第 2 章

透水混凝土制备

2.1　透水混凝土原材料

2.1.1　粗骨料

粗骨料相互连接而成的蜂窝状结构是透水混凝土承受荷载时最基本的骨架，为保证透水混凝土的抗压强度和透水系数等物理性能，其粒径级配和形状的选择十分重要。有别于普通混凝土，为实现透水，粗骨料通常需具备一定的粒径，且粒径不宜过大或过小，过小会导致混凝土内部连通孔隙少、透水性差、易堵塞；粒径过大则会导致强度与耐久性能低，因此对于粗骨料颗粒直径范围的选取非常重要。粗骨料分类多种多样，天然碎石、部分有机物（陶粒、橡胶颗粒等）、再生材料均可作为粗骨料。

2.1.2　水泥

透水混凝土的主要支撑结构是靠骨料间的接触以及骨料的嵌挤力实现结构的完整性的，而骨料间的接触点也以水泥浆的粘结性而发生，同时水泥含量及水灰比、水胶比的掺量也关系到透水混凝土的基本物理力学性质，因此水泥对于透水混凝土的作用至关重要，而水泥本身的性质也在一定程度上决定了透水混凝土的性质。

2.1.3　外加剂

随着研究的深入，更多化学外加剂运用到透水混凝土的制备中，改善其力学及透水性能。适宜的外加剂能够使水泥水化更充分，增强水泥浆体与骨料的粘结能力，强化骨料与浆体的界面过渡区，提高透水混凝土力学性能。此外，化学外加剂能够改善透水混凝土的化学抵抗性、酸碱度以及生物亲和性等性能。

2.1.4　外掺料

相对于单掺化学外加剂来说，在透水混凝土中掺加矿物掺合料的最大优点是在提高性能的同时节约成本，且其在实际工程应用中的性价比较高。比如粉煤灰作为火山灰质材料之一，与水泥水化产物发生二次水化反应，生成难溶于水的水化硅酸钙凝胶，这样不仅降低了溶出的可能，还能提升透水混凝土内部的致密性，进而提高透水混凝土的力学性能和耐侵蚀性能。再比如硅灰的掺入能明显改善透水混凝土拌合物的和易性，尤其是包裹性和粘结性，且对早期强度的提升较为有效。

2.2　透水混凝土配合比设计及试件制备

2.2.1　配合比设计相关规范要求

透水混凝土的配合比设计应当满足现行行业标准《普通混凝土配合比设计规程》JGJ 55 中的有关要求。另外现行行业标准中还有如下要求：

（1）骨料的用量应当乘以修正系数 α，公式为：

$$W_G = \alpha \rho_G \tag{2-1}$$

式中　W_G——透水水泥混凝土中骨料用量（kg/m^2）；

　　　α——粗骨料用量修正系数，取 0.98；

　　　ρ_G——骨料紧密堆积密度（kg/m^3）。

（2）水灰比应当控制在 0.25 ~ 0.35 之间。

（3）水泥使用的百分比是添加外加剂用量的依据，公式为：

$$W_S = \alpha W_C \tag{2-2}$$

式中　W_S——透水混凝土中外加剂用量（kg）；

　　　W_C——透水混凝土中水泥用量（kg）；

　　　α——外加剂占水泥用量的百分比。

2.2.2　配合比设计方法

透水混凝土配合比设计计算步骤主要参照现行行业标准《透水水泥混凝土路面技术规程》CJJ/T 135，具体计算步骤如下：

1. 单位体积粗集料用量

$$W_G = \alpha \rho_G \tag{2-3}$$

式中　W_G——透水混凝土粗集料用量（kg/m^3）；

　　　ρ_G——粗集料堆积密度（kg/m^3）；

　　　α——粗集料用量修正系数，取 0.98。

2. 胶结材料体积用量

$$V_p = 1 - \alpha \cdot (1 - \gamma_c) - 1 \cdot R_{void} \tag{2-4}$$

式中　V_p——每立方米胶结材料用量（m^3/m^3）；

　　　γ_c——粗集料紧密堆积孔隙率（%）；

　　　R_{void}——设计孔隙率（%）。

3. 单位体积水泥用量

$$W_c = V_p \cdot \frac{\rho_c}{R_{\frac{W}{C}} + 1} \tag{2-5}$$

式中　W_c——每立方米水泥用量（kg/m^3）；

　　　ρ_c——水泥密度（kg/m^3）；

　　　V_p——每立方米胶结材料用量（m^3/m^3）；

　　　$R_{\frac{W}{C}}$——水灰比。

4. 单位体积用水量

$$W_W = W_C \cdot R_{\frac{W}{C}} \tag{2-6}$$

式中　W_W——每立方米用水量（$\mathrm{kg/m^3}$）；

　　　W_C——每立方米水泥用量（$\mathrm{kg/m^3}$）；

　　　$R_{\frac{W}{C}}$——水灰比。

2.2.3　透水混凝土的制备工艺

透水混凝土的制备过程显得尤为重要，制备过程对实测孔隙率等物理力学性能有着很大的影响。混凝土制备方法如下：

1. 透水混凝土试件的拌制

透水混凝土的制作方法采用水泥裹石法，水泥裹石法为通过搅拌使胶凝材料均匀包裹在骨料外面，试验的搅拌方法为手工搅拌，搅拌顺序依次为：

（1）先用配合比中所需要水量的 2%～3% 搅拌堆积的骨料，使骨料表面被水润湿；

（2）将水泥与胶粘剂、外掺料等混合在骨料中，与骨料搅拌均匀；

（3）将剩余的水与减水剂一并倒入，充分搅拌，直到拌合物表面呈现出金属光泽（图 2-1）。

图 2-1　透水混凝土的拌制

2. 透水混凝土试件的成型

不同的试验所需的模具不同，成型方式最好为手工插捣，插捣时将试件充分插捣密实，随后对试件的上表面进行手工抹平。

3. 透水混凝土试件的养护

在养护室中进行了标准养护 28d 之后，取出进行相关的物理力学性能试验。

2.3　透水混凝土基本物理性能测试方法

2.3.1　孔隙率测定方法

透水混凝土的孔隙率是反映其功能性的指标，需对成型后的透水混凝土的孔隙率进行验证。测试采用重量法进行，详细操作流程如下：

（1）量取试件尺寸，各边长量三次取平均值，计算出试件体积 V。

（2）将试件放入烘箱中（图 2-2），设置温度为 $60\,℃$，烘烤 24h 后称重，记为 m_1。

（3）将试件完全浸泡在水中48h（图2-3），使用绳子固定试件，且绳子一端与电子秤相连，通过绳子使试件悬吊在水中（浸没在水里且未与水壁接触），除去绳子和铁钩的重量，读取电子秤示数（图2-4），重复称量三次减小误差，计算平均值得m_2。

图2-2 烘箱烘干试件

图2-3 试件浸泡

图2-4 称取水中质量

（4）根据公式（2-7）计算透水混凝土孔隙率：

$$P = \left(1 - \frac{m_1 - m_2}{\rho V}\right) \times 100\% \qquad (2\text{-}7)$$

式中 P——孔隙率（%）；

m_1——试件烘干后的质量（g）；

m_2——试件在水中的质量（g）；

ρ——水的密度（g/cm³）；

V——试件体积（cm³）。

2.3.2 透水系数测定方法

达西定律是透水混凝土的渗透系数测试方法的主要理论依据，现阶段常用的方式有两种：固定水头法和变水头法。

1. 固定水头法

固定水头法是根据日本混凝土工学学会的测定方式，主要参考的是土壤透水性试验方法。试验装置如图 2-5 所示。

试验设备与器材主要有：透水混凝土渗透系数试验装置、计时所需要的秒表、透水混凝土渗透系数试验装置试模、水管、量筒以及石蜡或凡士林等密封材料，其中试件采用高度为 5cm、宽度为 10cm 的圆饼形试件（图 2-6）。

试验步骤如下：

（1）将浇筑且养护 28d 后的圆饼试件放置在具有刻度的圆柱体金属圈相应位置，侧面与筒壁接触的部分采用密封材料（石蜡、凡士林等）密封，避免水从壁面接触部分流下，这样水将从试块上表面流入，下表面流出，从而保证所测结果的精准度。

（2）将密封后的圆筒放在溢流圆形容器中，从圆筒上方采用水管注水，待溢流圆形容器有水从溢流管道排出时，调整水管注水流量，当圆筒水位刻度保持恒定时，采用量筒在溢流管道出水口接水，同时打开秒表记时，记下试件在时间内 t 内溢流管道的出水体积。

（3）参照以下公式进行计算：

$$K_T = \frac{QL}{AHt} \tag{2-8}$$

式中　K_T——水温为 T℃时的渗透系数（mm/s）；

　　　Q——时间 t 内溢水通道出水流量（mm³）；

　　　L——试件厚度（mm）；

　　　A——试件横截面积（mm²）；

　　　H——水头高度（mm）；

　　　t——所记录的时间（s）。

图 2-5　透水混凝土透水系数试验装置

图 2-6　透水系数试验材料

2. 变水头法

变水头法设备相对固定水头法简单，一般为自制的带有刻度的方筒，横截面大多为 150mm 的正方形或者采用 100mm 的正方形（刚好为抗压试件的横截面积），方筒分为两部分，上部分为带有刻度的注水区域，下部分为试件放置区域。与固定水头法相同，和筒壁接触的区域应当采用凡士林或者石蜡等密封材料进行密封处理。试验装置如图 2-7 所示。

试验设备与器材为：透水混凝土透水系数试验装置（横截面积为 10cm 或者

15cm）、秒表、石蜡或凡士林等密封材料，其中试件尺寸为 15cm 的立方体或者 10cm 的立方体。

试验步骤如下：

（1）将浇筑且养护 28d 后的抗压试件放置在装置的刻度下部，在距侧面与筒壁接触的部分采用密封材料（石蜡、凡士林等）密封，避免水从壁面接触部分流下，这样水将从试件上表面流入，下表面流出，从而保证试验结果的准确性。

图 2-7　变水头法透水系数试验装置

（2）向方形的筒中倒入水，当方筒中的水刻度读数大于等于 160mm 时，停止注水，待水位刻度读数下降到刚好 160mm 时开始计时，当液面刻度读数降到 140mm 时，记下秒表的读数 t_1，当液面刻度读数降到 0mm 时记下秒表的读数 t_2。

（3）参照以下公式进行计算：

$$K_1 = \frac{160 - 140}{t_1} \tag{2-9}$$

$$K_2 = \frac{160}{t_2} \tag{2-10}$$

式中　K_1——水位平均在 150mm 时的变水头渗透系数（mm/s）；

　　　K_2——水位从 160mm 降到 0mm 时的变水头渗透系数（mm/s）；

　　　t_1——秒表记录的读数 t_1（s）；

　　　t_2——秒表记录的读数 t_2（s）。

试验中一般采用水位刻度读数从 160mm 降到刻度读数为 0mm 时的变水头渗透系数。

2.3.3　抗压强度测定方法

抗压强度是衡量透水混凝土使用场所的重要指标。透水混凝土标准立方体试件参照现行国家标准《混凝土物理力学性能试验方法标准》GB/T 50081 得到抗压强度。透水混凝土试件的抗压强度测试选择压力试验机（图 2-8）。

图 2-8　压力试验机

其计算公式为：

$$f_c = \frac{F}{A} \tag{2-11}$$

式中　f_c——试件立方体抗压强度（MPa）；

　　　F——试件破坏荷载（N）；

　　　A——试件承压面积（mm^2）。

2.3.4　抗折强度测定方法

抗折强度的测试方式主要依据的是现行国家标准《混凝土物理力学性能试验方法标准》GB/T 50081 所述的方式与步骤，抗折试块采用标准试件的大小，长方体的尺寸为 150mm×150mm×550mm，抗折强度试验机如图 2-9 所示，透水混凝土抗折试件如图 2-10 所示。

图 2-9　透水混凝土抗折强度试验机

图 2-10　透水混凝土抗折试件

抗折强度的计算公式如下：

$$f_{\mathrm{m}} = \frac{f_{\max}}{bh^2} l \tag{2-12}$$

式中　f_{m}——150mm×150mm×550mm 抗折试件抗折强度（MPa）；

　　　$f_{\max}$——试件破坏荷载（N）；

　　　b——试件界面宽度（150mm）；

　　　l——支座间距（mm）；

　　　h——试件截面高度（150mm）。

2.4　本章小结

本章主要介绍了透水混凝土的制备过程，分别介绍了试验材料、试验方法。首先是介绍透水混凝土的基本概念，接着是对透水混凝土的原材料和制备工艺进行了简单的介绍，最后讲述了透水混凝土基本物理性能的测试方法。

参考文献

[1]　陈志山. 大孔混凝土的透水性及其测定方法 [J]. 混凝土与水泥制品，2001（1）：19-20.

[2]　郑木莲. 多孔混凝土的渗透系数及测试方法 [J]. 交通运输工程学报，2006，6（4）：41-46.

[3]　王从锋，刘德富. 高透水性生态混凝土强度变化规律试验研究 [J]. 混凝土，2010（11）：47-48.

[4]　中华人民共和国住房和城乡建设部. 混凝土物理力学性能试验方法标准：GB/T 50081—2019[S]. 北京：中国建筑工业出版社，2019.

[5]　中华人民共和国住房和城乡建设部. 透水水泥混凝土路面技术规程：CJJ/T 135—2009[S]. 北京：中国建筑工业出版社，2009.

[6]　中华人民共和国住房和城乡建设部. 普通混凝土配合比设计规程：JGJ 55—2011[S]. 北京：中国建筑工业出版社，2011.

第 3 章

03

改性透水混凝土在高寒
高海拔地区的应用

3.1　透水混凝土在高寒高海拔地区的应用背景

透水混凝土内部大量的连通孔隙决定了它在强度与耐久性能方面的劣势较为明显，再加上我国南北地理、气候条件差异巨大，这在极大程度上限制了透水混凝土在全国范围内的推广应用。透水混凝土目前的工程应用案例多数集中于南方地区，限制其在我国北方地区推广的主要障碍就是抗冻性能，因此对抗冻性能展开研究对于它在我国寒冷地区的应用具有重要意义。透水混凝土的大孔隙结构决定了其抗冻性能的不足，相比于基本物理力学性能，透水混凝土的抗冻性能研究近两年来才陆续开始增多，且研究方法均围绕配合比设计、外掺料方面进行。

3.2　改性透水混凝土配合比设计及试件制备

3.2.1　抗冻性能原材料选取

1. 水泥

水泥作为透水混凝土重要的胶凝材料，在透水混凝土内部主要起到粘结骨料、稳定孔隙结构的作用，试验选取绵阳双马水泥厂生产的拉法基 P·O42.5R 普通硅酸盐水泥，密度 3050kg/m³，具体技术指标见表 3-1。

水泥技术指标　　　　　　　　　　　　　　　　　　　　表 3-1

初凝时间（min）	终凝时间（min）	MgO（%）	SO₃（%）	3d 抗压强度（MPa）	28d 抗压强度（MPa）	比表面积（m²/kg）	烧失量（%）
210	266	2.05	2.66	31.6	51.5	358	4.18

2. 粗骨料

粗骨料分类多种多样，天然碎石、部分有机物（陶粒、橡胶颗粒等）、再生材料均可作为粗骨料，试验选取绵阳本地碎石（图 3-1），采用 5～10mm 单一级配，表观密度为 2606.17kg/m³，堆积密度为 1650kg/m³，孔隙率 36.69%。

3. 活性微硅灰

硅灰是冶金工业中常见的副产物，外观为深灰色或白色粉末，主要化学成分为 SiO_2。硅灰可与水泥水化产物产生火山灰反应，还可避免碱—骨料反应并形成 C-S-H 凝胶体 [式（3-1）]，该物质可填充大量微小孔隙、增大粘结面积和降低 pH 值，可有效提高透水混凝土强度与抗冻性能，但过多加入会对孔隙率产生不利影响。硅灰以外掺法进行添加，掺量以水泥质量乘以百分数确定，试验选用郑州恒诺滤材有限公司生产的高活性微硅灰（图 3-2），具体化学成分见表 3-2。

硅灰化学成分　　　　　　　　　　　　　　　　　　　　表 3-2

SiO_2（%）	Al_2O_3（%）	Fe_2O_3（%）	MgO（%）	CaO（%）	Na_2O（%）	酸碱度
96.74	0.32	0.08	0.10	0.11	0.99	中性

图 3-1　5~10mm 粗骨料

图 3-2　硅灰

$$xCa(OH)_2 + SiO_2 + (n-1)H_2O = xCaO \cdot SiO_2 \cdot nH_2O \qquad (3-1)$$

4. 聚丙烯腈纶（PAN）纤维

聚丙烯腈纶（PAN）纤维具有高抗拉强度、密度小、质地柔软无棱角、分散性好的特点，在加入透水混凝土拌合料后能嵌入硬化的水泥中，增大孔隙率并增强相邻骨料之间界面的桥联作用，提高透水混凝土的完整性。此外，其形状小、长度短，也不会对透水混凝土的整体外观效果产生影响。选用湖南长沙汇祥纤维厂生产的 9mm 长 PAN 纤维（图 3-3），技术指标见表 3-3。PAN 纤维和硅灰采用组合外掺的方式，纤维掺量确定方法同硅灰。

PAN 纤维技术指标　　　　　　　　　　　　　　　表 3-3

纤维长度（mm）	抗拉强度（MPa）	断裂伸长率（%）	弹性模量（MPa）	密度（g/cm³）	纤维直径（μm）	熔点（℃）
9	469	28.4	4236	0.91	32.7	169

图 3-3　聚丙烯腈纶纤维

图 3-4　外加剂

5. 外加剂

外加剂选用四川靓固科技有限公司自主研发的高效胶粘剂，物理状态为深灰色粉末（图 3-4），该产品具有提高拌合物流动性、增强水泥—骨料界面粘结力、提高材料早期强度的功能。由于此产品中含有减水剂成分，因此不再额外添加减水剂，外加剂掺量的计算方法同硅灰与纤维。

3.2.2 透水混凝土抗冻性能测试方法

与抗压强度相似，关于透水混凝土的冻融试验暂未形成统一规范，目前仍按照现行国家标准《普通混凝土长期性能和耐久性能试验方法标准》GB/T 50082 相关要求执行。冻融方式主要分为快冻法、慢冻法与盐冻法三类，三类方法试验周期不同，模拟的冻融环境也有差异。透水混凝土目前多用于低荷载路面，在具有化学腐蚀性的环境中使用较少，而冻融环境往往多见于北方地区，通常是在雨雪天气后，留存在透水混凝土内部的孔隙水降低至一定温度后结冰，产生的体积膨胀导致破坏，综上考虑，透水混凝土冻融试验以快冻法进行。

采用 KDR-5 快速冻融机（图 3-5）进行试验，冻融介质为水，试样采用尺寸为 100mm×100mm×400mm 的棱柱体，冻融前应将试件在水中浸泡 3～4d，浸泡时水面高出试样表面 2～3cm，以保证水充分地进入孔隙中。快速冻融机工作原理是依靠冻融箱中的冻融液来给试件盒中的水降（升）温，箱体冻融液在降低至一定温度后便保持温度恒定，制冷指示灯熄灭，待试样芯温降低至要求温度后开启加热模式（图 3-6），冻融液温度上升。箱体与试样中心温度均插入 pt3000 铂电阻温度计测定，冻融过程中铂电阻应完全浸入冻融液并保持自然垂落状态，切勿施加外力以免导致温度显示异常。

图 3-5　冻融试验机

图 3-6　加热模式

图 3-7　制冷模式

同理，当冻融液升高至一定温度后加热指示灯熄灭，待试样芯温上升至设定温度后便完成一次冻融循环，系统自动记录后重新开启制冷模式（图3-7）。显然，每次冻融循环周期长短与箱体冻融液温度有关，箱温与芯温的温差越大，芯温变化速度就越快，规范规定每次冻融循环时间应控制在2～4h完成，考虑到北方地区水的融化速度较慢，且水处于液态的时间较短，为了更好地模拟水冻环境，设定箱温温度范围为–20～15℃，芯温范围在–18～5℃，实测得到每次冻融循环周期为3.5h左右。

每当完成25次冻融循环时，应将试样取出擦去表面水分，进行外观检查后测定抗冻性能指标。快冻法通常以质量损失率和相对动弹性模量作为评价指标，二者分别按式（3-2）、式（3-3）计算。

试样质量损失率（%）：

$$\Delta m = \frac{m_0 - m_n}{m_0} \times 100\% \tag{3-2}$$

相对动弹性模量（%）：

$$\Delta f_n = \frac{f_n^2}{f_0^2} \times 100\% \tag{3-3}$$

式中　m_0——冻融循环前的初始质量（kg）；

　　　m_n——试样经过 n 次冻融后的质量（kg）；

　　　f_n—— n 次冻融后试件的横向基频（Hz）；

　　　f_0——试样初始的横向基频（Hz）。

从上述公式易知，要得到试样的抗冻性能指标，除每25次循环时测定指标外，还需测定试样处于初始状态（也可看做0次冻融循环时）下的指标值。质量损失率测定方法较为简便：试样从水中取出并擦去表面水分后，利用电子秤称得其初始质量，然后放入试件盒进行冻融即可。

对于相对动弹性模量而言，式（3-3）为相对动弹性模量与横向基频之间的关系，动弹性模量与横向基频间的计算公式见文献[4]。测试横向基频采用的是DT-W18混凝土动弹性模量测定仪（图3-8），该仪器主要由显示器、拾振器、激振器三部分组成，以某种振动模式下的共振频率来判定混凝土冻融循环后内部的损坏程度。具体操作步骤为：将试样称重后成型面朝上水平放置，试样长边中线（20cm处）的中点位置为激

图 3-8　DT-W18 混凝土动弹性模量测定仪

振点，距长边端部 5mm 的中点位置为拾振点。在拾振器与激振器的触点上轻轻涂抹一层凡士林作为耦合剂，然后将触点轻轻地压在试样表面，测量方式为横向，手动输入试样的质量，选定振动频率范围后即可开始试验，显示器上出现的自振频率即为试样在该振动范围下的横向基频。

试验过程中应注意以下几点：

（1）测试前应先进行预测试，若激振器发出尖锐刺耳的噪声则表明与试样接触不到位，应及时调整点位直至声音低沉不刺耳时为宜。每个试件读数 3 次，若相互间误差超过 1% 须继续测定。

（2）为减小试验误差，拾振器与激振器对应的 2 个测点须尽量保持在同一水平线上。因此，在浸泡前应对试样测试面进行画线处理（图 3-9），画线的点须尽量避开孔隙，选取骨料粘结较为紧密的平整区域。

（3）一旦测试开始，不宜在仪器周围随意走动，更不可在水平或竖直方向上移动拾振器、激振器，以免影响测试结果。

图 3-9　画线处理

3.3　施工成型对抗冻性能影响因素研究

3.3.1　施工成型对抗冻性能影响的原因

透水混凝土抗冻性能受材料化学成分、物理参数等多种因素的控制，且各种因素的影响效果也大不相同。在实际施工过程中想要做到控制单一影响变量难度较大，往往都需考虑多种因素的组合影响。根据前期试验和文献调研基础，施工成型对透水混凝土抗冻性能影响较大，可以通过改变施工成型的方法增强透水混凝土的抗冻性能。于是本节将基于某一固定配合比，以施工成型作为变量设计若干因素水平的正交试验（下文称成型组），探究不同施工成型影响透水混凝土抗冻性能变化规律，并建立孔隙率与冻融指标间的函数关系。

目前我国对于透水混凝土性能的研究大多集中于材料组成、配合比设计方面，而对于施工成型方面影响研究较少，透水混凝土在制备时成型的过程也能对其性能产生明显的影响。透水混凝土成型方式有人工成型和机械成型两种，采用人工插捣的方式可获得密实度较为均匀、基本性能较好的透水混凝土。前期基于某一配合比，选取人工插捣次数、装模次数两种变量设计 6 组对比试验，每组分别制备了 3 个 150mm、100mm 立方体试样，试验结果见表 3-4、表 3-5。

150mm 试样物理力学性能 表 3-4

试验组号	人工插捣次数	装模次数	透水系数（mm/s）	抗压强度（MPa）
150-A	20	2	11.76	6.70
150-B	30	2	12.20	7.52
150-C	40	2	4.70	15.03
150-D	20	3	3.80	17.79
150-E	30	3	4.50	15.63
150-F	40	3	3.40	14.85

100mm 试样 28d 抗压强度 表 3-5

试验组号	人工插捣次数	装模次数	抗压强度（MPa）
100-A	20	2	15.31
100-B	30	2	13.40
100-C	40	2	13.60
100-D	20	3	22.22
100-E	30	3	27.10
100-F	40	3	18.15

由上述结果不难看出，成型方式的改变对透水混凝土的物理力学性能有一定的影响，成型方式的改变更多地体现在密实度的变化上，而透水混凝土抗压强度、透水系数均与密实度有直接关系。成型方式可看做是改变透水混凝土物理力学性能的一种间接方式，基于此观点，下面开始探究成型方式是否能对透水混凝土抗冻性能产生影响。

3.3.2 成型组正交试验设计

在实际施工过程中，往往需要考虑多种因素的组合影响。若在多因素条件下采用控制变量法进行试验，则会出现试样制作量大、造价昂贵的缺点，再加上冻融试验属于混凝土材料的耐久性能试验，耗费的周期也会大大增加。

正交试验是解决多因素多水平对比试验的一种数学方法，它主要是从全部试验中挑选出部分有代表性的点进行试验，这些点具有"均匀分散、齐整可比"的特点。代表点试验完成后通过极差、方差分析法可快速准确地得出各因素的影响大小排序、各因素间的最佳组合方式，具有快速经济、结果可靠等优点。正交试验中具体的因素水平组合是依靠正交表建立的，不同因素不同水平所对应的正交表也不同。

对于抗冻性能而言，相比于透水混凝土的基本物理力学性能，无论是计算公式、试验方法以及破坏机理都存在很大的差异。目前国内从成型方式对透水混凝土抗冻性的研究并不多见，基于 3.3.1 节试验首先选取人工插捣次数、装模次数作为其中两个变量。此外，在透水混凝土制备过程中，加水后搅拌时间长短会影响水泥水化的充分性和均匀性，从而间接影响性能。在装模完成后对成型面的击实程度也会对性能造成一定影响。

因此，选取人工插捣次数、装模次数、搅拌时间、击实次数 4 种因素作为成型组变量，水平因素表和正交试验表分别见表 3-6、表 3-7。

水平因素表 表 3-6

编号	A- 搅拌时间（min）	B- 击实次数	C- 装模次数	D- 人工插捣次数
1	1	30	1	25
2	2	40	2	35
3	3	50	3	45

L9（3⁴）正交试验表 表 3-7

序号	A- 搅拌时间（min）	B- 击实次数	C- 装模次数	D- 人工插捣次数
CX-1	1	30	1	25
CX-2	1	40	2	35
CX-3	1	50	3	45
CX-4	2	30	2	45
CX-5	2	40	3	25
CX-6	2	50	1	35
CX-7	3	30	3	35
CX-8	3	40	1	45
CX-9	3	50	2	25

注：搅拌时间以加水完毕开始计算。

3.3.3 改性透水混凝土配合比的确定与制备流程

1. 基准配合比的确定

以 P·O42.5R 水泥、5～10mm 单一级配碎石、自来水、活性微硅灰、9mm PAN 纤维、高效胶粘剂作为材料，硅灰和纤维采用组合外掺的方式。为保证一定的抗冻性，硅灰每立方米掺量为水泥用量的 6%，纤维掺量为 0.4%，胶粘剂按每立方米水泥用量的 2% 添加。

查阅相关文献表明，透水混凝土水灰比最佳范围为 0.25～0.35，水灰比过小时水泥浆体过于黏稠，水泥水化不充分影响后期强度；水灰比过大则易导致沉浆堵孔，透水性变差。考虑到养护过程中硅灰与水泥二者均会与水产生水化反应，将成型组的水灰比取为 0.31。此外硅灰也具有降低孔隙率的作用，因此设计孔隙率取 20%。按照 2.2 节方法计算得到成型组基准配合比（表 3-8），9 组试件除成型方式不同外，配合比均相同。

成型组基准配合比（kg/m³）					表 3-8
碎石	水泥	硅灰	PAN 纤维	水	胶粘剂
1617	419	25.14	1.67	130	8.38

2. 透水混凝土的制备

透水混凝土试样的制备大致可分为投料搅拌、成型装模、室内养护 3 个阶段，搅拌过程有人工和机械两种方法，试验采用单轴卧式强制混凝土搅拌机（图 3-10）进行机械拌合。具体制备步骤如下：各材料按配合比要求称量完毕后进行机械拌合，材料分 3 次投入，首先将水泥、粗骨料、硅灰及外加剂干拌 30s（图 3-11），待其混合均匀后，开始向干拌合物中加入 PAN 纤维。PAN 纤维本身呈紧密粘结的束状，若直接加入拌合遇水后极易导致结团，为保证纤维拌合后在粗骨料间均匀分布呈拉丝状，需对纤维进行手工剥离，并将其分散投放在干拌料中（图 3-12），纤维加入完毕后再次干拌 60s。然后向拌合料中缓慢加水湿拌，加水结束时开始计时，搅拌至规定时间后停止搅拌并出料（图 3-13）。

图 3-10　混凝土搅拌机

图 3-11　干拌

图 3-12　加入纤维

图 3-13　透水混凝土出料

由图 3-13 可看出，剥离后的纤维在拌合料内部分布良好，未出现结团现象，出料后为防止拌合料水分蒸发应立即进行装模。按照正交表的装模次数进行，每次装模完成时，利用插捣棒对拌合物表面进行人工插捣（图 3-14）。透水混凝土破坏常见于边角处的粗骨料脱落，在插捣时应注意对四个角边的密实，做到"先角边、再中间"的插捣顺序。待所有装模和插捣完成后，为使拌合料整体进一步密实，需利用锤子对拌合料顶部进行击实处理（次数按表 3-6 要求），最后再填料、抹平（图 3-15）。为减小人为误差带来的影响，上述成型过程尽量由同一个人完成为宜。

试样制作完成后立即转入标准养护室（图 3-16），48h 后脱模养护至 28d 取出。成型组制作 9 组试样，每组 6 个试样共计 54 个，其中 150mm 立方体试样 27 个，100mm×100mm×400mm 棱柱体抗冻试样 27 个。

图 3-14　人工插捣　　　　　　　　图 3-15　填料、抹平

图 3-16　标准养护

3.3.4　基本物理力学性能结果与分析

按照 2.3 节试验方法分别对孔隙率、透水系数、28d 抗压强度进行测定，并采用极差、方差分析法对试验结果进行分析。

1. 孔隙率

孔隙率 e 基于重量法测定，设计孔隙率为 20%，每组 3 个试样结果取平均值，结果见表 3-9。

孔隙率测定结果　　　　　　　　　　　　表 3-9

序号	A-搅拌时间（min）	B-击实次数	C-装模次数	D-人工插捣次数	孔隙率 e（%）
CX-1	1	30	1	25	20.42
CX-2	1	40	2	35	17.23
CX-3	1	50	3	45	10.91

续表

序号	A-搅拌时间（min）	B-击实次数	C-装模次数	D-人工插捣次数	孔隙率 e（%）
CX-4	2	30	2	45	11.94
CX-5	2	40	3	25	11.35
CX-6	2	50	1	35	13.67
CX-7	3	30	3	35	10.26
CX-8	3	40	1	45	9.28
CX-9	3	50	2	25	8.78

从表 3-9 中可看出，除 CX-1 组满足设计孔隙率、CX-2 组基本满足外，其余组别均小于设计孔隙率，变化范围在 10%～15%。其中 CX-1 组孔隙率最大，达到了 20%。CX-8、CX-9 组孔隙率均小于 10%，CX-9 组孔隙率最小为 8.78%，相比于最大值降低了约 57%。CX-8 组孔隙率相对于最大值降低了约 55%。造成上述现象的原因可能是：

硅灰：每组试样均外掺入了同等量的活性硅灰，硅灰会生成 C-S-H 凝胶体，该物质虽具有增加强度的作用，但实际是依靠填充微小孔隙来实现的。因此在实际操作中应严格控制硅灰的用量，不可过多地加入。

成型方式的改变：试样制作过程中不同的成型方式影响了透水混凝土内部的密实程度。例如插捣次数过多可能会加速水泥浆体的下沉，堵塞部分连通孔隙；搅拌时间的长短也会影响水泥的水化反应的充分性，时间越长水化反应越充分，附着在粗骨料表面的水泥浆体越多，骨料间孔隙被填充的部分也越多，从而孔隙率降低。

由此可知，在基准配合比不变的情况下，改变成型方式对透水混凝土的实际孔隙率有较为明显的影响，在实际操作过程中应尽量做到成型方式的统一。为得到影响孔隙率因素的主次顺序，对上述测定结果进行了极差与方差分析。

孔隙率极差分析表 表 3-10

孔隙率极差	A-搅拌时间（min）	B-击实次数	C-装模次数	D-人工插捣次数
K_1	48.56	42.62	43.37	40.55
K_2	36.96	37.86	37.95	41.16
K_3	28.32	33.36	32.52	32.13
k_1	16.18	14.20	14.45	13.51
k_2	12.32	12.62	12.65	13.72
k_3	9.44	11.12	10.84	10.71
R	6.74	3.08	3.61	3.01

由极差分析结果（表 3-10）可知，影响透水混凝土孔隙率因素的主次顺序依次是 A、C、B 和 D：搅拌时间、装模次数、击实次数、人工插捣次数。可得孔隙率的最佳组合为 A1B1C1D2：加水后搅拌 1min，击实 30 次，一次性装模，插捣 35 次，在配合比确定的情况下，采用该成型方式制备的透水混凝土具有较大的孔隙率。为减小试

验中误差对结果带来的影响，还需对结果进行方差分析（表 3-11）。方差分析原理及表 3-11 中各名词含义、具体计算公式及检验水平说明详见文献 [7]。

孔隙率方差分析表 表 3-11

孔隙率方差	矫正值 C	1439.95	总自由度 d_T	8
	总平方和 SS_T	119.66	误差自由度 d_E	2
	变差平方和 SS_i	因素自由度	F 值	$F_{0.1}$
SS_A	68.76	2	7.17	9.00
SS_B	14.29	2	1.49	9.00
SS_C	19.62	2	2.05	9.00
SS_D	9.59	2	1.00	9.00

由表中 F 值可知，在 0.1 显著性水平下，影响孔隙率的因素主次顺序依次为 ACBD，与极差分析结果一致。此外，搅拌时间 F 值（F_A=7.17）较接近 $F_{0.1}$，说明搅拌时间对孔隙率影响较显著：搅拌时间较短时水泥水化不充分，骨料表面包裹的水泥浆体不均匀，整体密实性较差，孔隙率大；反之则孔隙率较小。结合二者的结果，在不考虑其他性能的情况下，搅拌时间不宜过长，孔隙率最佳成型组合为：加水后搅拌1min，击实 30 次，一次性装模，插捣 35 次。

2. 透水系数

透水系数基于变水头法和公式计算得到，每组 3 个试样结果取平均值，结果见表 3-12。

透水系数测定结果 表 3-12

序号	A- 搅拌时间（min）	B- 击实次数	C- 装模次数	D- 人工插捣次数	透水系数（mm/s）
CX-1	1	30	1	25	7.54
CX-2	1	40	2	35	7.73
CX-3	1	50	3	45	3.52
CX-4	2	30	2	45	3.41
CX-5	2	40	3	25	4.46
CX-6	2	50	1	35	5.97
CX-7	3	30	3	35	2.39
CX-8	3	40	1	45	2.88
CX-9	3	50	2	25	2.30

现有规范规定透水混凝土的透水系数要超过 0.5mm/s，对于部分降雨频繁的地区甚至要求达到 1mm/s。成型组 9 组试样的透水系数均满足规范要求，不同成型方式下得到的透水系数差异较大，最大透水系数为 7.73mm/s，最小为 2.30mm/s，最小值相对于最大值减少了约 70.25%。同样采用极差、方差分析法找出影响透水系数的主要成型

因素，极差与方差分析见表3-13。

透水系数极差、方差分析表 表3-13

因素	K_1	K_2	K_3	k_1	k_2	k_3	R
A- 搅拌时间	18.79	13.84	7.57	6.26	4.61	2.52	3.74
B- 击实次数	13.34	15.07	11.79	4.45	5.02	3.93	1.09
C- 装模次数	16.39	13.44	10.37	5.46	4.48	3.46	2.01
D- 人工插捣次数	14.30	16.09	9.81	4.77	5.36	3.27	2.09
矫正值 C	179.56	SS_E	1.79	SS_T	35.89	$F_{0.1}$	9.00
SS_A	21.07	SS_B	1.79	SS_C	6.04	SS_D	6.97
F_A	11.74	F_B	1.00	F_C	3.36	F_D	3.89

由极差分析结果可知，影响成型组透水系数的成型因素主次顺序为A、D、C和B：搅拌时间、人工插捣次数、装模次数、击实次数。在不考虑其他性能的情况下，透水系数的最佳成型方式为A1B2C1D2：加水后搅拌1min，击实40次，一次性装模，人工插捣35次，与孔隙率结果基本一致。

由方差分析 F 值大小可知，影响透水系数的因素顺序为ADCB，其中 F_A 最大且超过 $F_{0.1}$，说明搅拌时间对透水系数影响较为显著，都与极差分析结果一致。人工插捣、装模次数显著性其次，击实次数显著性最小。综上所述，在配合比已确定、只考虑透水性能的情况下，搅拌时间以1min时为宜，可选用A1B2C1D2成型方式进行制备。

3. 抗压强度

采用微控数值压力机进行加载，加载速率为 0.3 ~ 0.5MPa/s（6.75 ~ 11.25kN/s），判断试样破坏条件为力—位移，测试时试样成型面应侧面放置，应尽量选取平整无坑洞的面作为受压面。每组 3 个试样结果取平均值，结果见表3-14。

抗压强度测定结果 表3-14

序号	A- 搅拌时间（min）	B- 击实次数	C- 装模次数	D- 人工插捣次数	抗压强度（MPa）
CX-1	1	30	1	25	17.70
CX-2	1	40	2	35	20.50
CX-3	1	50	3	45	20.20
CX-4	2	30	2	45	27.85
CX-5	2	40	3	25	26.40
CX-6	2	50	1	35	26.50
CX-7	3	30	3	35	30.30
CX-8	3	40	1	45	29.86
CX-9	3	50	2	25	28.30

考虑到目前透水混凝土多用于公园绿道、小区道路等低荷载的路面，受压是其主

要的受力形式，因此本书未对其他力学性能开展研究。由表 3-14 可知，在配合比确定的情况下，不同成型方式下透水混凝土的抗压强度变化幅度较大。除 CX-1 组外，其余均超过 20MPa，CX-7 最大达到 30MPa，相较于 1 组试样强度提高了约 71.18%。

在试验过程中发现，外料试样与普通试样破坏时的形态略有不同，普通试样破坏时通常是以骨料个体为单位进行脱落，破坏时试样完整性较差。而外掺料试样则因为 PAN 纤维和硅灰的共同作用，以局部整体脱落为主，破坏后试样仍能保持较好的完整性（图 3-17）。下面对抗压强度进行极差、方差分析，结果见表 3-15。

图 3-17　混凝土破坏

抗压强度极差、方差分析　　　　　　　　　　　　　　　　　　　　　表 3-15

因素	K_1	K_2	K_3	k_1	k_2	k_3	R
A- 搅拌时间	58.40	80.75	88.46	19.47	26.92	29.49	10.02
B- 击实次数	75.85	76.76	75.00	25.28	25.59	25.00	0.59
C- 装模次数	74.06	76.65	76.90	24.69	25.55	25.63	0.95
D- 人工插捣次数	72.40	77.30	77.91	24.13	25.77	25.97	1.84
矫正值 C	5756.25	SS_E	0.51	SS_T	170.75	$F_{0.1}$	9.00
SS_A	162.50	SS_B	0.51	SS_C	1.64	SS_D	6.08
F_A	314.65	F_B	1.00	F_C	3.19	F_D	11.78

由极差分析结果可知，影响成型组抗压强度的因素主次顺序为 A、D、C 和 B：搅拌时间、人工插捣次数、装模次数、击实次数，搅拌时间同样对抗压强度影响最大，这与孔隙率、透水系数极差分析结果均一致。此外搅拌时间对应的最佳水平为 3，与孔隙率和透水系数结果完全相反，这也与实际情况相同。抗压强度最佳成型组合为 A3B2C3D3：即加水后搅拌 3min，顶部击实 40 次，3 次装模，人工插捣 45 次。

由方差分析 F 值大小可得抗压强度影响因素顺序为 A、D、C、B，与极差结果一致。注意到 F_A 最大且远远超过 $F_{0.1}$，说明搅拌时间对抗压强度的影响达到了非常显著的水平；此外 $F_{0.1} < F_D < F_A$，说明人工插捣对抗压强度影响比较显著，插捣次数越多，抗压强度越大，再次验证了成型方式是通过改变孔隙率来影响性能的。综上所述，在配合比已确定、只考虑抗压强度的情况下，可选取 A3B2C3D3 的成型组合进行制备。

4. 孔隙率与抗压强度、透水系数的关系

孔隙率的大小对透水混凝土基本物理力学性能有显著的影响，通常情况下，孔隙率越大骨料间的接触面积就越小，骨料之间形成的蜂窝状受力结构就越疏松，透水系数随之增大，抗压强度随之减小。为了更好地接近实际，文章以孔隙率为变量，依照现有的孔隙率—抗压强度理论模型，通过非线性拟合的方式探究孔隙率、抗压强度、透水系数三者间存在的函数关系。

研究表明，多孔材料的孔隙率与抗压强度之间可用函数关系来描述，这种函数关系称为孔隙率—抗压强度模型。分别以 Balshin、Ryshkewitch、Hasselman 三种模型（表 3-16）来建立二者的关系，拟合结果如图 3-18 所示。

孔隙率—抗压强度模型函数关系　　　　　　　表 3-16

研究者	孔隙率—抗压强度模型
Balshin	$S = a(1-e)^k$
Ryshkewitch	$S = a\,e^{-ke}$
Hasselman	$S = a(1-ke)$

表中 S 为抗压强度（MPa），k 为经验拟合参数，e 为孔隙率，a 为 $e=0$ 时理想抗压强度值。

由图 3-18 可看出，利用以上三种孔隙强度模型进行拟合的效果较好，R^2 均在 0.90 左右，随着孔隙的增大，抗压强度实际趋势均基本满足拟合方程。具体参数取值见式（3-4）~式（3-6）。

$$S = 42.609\left(1 - \frac{e}{100}\right)^{3.673}, \ R^2 = 0.89 \tag{3-4}$$

$$S = 44.298e^{-0.042e'}, \ R^2 = 0.88 \tag{3-5}$$

$$S = 39.514\left(1 - 0.026e'\right), \ R^2 = 0.91 \tag{3-6}$$

注：上式中的 e' 为 $100e$。

上述三种孔隙强度模型分别以幂函数、指数型函数、线性函数的形式反映了孔隙率与抗压强度之间的关系。通常情况下，抗压强度变化趋势往往与透水系数相反，此处试利用与前三种模型类似的函数对透水系数进行拟合，结果如图 3-18（a）所示。

由图 3-18（a）、式（3-7）、式（3-8）可看出，对于成型组透水系数而言，可利用强度的 Balshin 型幂函数形式、Hasselman 型函数形式进行拟合，且拟合度较好，R^2 与抗压强度非常接近，透水系数与孔隙率基本呈现正相关趋势。由此看出，成型组试样的透水系数和抗压强度均可通过函数与孔隙率建立关系，且随着孔隙率的变化二者大致呈现相反的趋势 [图 3-18（c）]，实际过程中可通过孔隙率来大致推算其他两个指标。

$$C = 0.094\left(1 + e'\right)^{1.4663}, \ R^2 = 0.89 \tag{3-7}$$

$$C = -2.1651\left(1 - 0.2424e'\right), \ R^2 = 0.89 \tag{3-8}$$

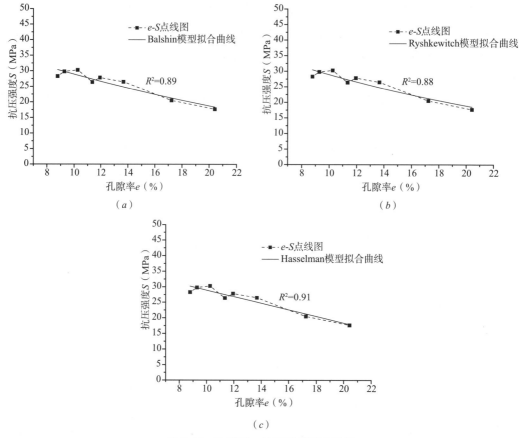

图 3-18　孔隙率—抗压强度拟合结果

（a）Balshin 模型；（b）Ryshkewitch 模型；（c）Hasselman 模型

3.3.5　抗冻性能试验结果及分析

　　透水混凝土由于其本身独特的大孔隙结构，决定了它的强度以及耐久性能较差，再加上我国南北地区气候条件有着巨大的差异，因此透水混凝土在全国的推广应用受到了极大的限制，透水混凝土抗冻性能的不足是限制其在北方地区应用的主要障碍。透水混凝土抗冻性能未形成专门的规范，目前同样只能参照普通混凝土规范来进行，结合北方地区冰雪天气的特点，试验采用快冻法进行冻融循环试验，每次循环耗时约3.5h，冻融介质为水，冻融过程如图 3-19 ~图 3-22 所示。

图 3-19　浸泡试样

图 3-20　测定初始指标

图 3-21　融化时的试样

图 3-22　冻融中的试样

3.3.6　正交试验的最佳成型组合

按基准配合比浇筑 9 组试样，按正交表进行成型，每组 100mm × 100mm × 400mm 棱柱体冻融试样 3 个，冻融指标测定次数为 0、25、50、75、100 次。每 25 次冻融循环后将试样取出，测定完指标后立即调转装入试样盒内，为保证冻融液高度时刻保持齐平，当取出一个试样后应立即在空位处放置替代物。

25 次冻融循环后，部分试样外观特征如图 3-23 所示，25 次冻融循环后，所有试样外观较冻融前没有什么变化，表面平整均未出现骨料脱落、裂缝发展的情况，试样整体性良好，水泥浆体、PAN 纤维、骨料三者粘结紧密。

图 3-23　25 次冻融循环外观

50 次冻融后部分试样外观如图 3-24 所示，随着冻融次数增加至 50 次，取出试样时开始伴随水泥浆浮渣流出，表明水泥与骨料间的粘结作用开始减弱。部分试样出现表面 PAN 纤维外露、个别骨料剥落的现象。但所有试样仍保持较好的整体性，未见骨料的大面积脱落，且表面未见明显裂缝。

图 3-24　50 次冻融循环外观

　　75 次冻融后部分试样外观如图 3-25 所示，当冻融至 75 次时，水泥、骨料、纤维三者相互接触界面的粘结能力进一步被削弱，孔隙水结冰时产生的冻胀力继续对周边的水泥浆体实行疲劳破坏。此时部分试样脱落的骨料增多 [图 3-25 (a)、图 3-25 (b)]、端部开始出现裂缝 [图 3-25 (c)]、长边约 1/3 处也产生纵向裂缝 [图 3-25 (d)]。此时试样整体性开始下降，表面坑洞增多，但试样还未发生较为严重的破坏。

　　100 次冻融循环后部分试样外观如图 3-26 所示，在经历 100 次冻融循环后，试样表面的破坏现象继续增强，表面与水泥浆、骨料粘结的 PAN 纤维大多数已经分离外露，但试样均未发生断裂破坏并较为完整，部分试样仍可继续冻融。对于端部已经开裂的试样，裂缝的开展主要分为沿上下长边双向延伸 [图 3-26 (a)、图 3-26 (d)]、仅沿某一长边单向延伸 [图 3-26 (b)] 两种类型。所有试样端部骨料均出现不同程度的脱落 [图 3-26 (c)]，观察发现，成型组透水混凝土的骨料脱落主要以局部整体为主 [图 3-27 (a)]，而未添加外掺料透水混凝土冻融破坏则以"试样破碎"为主 [图 3-27 (b)]，可以看出外掺硅灰、PAN 纤维后，不但可保证抗冻性能，还对保持试样外观整体性有很大的帮助。

（a）　　　　　　　　　　　　　　（b）

（c）　　　　　　　　　　　　　　（d）

图 3-25　75 次冻融循环外观

（a）骨料脱落；（b）骨料脱落；（c）端部开裂；（d）长边纵向开裂

（a）　　　　　　　　　　　　　　（b）

（c）　　　　　　　　　　　　　　（d）

图 3-26　100 次冻融循环外观

（a）裂缝双向延伸；（b）裂缝单向延伸；（c）局部脱落；（d）裂缝双向延伸

（a）　　　　　　　　　　　　　　　　（b）

图 3-27　破坏形式对比

（a）外掺料透水混凝土；（b）无外掺料透水混凝土

成型组质量变化　　　　　　　　　　　　　　　　　　　表 3-17

编号	初始质量（kg）	25次质量（kg）	50次质量（kg）	75次质量（kg）	100次质量（kg）
CX-1	8.653	8.511	8.427	8.390	8.364
CX-2	9.003	8.983	8.952	8.919	8.866
CX-3	9.120	9.068	9.022	8.920	8.859
CX-4	9.206	9.189	9.189	9.078	8.982
CX-5	9.027	8.996	8.980	8.958	8.887
CX-6	8.887	8.880	8.876	8.850	8.802
CX-7	9.091	9.089	9.088	9.085	9.051
CX-8	9.030	9.025	9.015	9.010	8.992
CX-9	9.045	9.041	9.038	9.030	9.021

成型组横向基频　　　　　　　　　　　　　　　　　　　表 3-18

编号	初始基频（Hz）	25次基频（Hz）	50次基频（Hz）	75次基频（Hz）	100次基频（Hz）
CX-1	1800	1735	1570	1328	1163
CX-2	2068	1920	1862	1581	1389
CX-3	2082	1883	1777	1630	1345
CX-4	2155	2073	2032	1891	1723
CX-5	2065	1963	1844	1718	1496
CX-6	2078	2038	1935	1772	1594
CX-7	2122	2061	1833	1695	1587
CX-8	2111	2020	1819	1706	1665
CX-9	2068	1994	1871	1852	1791

成型组质量损失率和相对动弹性模量　　　　　　　　　　表 3-19

编号	质量损失率 Δm（%）					相对动弹性模量 Δf_n（%）				
	0次	25次	50次	75次	100次	0次	25次	50次	75次	100次
CX-1	0	1.63	2.61	3.03	3.33	100	92.91	76.03	54.39	41.74

续表

编号	质量损失率 Δm（%）					相对动弹性模量 Δf_n（%）				
	0 次	25 次	50 次	75 次	100 次	0 次	25 次	50 次	75 次	100 次
CX-2	0	0.22	0.56	0.93	1.52	100	86.19	81.07	58.41	45.17
CX-3	0	0.56	1.07	2.19	2.86	100	81.75	72.82	61.26	41.71
CX-4	0	0.18	0.18	1.39	2.43	100	92.53	88.91	76.99	63.93
CX-5	0	0.34	0.52	0.76	1.55	100	90.37	79.74	69.22	52.48
CX-6	0	0.07	0.12	0.41	0.95	100	96.19	86.98	72.72	58.86
CX-7	0	0.02	0.03	0.06	0.43	100	94.33	74.66	63.86	55.90
CX-8	0	0.06	0.16	0.22	0.42	100	91.57	74.25	65.33	62.21
CX-9	0	0.04	0.07	0.16	0.26	100	92.97	81.86	80.20	75.00

注：初始指标可看做 0 次冻融循环时的指标。

　　每 25 次冻融循环分别对成型组试样进行质量、横向基频测定，每组 3 个测定值取平均数，结果见表 3-17、表 3-18。对二者以式（3-2）、式（3-3）计算得到相对动弹性模量和质量损失率，结果见表 3-19。

　　结合表 3-19 可看出，25 次冻融循环后，所有试样质量仅发生轻微变化，相对动弹性模量除 CX-2、CX-3 组外均大于 90%。100 次冻融循环后，成型组透水混凝土质量损失率较小均未超过 5%，CX-9 组质量损失率仅为 0.26%，与 CX-1 组相差 3.07%。此外该组 100 次冻融相对动弹性模量高达 75%，相比最低组增加了 33.29%。

　　冻融循环次数 N 与各组试样质量损失率 Δm、相对动弹性模量 Δf_n 的变化规律如图 3-28、图 3-29 所示。可以看出在配合比确定的情况下，当试样处于某一冻融阶段时，不同的成型方式都会对两个指标产生一定的影响，为了找出影响冻融指标的成型因素，下面对结果进行极差和方差分析。

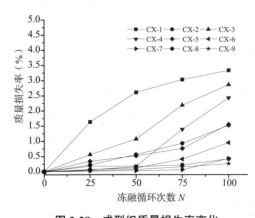

图 3-28　成型组质量损失率变化

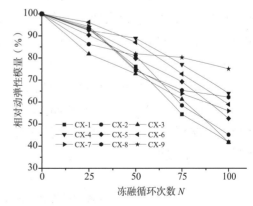

图 3-29　成型组相对动弹性模量变化

1. 25 次冻融指标

25 次冻融质量损失率 Δm_{25}、相对动弹性模量 Δf_{25} 极差和方差分析结果见表 3-20、

表 3-21。由表 3-20 可知，影响 25 次冻融质量损失率的成型因素主次顺序依次为 A、D、C 和 B：搅拌时间、人工插捣次数、装模次数、击实次数。最佳因素组合为 A1B1C1D1：即加水后搅拌 1min，顶部击实 30 次，一次性装模，人工插捣 25 次，采用该组合成型的透水混凝土密实性较差，质量损失率较高。需要注意的是，由于极差分析得出的是某一因变量达到最大值时的因素组合，而在冻融试验中透水混凝土的质量损失率应尽可能地小，因此如对质量损失率进行因素组合，其实际意义不大。

由方差分析 F_i 值可知，影响 Δm_{25} 的因素顺序为 A、D、B、C，注意到各因素 F 值均小于 $F_{0.1}$，说明各因素对 25 次冻融质量损失率影响均不显著，且 B、C 因素顺序极差与方差分析存在差异。原因分析：虽 B、C 顺序存在差异，但二者 F 值大小非常接近，结合 25 次冻融质量损失率测定结果以及外观，不难看出 25 次冻融对透水混凝土质量影响较小，试样均未发生明显破坏，每组之间数据差别很小，最终导致出现了轻微误差，这里以方差分析顺序为准。

25 次冻融质量损失率极差、方差分析 表 3-20

因素	K_1	K_2	K_3	k_1	k_2	k_3	R
A- 搅拌时间	2.41	0.59	0.12	0.80	0.19	0.04	0.76
B- 击实次数	1.83	0.62	0.67	0.61	0.21	0.22	0.40
C- 装模次数	1.76	0.44	0.92	0.59	0.15	0.31	0.44
D- 人工插捣次数	2.01	0.31	0.80	0.67	0.12	0.27	0.57
矫正值 C	1.08	SS_E	0.30	SS_T	2.09	$F_{0.1}$	9.00
SS_A	0.98	SS_B	0.31	SS_C	0.29	SS_D	0.51
F_A	3.28	F_B	1.05	F_C	1.00	F_D	1.72

注：SS_i（i=A、B、C、D）分别代表各结果之间的偏差；F_i（i=A、B、C、D）表示各因素 F 值。

由表 3-21 可以看出，相对动弹性模量 Δf_{25} 影响因素主次顺序极差分析结果为 A、C、B、D：搅拌时间、装模次数、击实次数、人工插捣次数。其中 A 因素对其影响最为主要，通过极差分析 k 值可得出，在不考虑其他情况下，Δf_{25} 的最佳因素组合为 A2B1C1D1，即加水后搅拌 2min，顶部击实 30 次，一次性装模，人工插捣 25 次。

由方差分析中 F 值大小可得影响因素顺序为 A、C、D 和 B，各因素 F 值均小于 $F_{0.1}$，表明四种成型因素对 25 次冻融相对动弹性模量影响均不明显，且 B、D 因素顺序极差、方差存在差异，原因同质量损失率。综上所述，成型方式改变对 25 次冻融指标影响不是特别明显。

25 次冻融相对动弹性模量极差、方差分析 表 3-21

因素	K_1	K_2	K_3	k_1	k_2	k_3	R
A- 搅拌时间	260.85	279.09	278.87	86.95	93.03	92.96	6.08
B- 击实次数	279.77	268.13	270.91	93.26	89.38	90.30	3.88
C- 装模次数	280.67	271.69	266.45	93.56	90.56	88.82	4.74

续表

D- 人工插捣次数	276.25	276.71	265.85	92.08	91.24	88.62	3.62
矫正值 C	74494.42	SS_E	24.64	SS_T	157.31	$F_{0.1}$	9.00
SS_A	73.05	SS_B	24.64	SS_C	34.48	SS_D	25.15
F_A	2.97	F_B	1.00	F_C	1.40	F_D	1.02

2. 50 次冻融指标

50 次冻融质量损失率 Δm_{50}、相对动弹性模量 Δf_{50} 极差和方差分析结果见表 3-22、表 3-23。由表 3-22 可知，50 次冻融质量损失率 Δm_{50} 极差、方差分析结果一致，成型因素的主次顺序为 ADCB：搅拌时间、人工插捣次数、装模次数、击实次数，与 25 次冻融质量损失率 Δm_{25} 分析结果一致。F_A 相对较接近 $F_{0.1}$，说明搅拌时间对 50 次冻融质量损失率影响相对较为显著，人工插捣、装模次数其次，但从整体上看影响仍都不显著。

50 次冻融质量损失率极差、方差分析 表 3-22

因素	K_1	K_2	K_3	k_1	k_2	k_3	R
A- 搅拌时间	4.24	0.82	0.26	1.41	0.27	0.09	1.33
B- 击实次数	2.82	1.24	1.26	0.94	0.41	0.42	0.53
C- 装模次数	2.89	0.81	1.62	0.96	0.27	0.54	0.69
D- 人工插捣次数	3.20	0.71	1.41	1.07	0.24	0.47	0.83
矫正值 C	3.15	SS_E	0.55	SS_T	5.47	$F_{0.1}$	9.00
SS_A	3.09	SS_B	0.55	SS_C	0.73	SS_D	1.10
F_A	5.65	F_B	1.00	F_C	1.34	F_D	2.07

由表 3-23 可知，相对动弹性模量 Δf_{50} 的极差与方差分析结果一致，成型因素主次排序依次为 A、C、D 和 B：搅拌时间、装模次数、人工插捣次数、击实次数，与 25 次冻融相对动弹性模量结果一致。由 F 值大小可知：$F_A < F_{0.05}$、$F_C < F_{0.05}$，说明搅拌时间、入模层数对 50 次冻融相对动弹性模量影响程度较显著，搅拌时间相对最显著。在仅考虑 50 次冻融阶段时，Δf_{50} 的最佳成型组合为 A2B3C2D2：即加水后搅拌 2min，顶部击实 50 次，2 次装模，人工插捣 35 次。

50 次冻融相对动弹性模量极差、方差分析 表 3-23

因素	K_1	K_2	K_3	k_1	k_2	k_3	R
A- 搅拌时间	229.92	255.63	230.77	76.64	85.21	76.92	8.57
B- 击实次数	239.6	235.06	241.66	79.87	78.35	80.55	2.20
C- 装模次数	237.26	251.84	227.22	79.09	83.95	75.74	8.21
D- 人工插捣次数	237.63	242.71	235.98	79.21	80.90	78.66	2.24
矫正值 C	57012.71	SS_E	7.60	SS_T	260.17	$F_{0.05}$	19.00

SS_A	142.19	SS_B	7.60	SS_C	102.17	SS_D	8.20
F_A	18.71	F_B	1.00	F_C	13.44	F_D	1.07

3. 75 次冻融指标

75 次冻融指标分析见表 3-24、表 3-25。由表 3-24 可知，B、D 两因素极差 R 值相同，75 次冻融质量损失率 Δm_{75} 的极差分析结果为 A、B、D、C 或 A、D、B、C，而方差 F 值排序为 A、D、B、C，这里以方差分析结果为准 A、D、B、C：搅拌时间、人工插捣次数、击实次数、装模次数。出现 R 值相同的原因可能是：由表 3-19、图 3-17 可看出，当冻融至 75 次时，虽部分试样表面已经出现裂缝，质量损失率较前 25、50 次冻融均有增加，但基本在 3% 以下，并且试样整体性仍保持较好，每组之间数值差别不大，显著性没有得到完全体现。注意到 $F_A > F_{0.05}$，即搅拌时间对 75 次冻融质量损失率的影响已达到显著水平，人工插捣与击实次数其次，装模次数最不显著。

75 次冻融质量损失率极差、方差分析　　　　表 3-24

因素	K_1	K_2	K_3	k_1	k_2	k_3	R
A- 搅拌时间	6.15	2.56	0.44	2.05	0.85	0.15	1.90
B- 击实次数	4.48	1.91	2.76	1.49	0.64	0.92	0.85
C- 装模次数	3.66	2.48	3.01	1.22	0.83	1.00	0.39
D- 人工插捣次数	3.95	1.40	3.80	1.32	0.47	1.27	0.85
矫正值 C	9.30	SS_E	0.23	SS_T	8.29	$F_{0.05}$	19.00
SS_A	5.55	SS_B	1.14	SS_C	0.23	SS_D	1.52
F_A	23.85	F_B	4.91	F_C	1.00	F_D	5.86

由表 3-25 可得，相对动弹性模量 Δf_{75} 因素影响顺序极差、方差分析结果一致，为 A、C、B 和 D：搅拌时间、装模次数、击实次数、人工插捣次数。F_A 大于 19，即搅拌时间对 75 次冻融相对动弹性模量影响显著；F_C 较接近 9.00，即装模次数对 75 次冻融相对动弹性模量影响较为显著；F_D 最小为 1.00，其对 75 次冻融相对动弹性模量影响最不显著。75 次冻融相对动弹性模量最佳成型组合为 A2B3C2D1：搅拌时间 2min，击实 50 次，2 次装模，人工插捣 25 次。

75 次冻融相对动弹性模量极差、方差分析　　　　表 3-25

因素	K_1	K_2	K_3	k_1	k_2	k_3	R
A- 搅拌时间	174.06	218.93	209.39	58.02	72.98	69.79	14.95
B- 击实次数	195.24	192.96	214.18	65.08	64.32	71.39	7.07
C- 装模次数	192.44	215.6	194.34	64.15	71.87	64.78	7.72
D- 人工插捣次数	203.81	194.99	203.58	67.94	64.99	67.86	2.94
矫正值 C	40317.96	SS_E	16.85	SS_T	590.04	$F_{0.05}$	19.00

续表

| SS_A | 372.50 | SS_B | 90.47 | SS_C | 110.22 | SS_D | 16.85 |
| F_A | 22.11 | F_B | 5.37 | F_C | 6.54 | F_D | 1.00 |

4. 100 次冻融指标

由表 3-26 可知，100 次冻融质量损失率 Δm_{100} 的极差、方差分析结果与 75 次冻融质量损失率 Δm_{75} 一致，影响因素的顺序为 A、D、B、C：搅拌时间、人工插捣次数、击实次数、装模次数。其中 F_A 最大且远大于 19，即搅拌时间对该阶段质量损失率影响显著；F_D、F_B 均非常接近 19，即人工插捣、击实次数对该阶段质量损失率影响较为显著。

由表 3-27 可知，100 次冻融相对动弹性模量 Δf_{100} 的极差、方差分析结果均为 A、C、B 和 D：搅拌时间、装模次数、击实次数、人工插捣次数，与 75 次冻融相对动弹性模量分析结果一致。其中搅拌时间 F_A 最大，对该阶段相对动弹性模量影响显著；装模次数 F_C 值大于 9，该因素对 100 次冻融相对动弹性模量影响较显著。得出 Δf_{100} 最佳组合为 A3B3C2D1：搅拌时间 3min，击实 50 次，2 次装模，人工插捣 25 次。

100 次冻融质量损失率极差、方差分析　　　　表 3-26

因素	K_1	K_2	K_3	k_1	k_2	k_3	R
A- 搅拌时间	7.71	4.93	1.11	2.57	1.64	0.37	2.20
B- 击实次数	6.19	3.49	4.07	2.06	1.16	1.36	0.90
C- 装模次数	4.7	4.21	4.84	1.56	1.40	1.61	0.21
D- 人工插捣次数	5.14	2.90	5.71	1.71	0.96	1.90	0.94
矫正值 C	21.01	SS_E	0.07	SS_T	10.21	$F_{0.05}$	19.00
SS_A	7.32	SS_B	1.35	SS_C	0.07	SS_D	1.47
F_A	100.33	F_B	18.46	F_C	1.00	F_D	20.16

100 次冻融相对动弹性模量极差、方差分析　　　　表 3-27

因素	K_1	K_2	K_3	k_1	k_2	k_3	R
A- 搅拌时间	128.62	175.27	193.11	42.87	58.42	64.37	21.49
B- 击实次数	161.57	159.86	175.57	53.85	53.29	58.52	5.24
C- 装模次数	162.81	184.1	150.09	54.27	61.37	50.03	11.34
D- 人工插捣次数	169.22	159.93	167.85	56.41	53.31	55.95	3.10
矫正值 C	27445.44	SS_E	16.77	SS_T	1002.43	$F_{0.05}$	19.00
SS_A	739.27	SS_B	49.53	SS_C	196.86	SS_D	16.77
F_A	44.09	F_B	2.95	F_C	11.74	F_D	1.00

由上述正交试验可知，25、75、100 次冻融质量损失率因素影响排序均为 A、D、B 和 C，虽 50 次冻融时其质量损失率影响顺序为 A、D、C 和 B，与上述 3 阶段有一

些差异，但可注意到此阶段 F_B、F_C 分别为 1、1.34，从数值来看非常接近。此外二者对该阶段质量损失率影响均不明显，因此可近似将成型组冻融质量损失率因素影响顺序均视为 A、D、B 和 C，与抗压强度顺序一致。对于相对动弹性模量而言，25、50 次冻融因素顺序一致为 A、C、D、B，75、100 次冻融的顺序一致为 A、C、B 和 D。

这节正交试验分析的最佳成型组合只是针对相对动弹性模量一种指标提出的，在实际工程中应对质量损失率、相对动弹性模量两种指标进行综合考虑，得出最终的成型方式。下面综合分析了各因素各个水平下 25、50、75、100 次冻融指标变化规律，以得出最佳抗冻成型方案。

搅拌时间与冻融指标变化规律如图 3-30 所示，由图 3-30 (a) 可看出，搅拌时间为 3min 时，其 25~100 次冻融的质量损失率较小，这是因为搅拌时间越长，水泥水化越充分，骨料表面包裹的水泥浆体越多，骨料间粘结性能好，表现出较小的质量损失。由图 3-30 (b) 可知，前 75 次冻融阶段，虽搅拌时间为 2min 时表现出较高的相对动弹性模量，但从综合曲线趋势来看，搅拌 3min 时整个冻融阶段相对动弹性模量下降幅度较小，并在 100 次冻融循环时保有最高的相对动弹性模量。综上所述，在仅考虑抗冻性能的情况下，在拌合料时加水后的最佳搅拌时间为 3min。

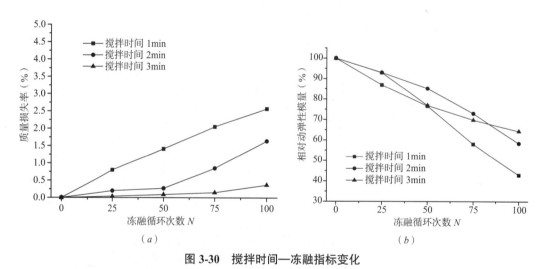

图 3-30　搅拌时间—冻融指标变化

(a) 搅拌时间—质量损失率；(b) 搅拌时间—相对动弹性模量

击实次数与冻融指标变化规律如图 3-31 所示，由图 3-31 (a) 可知，击实次数为 50 次时，其 100 次冻融质量损失率较低，整个冻融阶段质量损失率上升趋势较缓。由图 3-31 (b) 可知，击实次数的改变对整个冻融阶段的相对动弹性模量影响不明显。当前 50 次冻融循环时，30 次击实表现出相对较高的相对动弹性模量；冻融至 75~100 次时，击实次数为 50 次时表现出相对较高的动弹性模量且曲线下降幅度稍缓。综上所述，在仅考虑抗冻性能的情况下，成型组最佳击实次数为 50 次。

装模次数与冻融指标变化规律如图 3-32 所示，试样的抗冻性能未随装模次数的增多而更优，而是当 2 次装模时，其质量损失率和相对动弹性模量均最优。原因分析：

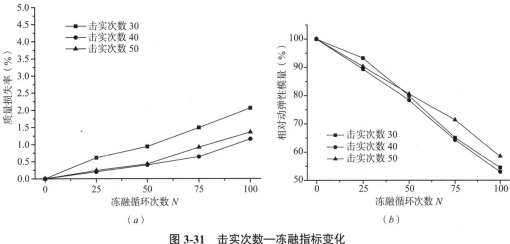

图 3-31　击实次数—冻融指标变化

（a）击实次数—质量损失率；（b）击实次数—相对动弹性模量

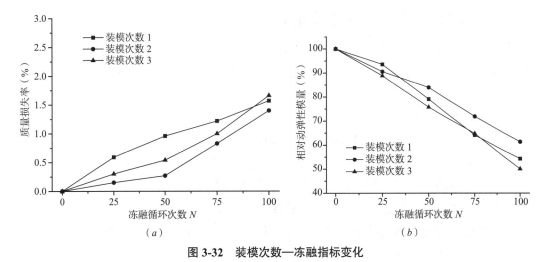

图 3-32　装模次数—冻融指标变化

（a）装模次数—质量损失率；（b）装模次数—相对动弹性模量

　　分次装模的目的在于使得透水混凝土内部密实度更加均匀，若装模次数过于频繁，再加上人工插捣的作用，将会使透水混凝土内部的水泥浆体向下流动，造成试样上下密实度不均匀的情况，一旦到了冻融后期，密实度较低的区域会首先出现破坏且现象明显。综上所述，试样成型时装模次数不宜过于频繁，2 次为最佳装模次数。

　　人工插捣次数与冻融指标变化如图 3-33 所示，人工插捣次数对质量损失率的影响较大，且插捣 35 次时表现出最小质量损失率［图 3-33（a）］，这说明插捣次数过多或过少均会在一定程度上增大质量损失率。而人工插捣对相对动弹性模量影响相对较小，可看出 100 次冻融后 3 种插捣水平均能保持 50% 以上的相对动弹性模量且相互差值较小［图 3-33（b）］，因此选择 35 次时为人工插捣的最佳次数。

　　综上所述，在不考虑其他性能的情况下，该基准配合比下成型组抗冻性能最佳成型方式为：搅拌 3min，击实 50 次，2 次装模，人工插捣 35 次。

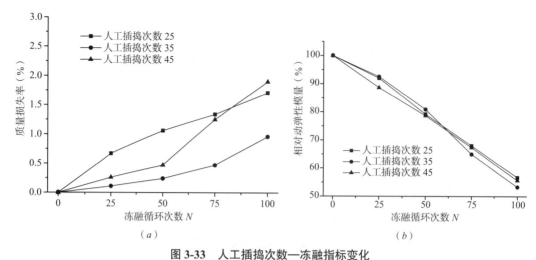

图 3-33　人工插捣次数—冻融指标变化

（a）人工插捣次数—质量损失率；（b）人工插捣次数—相对动弹性模量

3.3.7　成型组透水混凝土冻融损伤方程

为了探究成型组冻融过程中，试样内部的损伤程度与相关变量的关系，本节根据损伤理论引入冻融损伤量，通过非线性拟合的方式，建立了冻融循环系数 N、孔隙率 e 同冻融损伤量的回归方程。

1. 混凝土冻融破坏理论

冻融作用是造成混凝土材料强度损失和破坏的重要因素，同时也是一个较为复杂的长期过程，其主要表现为强度和外观上的变化（图 3-34）。关于透水混凝土目前尚未形成统一的冻融破坏理论，往往都是参考普通混凝土的冻融破坏机理进行研究。一般认为，冻融破坏主要是因为在某一冻融温度下，水结冰产生体积膨胀引起各种压力，当压力超过混凝土能承受的应力时，混凝土内部的微裂缝将会经过出现、增大、扩展连通三个阶段并最终造成混凝土的破坏。

图 3-34　普通混凝土冻融破坏

针对普通混凝土的冻融破坏，国内外学者已展开了大量研究，分别从影响因素、破坏机理、预防措施等方面提出了大量的见解。目前已经提出的冻融破坏机理有以下几种：渗透压理论、静水压及其修正理论、水的离析层理论、饱水度理论和冰棱镜理论等，上述几种理论的侧重点虽不同但均对混凝土内部的冻融破坏过程作出了解释，其中渗透压和静水压仍是国际上认可度较高的两种理论：

（1）渗透压理论

主要基于浓度差提出：材料内部孔隙中的水并非冰点均为0℃，部分存在于水泥净浆的毛细孔水会在表面张力作用下，冰点随孔径的减小而降低。从而在粗孔中的水结冰后，由冰和未结冰水（存在于较细孔和胶凝孔中）之间的饱和蒸汽压差和盐浓度差引起水分的迁移而形成渗透压。当混凝土内部空隙承受的这些力超过其抗拉强度时，混凝土即会出现破坏。

（2）静水压理论

主要基于毛细孔水的体积膨胀提出：混凝土在潮湿条件下，水会首先充满毛细孔，当混凝土在搅拌成型时必定会生成一些较大的空气泡，这些气泡内壁同样对水具有吸附作用。而在常压状态下无法做到水的完全充满，总还有多余空间未被水填满。在低温下毛细孔中的水结成冰，未结冰水由于体积膨胀的作用将会向气泡处移动，由此导致了静水压力的形成。混凝土毛细孔的含水率存在一个临界值（91.7%），若超过此临界值孔壁将会受到很大的压力，孔周围的微观结构中则相应承受拉应力，最终导致裂缝的产生。

2. 冻融循环次数与冻融损伤量的关系

透水混凝土在冻融过程中必定会伴随着相对动弹性模量的下降，相对动弹性模量下降的实质是透水混凝土内部的冻融损伤量的增加。损伤量是一种可用于指代材料劣化水平高低的指标，是建立损伤理论、开展损伤研究的基础前提。

为了建立冻融循环次数与冻融损伤量的关系，根据损伤理论，这里引入了冻融损伤量，以式（3-9）表示。根据式（3-3），可改写成式（3-10）。按式（3-10）换算得到成型组透水混凝土冻融损伤量，见表3-28，冻融循环次数 N 与损伤量 D_n 关系如图3-35所示。

$$D_n = 1 - \frac{E_n}{E_0} = 1 - E_r \qquad (3-9)$$

式中　　D_n——n 次冻融后的损伤变量；

　　　　E_n——混凝土 n 次冻融后的动弹性模量；

　　　　E_0——初始的动弹性模量；

　　　　E_r——相对动弹性模量。

$$D_n = 1 - \Delta f_n = 1 - f_n^2/f_0^2 \qquad (3-10)$$

式中　　Δf_n——透水混凝土 n 次冻融后的相对动弹性模量；

　　　　f_n——n 次冻融后的横向基频；

　　　　f_0——初始横向基频。

成型组冻融损伤量 D_n 表 3-28

编号	D_0（%）	D_{25}（%）	D_{50}（%）	D_{75}（%）	D_{100}（%）
CX-1	0	7.09	23.97	45.61	58.26
CX-2	0	13.81	18.93	41.59	54.83
CX-3	0	18.25	27.18	38.74	58.29
CX-4	0	7.47	11.09	23.01	36.07
CX-5	0	9.63	20.26	30.78	47.52
CX-6	0	3.81	13.02	27.28	41.14
CX-7	0	5.67	25.34	36.14	44.10
CX-8	0	8.43	25.75	34.67	37.79
CX-9	0	7.03	18.14	19.80	25.00

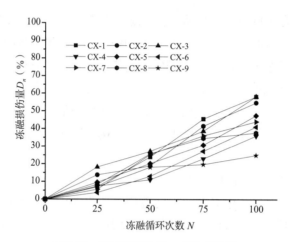

图 3-35　冻融循环次数—损伤量变化

采用幂函数 $y = ax^b$（其中 a，b 为参数）形式对冻融损伤量进行关系拟合，拟合结果如图 3-36 所示。

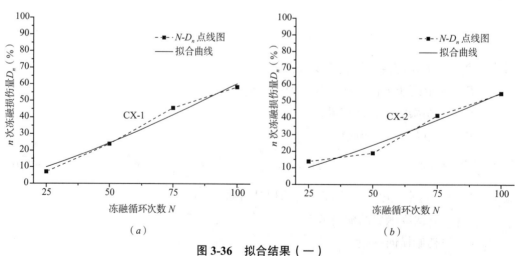

图 3-36　拟合结果（一）

（a）CX-1；（b）CX-2

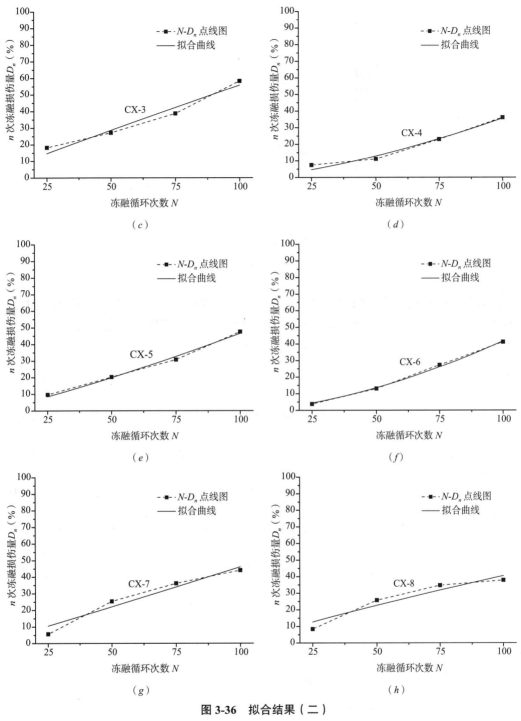

图 3-36 拟合结果（二）

（ *c* ）CX-3；（ *d* ）CX-4；（ *e* ）CX-5；（ *f* ）CX-6；（ *g* ）CX-7；（ *h* ）CX-8

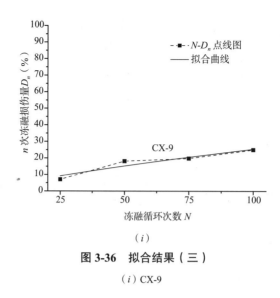

图 3-36　拟合结果（三）

（ i ） CX-9

对各组数据进行非线性拟合发现，冻融循环次数 N （ $N > 0$ ）与冻融损伤量 D_n 大致符合幂函数关系，拟合度较高， R^2 最大可达 0.99，各组拟合关系式如式（3-11）~ 式（3-19）：

$$D_{n1} = 0.1514N^{1.3003}, \quad R^2 = 0.97 \tag{3-11}$$

$$D_{n2} = 0.2047N^{1.2156}, \quad R^2 = 0.94 \tag{3-12}$$

$$D_{n3} = 0.6654N^{0.9616}, \quad R^2 = 0.94 \tag{3-13}$$

$$D_{n4} = 0.0416N^{1.4600}, \quad R^2 = 0.97 \tag{3-14}$$

$$D_{n5} = 0.1650N^{1.2250}, \quad R^2 = 0.99 \tag{3-15}$$

$$D_{n6} = 0.0240N^{1.6191}, \quad R^2 = 0.99 \tag{3-16}$$

$$D_{n7} = 0.3420N^{1.0647}, \quad R^2 = 0.92 \tag{3-17}$$

$$D_{n8} = 0.8596N^{0.8362}, \quad R^2 = 0.89 \tag{3-18}$$

$$D_{n9} = 0.8456N^{0.7389}, \quad R^2 = 0.89 \tag{3-19}$$

注：上式中 D_{ni} （ i=1 ~ 9 ）取 $100D_n$。

3. 孔隙率与冻融损伤量的关系

由冻融破坏理论可知，冻融理论虽从不同角度解释了混凝土的冻融破坏机理，但均是围绕"孔"提出的，可以说孔是影响混凝土材料抗冻性能的重要结构。透水混凝土相比于普通混凝土，具有更多更大的孔隙，这些孔隙通常以孔隙率进行表现。有研究表明，孔隙率的改变对透水混凝土抗冻性能影响显著，同时正交试验结果也已经证明，不同孔隙率的透水混凝土其抗冻性能差异明显。

另外在实际施工时建造的透水混凝土路面面积较大,若继续采用人工成型的方式是不现实的,而施工过程中控制孔隙率往往是可行的。本节以透水混凝土孔隙率为变量,基于现有的混凝土冻融理论,建立了孔隙率与冻融损伤量之间的拟合方程。

以成型组试样实测孔隙率为变量,按照从小到大的顺序进行排列,0、25、50、75、100 次冻融循环质量损失率与相对动弹性模量变化如图 3-37、图 3-38 所示。由图易知,25、50 次冻融质量损失率变化趋势基本相同,75、100 次冻融质量损失率变化规律基本相同。随着孔隙率的增大,二者与孔隙率并未成近似线性的关系,而是在大于某一孔隙率后,二者才与孔隙率成正相关(负相关),为便于称呼,此孔隙率这里暂定义为"临界孔隙率" e_{cr}。不难看出,二者各自对应的 e_{cr} 值不同,质量损失率的临界孔隙率为 13% 左右,相对动弹性模量的临界孔隙率则为 12% 左右,二者临界孔隙率相差不大约为 1%。

为了更好地反映冻融环境下透水混凝土内部的损伤程度,这里以孔隙率 e 和冻融损伤量 D_n 建立关系曲线,拟合了不同冻融阶段的二者关系式。孔隙率 e 与冻融损伤量 D_n 变化规律如图 3-39 所示。

由图 3-39 可知,除 25 次冻融规律不明显外,成型组孔隙率 e 与冻融损伤量 D_n 关系变化分为两段,原因可能是:25 次冻融试样从冻融指标或者外观来看变化均不大,试样未受到较大程度的损伤,导致规律不明显。当 $e \leqslant e_{cr}$ 时,e 与 D_n 呈近似抛物线或正弦型函数形式的变化;当 $e \geqslant e_{cr}$ 时,e 与 D_n 呈正相关变化,此处利用幂函数、一次线性函数进行拟合均可,采用幂函数拟合的结果分别为 $D_n' = 0.29x^{1.47}$、$0.99x^{1.28}$、$3.93x^{0.90}$,且 R^2 分别为 0.99、0.93、0.93,可看出拟合指数均较接近于 1。为便于实际中计算采用正弦型函数、线性函数进行分段拟合:

正弦型函数:$y = A + B\sin(Cx + D)$,$e_{min} \leqslant e \leqslant e_{cr}$,其中 A、B、C、D 为参数。

线性函数:$y = ax + b$,$e_{cr} \leqslant e \leqslant e_{max}$,其中 a、b 为参数。

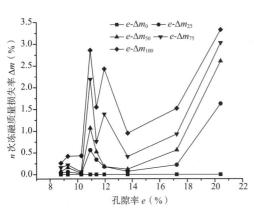

图 3-37 孔隙率—质量损失率变化

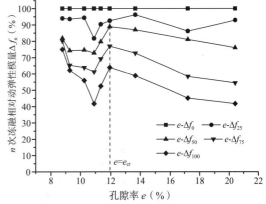

图 3-38 孔隙率—相对动弹性模量

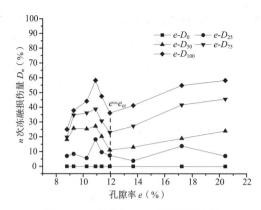

图 3-39　孔隙率—冻融损伤量变化

50 次冻融循环孔隙率 e—冻融损伤量 D_{50} 变化关系如图 3-40 所示，拟合结果见式（3-20）。

$$\begin{cases} D_n' = 19 + 9\sin\,(1.1x + 3.068),\ e_{\min} \leqslant e \leqslant e_{\mathrm{cr}},\ R^2 = 0.82 \\ D_n' = 1.547x - 7.7192,\ e_{\mathrm{cr}} \leqslant e \leqslant e_{\max},\ R^2 = 0.99 \end{cases} \quad (3\text{-}20)$$

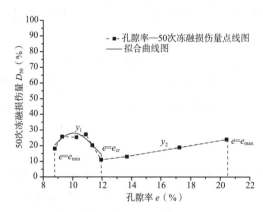

图 3-40　孔隙率—50 次冻融损伤量拟合结果

75 次冻融循环孔隙率 e—冻融损伤量 D_{75} 变化规律如图 3-41 所示，拟合结果见式（3-21）。

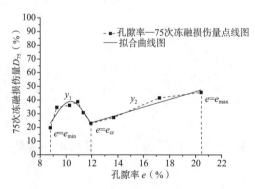

图 3-41　孔隙率—75 次冻融失率拟合结果

$$\begin{cases} D_n' = 27 + 12\sin\left(1.2x + 1.707\right), & e_{\min} \leqslant e \leqslant e_{cr}, \ R^2 = 0.85 \\ D_n' = 2.8302x - 10.3870, & e_{cr} \leqslant e \leqslant e_{\max}, \ R^2 = 0.94 \end{cases} \tag{3-21}$$

100 次冻融循环孔隙率 e—冻融损伤量 D_{100} 变化规律如图 3-42 所示，拟合结果见式（3-22）。

$$\begin{cases} D_n' = 39 + 12\sin\left(1.2x + 1.191\right), & e_{\min} \leqslant e \leqslant e_{cr}, \ R^2 = 0.80 \\ D_n' = 2.7520x + 4.0510, & e_{cr} \leqslant e \leqslant e_{\max}, \ R^2 = 0.94 \end{cases} \tag{3-22}$$

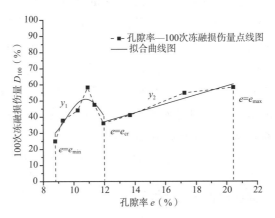

图 3-42　孔隙率—100 次冻融损伤量拟合结果

注：式（3-20）~式（3-22）中 x 均取 $100e$，D_n' 均取 $100D_n$。

当孔隙率小于临界孔隙率 e_{cr} 时，除个别点由于离散性的影响外，R^2 均大于 0.80，这证明孔隙率与冻融损伤量基本符合正弦函数关系，即随着孔隙率的增大，冻融损伤量大致呈现先增大后减小的趋势。注意到当冻融损伤量处于该段最高点时对应的孔隙率较小，约在 10%，这表明孔隙率越小其抗冻性能不一定越好，因此在实际施工过程中需适当选择较大孔隙率，不应为了增强抗冻性能而一味减小孔隙率。

当超过临界孔隙率 e_{cr} 时，线性函数拟合效果较好，R^2 最大可达 0.99，孔隙率与冻融损伤量可近似看做呈线性关系。此阶段如继续增大孔隙率，则透水混凝土的冻融损伤程度将会随之增大。综上所述，在实际施工过程中，在该孔隙率变化范围内成型组透水混凝土孔隙率取 15% 为宜，由式（3-22）推算得到 100 次循环时其损伤量为 45% 左右。

3.4　配合比对抗冻性能影响因素研究

3.4.1　配合比对抗冻性能影响分析

根据文献调研分析发现，配合比对透水混凝土抗冻性能影响较大。可以通过改变配合比的方法增强透水混凝土的抗冻性能。基于 3.3 节试验结果，在某一确定的成型方式下，通过改变材料掺量设计不同配合比（下文称材料组），以正交试验的方式对透水混凝土抗冻性能展开研究，旨在得出抗冻性能变化规律及冻融最佳材料掺量，进而得到最佳配合比。

3.4.2 材料组成型方式的确定

由 3.3 节可知，虽成型组试样抗压强度和抗冻性能较好，但孔隙率均未超过 20%（除个别组外），导致透水系数较小均在 10mm/s 以下。实际工程中若孔隙率过小，不仅会影响透水系数，在透水混凝土投入使用后也极易产生孔隙堵塞。从孔隙率的极差、方差分析结果来看，成型组孔隙率、透水系数最佳因素组合为 A1B1C1D2、A1B2C1D2，搅拌时间对上述二者影响程度均较显著，由前一章可知，搅拌时间由 1min 增至 3min 时会对孔隙率和透水系数造成不利影响。

成型组抗冻性能的最佳成型方式为 A3B3C2D2：搅拌时间 3min，击实次数 50 次，2 次装模，人工插捣 35 次。为保证透水混凝土具有一定的透水性能和孔隙率，结合三者分析结果，将材料组加水后的搅拌时间缩短至 2min，其余不变。即材料组成型方式确定为加水搅拌 2min，顶部击实 50 次，2 次装模，人工插捣 35 次。

3.4.3 材料组正交试验设计与配合比的确定

首先以硅灰、PAN 纤维、胶粘剂三者作为正交表变量，成型组硅灰掺量为 6%、PAN 纤维掺量为 0.4%、胶粘剂掺量为 2%，材料组在此掺量的基础上分别上下浮动 2% 以内作为水平梯度，三者浮动梯度分别为 2%、0.2%、1%。此外水灰比也是影响孔隙率的重要因素，其过大或过小均会对试样性能造成不利影响。成型组水灰比较大为 0.31，在试验过程中发现部分试样在养护时出现底部沉浆的现象，因此选用 0.25、0.28、0.31 作为水灰比的三个水平，水平因素表见表 3-29，材料组正交试验表及每组配合比见表 3-30、表 3-31，材料品牌参数均与成型组一致。

配合比按照 2.2 节计算，设计孔隙率取 20%，搅拌时投料方式同样为分次投料法，养护方式为标准养护。共制作 9 组，每组 6 个试样（54 个），其中 150mm 立方体物理力学性能试样 3 个，100mm×100mm×400mm 抗冻性能试样 3 个。

材料组水平因素表　　　　　　　　　　　　　　　表 3-29

编号	A- 水灰比	B- 纤维掺量（%）	C- 硅灰掺量（%）	D- 胶粘剂掺量（%）
1	0.25	0.2	4	1
2	0.28	0.4	6	2
3	0.31	0.6	8	3

材料组正交试验表　　　　　　　　　　　　　　　表 3-30

序号	A- 水灰比	B- 纤维掺量（%）	C- 硅灰掺量（%）	D- 胶粘剂掺量（%）
PC-1	0.25	0.2	4	1
PC-2	0.25	0.4	6	2

序号	A- 水灰比	B- 纤维掺量（%）	C- 硅灰掺量（%）	D- 胶粘剂掺量（%）
PC-3	0.25	0.6	8	3
PC-4	0.28	0.2	6	3
PC-5	0.28	0.4	8	1
PC-6	0.28	0.6	4	2
PC-7	0.31	0.2	8	2
PC-8	0.31	0.4	4	3
PC-9	0.31	0.6	6	1

材料组配合比（kg/m³） 表 3-31

序号	粗骨料	水泥	水	硅灰	PAN 纤维	胶粘剂
PC-1	1617	439.2	109.8	17.57	0.88	4.39
PC-2	1617	439.2	109.8	26.35	1.75	8.78
PC-3	1617	439.2	109.8	35.14	2.63	13.17
PC-4	1617	428.9	120.1	25.73	0.85	12.86
PC-5	1617	428.9	120.1	34.31	1.71	4.28
PC-6	1617	428.9	120.1	17.15	2.57	8.56
PC-7	1617	419	130	33.52	0.83	8.38
PC-8	1617	419	130	16.76	1.67	12.57
PC-9	1617	419	130	25.14	2.51	4.19

3.4.4 基本物理力学性能结果与分析

1. 孔隙率

孔隙率仍按照重量法原理进行，测试结果见表 3-32。由表可知，材料组整体孔隙率高于成型组，除 7、9 外，其余基本满足设计孔隙率，最大可达 27%。证明在成型方式一定的情况下，通过改变材料组成可对孔隙率造成影响。

孔隙率测试结果 表 3-32

序号	A- 水灰比	B- 纤维掺量	C- 硅灰掺量	D- 胶粘剂掺量	孔隙率（%）
PC-1	0.25	0.2	4	1	23.41
PC-2	0.25	0.4	6	2	27.41
PC-3	0.25	0.6	8	3	26.11
PC-4	0.28	0.2	6	3	21.48
PC-5	0.28	0.4	8	1	21.77
PC-6	0.28	0.6	4	2	22.45
PC-7	0.31	0.2	8	2	16.74
PC-8	0.31	0.4	4	3	18.96
PC-9	0.31	0.6	6	1	14.86

孔隙率的极差和方差分析结果见表 3-33。由极差分析结果可知，孔隙率的因素影响大小顺序为 A、D、B、C：水灰比、胶粘剂掺量、纤维掺量、硅灰掺量。且在仅考虑孔隙率一种性能的前提下，最佳组合为 A1B2C1D2：水灰比 0.25，PAN 纤维掺量 0.4%，硅灰掺量 4%，胶粘剂掺量为 2%。

由方差分析 F 值可知，影响因素顺序为 A、D、B 和 C，与极差分析一致。其中水灰比、纤维掺量、胶粘剂掺量 F 值均超过了检验水平下的 F 值 0.05，其中水灰比 F 值甚至远远超过 99.00，说明上述三者对孔隙率影响均显著，水灰比影响非常显著。综上可得适当添加纤维和胶粘剂、减小水灰比可获得较高孔隙率。此外在试验时观察发现，随着水灰比的增大，骨料表面包裹的水泥浆体越多，形成的孔隙就越少（图 3-43），图 3-43 依次为水灰比 0.25、0.28、0.31 时的试样表面，这与分析结果一致。

孔隙率的极差、方差分析　　　　　　　　　　　　　　　表 3-33

因素	K_1	K_2	K_3	k_1	k_2	k_3	R
A- 水灰比	76.93	65.70	50.56	25.64	21.90	16.85	8.79
B- 纤维掺量	61.63	68.14	63.42	20.54	22.71	21.14	2.17
C- 硅灰掺量	64.82	63.75	64.62	21.61	21.25	21.54	0.36
D- 胶粘剂掺量	60.04	66.60	66.55	20.01	22.20	22.18	2.19
矫正值 C	4146.93	SS_E	0.22	SS_T	133.99	$F_{0.05}$	19.00
SS_A	116.74	SS_B	7.54	SS_C	0.22	SS_D	9.49
F_A	541.10	F_B	34.95	F_C	1.00	F_D	43.99

（a）　　　　　　　　　　　　　　　（b）

（c）

图 3-43　不同水灰比试样表面

（a）水灰比 0.25；（b）水灰比 0.28；（c）水灰比 0.31

2. 透水系数

透水系数仍按变水头法进行测定，结果见表3-34。由表3-34可知，材料组透水系数大于成型组，除PC-9组外，其余基本达到10mm/s及以上，最大接近20mm/s，符合规范要求。

由表3-35极差分析结果可知，透水系数因素的影响顺序为A、B、D、C：水灰比、纤维掺量、胶粘剂掺量、硅灰掺量。在不考虑其他性能的前提下，透水系数最佳组合为A1B2C2D2：水灰比0.25，纤维掺量0.4%，硅灰掺量6%，胶粘剂掺量2%。方差分析结果与极差一致，影响顺序为A、B、D和C，且水灰比对透水系数影响非常显著（F_A=60.39），而硅灰影响最不明显。减小水灰比，适量添加纤维有利于增大透水系数，这与孔隙率趋势一致。

透水系数测定结果　　　　　　　　　　　　　　　　表3-34

序号	A-水灰比	B-纤维掺量	C-硅灰掺量	D-胶粘剂掺量	透水系数（mm/s）
PC-1	0.25	0.2	4	1	15.11
PC-2	0.25	0.4	6	2	18.89
PC-3	0.25	0.6	8	3	15.40
PC-4	0.28	0.2	6	3	11.72
PC-5	0.28	0.4	8	1	10.58
PC-6	0.28	0.6	4	2	10.02
PC-7	0.31	0.2	8	2	9.02
PC-8	0.31	0.4	4	3	9.67
PC-9	0.31	0.6	6	1	7.01

透水系数极差、方差分析　　　　　　　　　　　　　表3-35

因素	K_1	K_2	K_3	k_1	k_2	k_3	R
A-水灰比	49.40	32.32	25.70	16.47	10.77	8.57	7.90
B-纤维掺量	35.85	39.14	32.43	11.95	13.05	10.81	2.24
C-硅灰掺量	34.80	37.62	35.00	11.60	12.54	11.67	0.94
D-胶粘剂掺量	32.70	37.93	36.79	10.90	12.64	12.26	1.74
矫正值C	1282.12	SS_E	1.65	SS_T	113.89	$F_{0.05}$	19.00
SS_A	99.69	SS_B	7.51	SS_C	1.65	SS_D	5.04
F_A	60.39	F_B	4.55	F_C	1.00	F_D	3.06

3. 抗压强度

抗压强度测定按2.3.3节要求进行，结果见表3-36。由表3-36可知，材料组整体抗压强度小于成型组，变化范围在10～20MPa间。PC-9组强度最大为22.2MPa，除该组外其余试样均小于20MPa，PC-3组最小为10MPa，可看出改变材料组成对抗压强度有显著影响。PC-3组强度较低原因分析：硅灰与水泥所发生的反应都是需要水参与的，而该组的硅灰与胶粘剂掺量均为最大水平，而水灰比最小导致了此时的水泥浆体较为黏稠，同时硅灰反应也不充分，未能形成大量的 C-S-H 凝胶体，抗压强度表现较低。

抗压强度测定结果　　　　　　　　　　　　　　　　表 3-36

序号	A- 水灰比	B- 纤维掺量	C- 硅灰掺量	D- 胶粘剂掺量	抗压强度（MPa）
PC-1	0.25	0.2	4	1	17.50
PC-2	0.25	0.4	6	2	12.40
PC-3	0.25	0.6	8	3	10.00
PC-4	0.28	0.2	6	3	13.80
PC-5	0.28	0.4	8	1	12.70
PC-6	0.28	0.6	4	2	13.60
PC-7	0.31	0.2	8	2	17.55
PC-8	0.31	0.4	4	3	16.50
PC-9	0.31	0.6	6	1	22.20

由极差分析（表 3-37）可知，抗压强度因素影响大小顺序为 A、D、C 和 B：水灰比、胶粘剂掺量、硅灰掺量、纤维掺量。在仅考虑抗压强度的前提下，其最佳组合为 A3B1C2D1：水灰比 0.31，纤维掺量为 0.2%，硅灰掺量为 6%，胶粘剂掺量为 1%。

方差分析与极差结果一致，影响顺序为 A、D、C、B，且水灰比 F 值（F_A=6.64）较接近 $F_{0.1}$，证明水灰比对抗压强度影响相对比较显著，胶粘剂其次。纤维 F 值为 1.00，表明对抗压强度没有什么影响。综上可知，水灰比最佳时对应为最大水平，胶粘剂为第 1 水平，硅灰为第 2 水平，即增大水灰比、加入适量胶粘剂和硅灰对抗压强度有利。

抗压强度极差、方差分析　　　　　　　　　　　　　表 3-37

因素	K_1	K_2	K_3	k_1	k_2	k_3	R
A- 水灰比	39.90	40.10	56.25	13.30	13.37	18.75	5.45
B- 纤维掺量	48.85	41.60	45.80	16.28	13.87	15.27	2.42
C- 硅灰掺量	47.60	48.40	40.25	15.87	16.13	13.42	2.72
D- 胶粘剂掺量	52.40	43.55	40.30	17.47	14.52	13.43	4.03
矫正值 C	2062.67	SS_E	8.83	SS_T	107.12	$F_{0.1}$	9.00
SS_A	58.68	SS_B	8.83	SS_C	13.45	SS_D	26.1
F_A	6.64	F_B	1.00	F_C	1.52	F_D	2.96

4. 孔隙率与抗压强度、透水系数的关系

同成型组试样，材料组试样按孔隙率由小到大的顺序，建立了孔隙率同抗压强度、透水系数的关系。孔隙率与抗压强度同样采用 3.3.4 节 4. 的 3 种模型进行拟合，二者实际点线图与拟合结果如图 3-44（a）~图 3-44（c）所示。由图 3-44（a）~图 3-44（c）

可知，3 种模型拟合度虽有差异，但均基本满足实际趋势，得到的材料组 Balshin 模型、Ryshkewitch 模型、Hasselman 模型孔隙强度关系见式（3-23）~式（3-25）。

$$S = 43.113\left(1 - \frac{e}{100}\right)^{4.5645}, \ R^2 = 0.86 \tag{3-23}$$

$$S = 49.1009\mathrm{e}^{-0.0577e'}, \ R^2 = 0.88 \tag{3-24}$$

$$S = 31.9288\left(1 - 0.0251e'\right), \ R^2 = 0.82 \tag{3-25}$$

孔隙率与透水系数变化如图 3-44（d）所示，可看出该组强度与透水系数大致呈负相关，符合实际情况。通过拟合发现，该组仍可利用与 Balshin 模型、Hasselman 模型相似的函数形式进行透水系数的拟合，见式（3-26）、式（3-27），且拟合度较好，这与成型组结论一致。

$$C = 2.036\left(1 + e\right)^{9.033}, \ R^2 = 0.93 \tag{3-26}$$

$$C = -6.359\left(1 - 0.1365e\right), \ R^2 = 0.88 \tag{3-27}$$

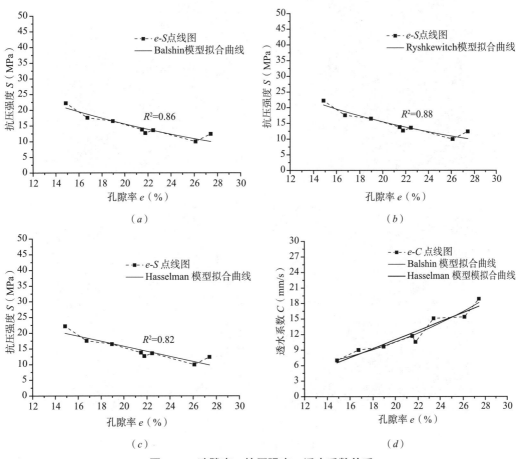

图 3-44　孔隙率—抗压强度、透水系数关系

（a）Balshin 模型；（b）Ryshkewitch 模型；（c）Hasselman 模型；（d）孔隙率—透水系数

3.4.5　抗冻性能试验结果与分析

1. 冻融试验现象与结果

25 次冻融时，所有试样外观上并无较大变化，除水灰比 0.25 时的部分试样边角处骨料出现个别脱落外，其余试样完整性好，水泥浆体与骨料、纤维粘结良好。当冻融至 50 次时，试样表面骨料脱落现象开始增多 [图 3-45（a）]，与骨料粘结的部分 PAN 纤维开始外露，但总体并未出现损坏。水灰比较小的部分试样靠近端部开始出现裂缝 [图 3-45（b）]，而水灰比较大试样暂未出现此现象。

当冻融至 75 次时，不同组试样破坏现象差异逐渐明显。对于端部已经开裂的试样，裂缝继续增大并向上下两长边延伸 [图 3-46（a）]。对于表面骨料脱落的试样，脱落数量继续加大，观察发现脱落位置主要在长边 1/2 处和端部 [图 3-46（b）、图 3-46（c）]。上述现象多见于前 1～6 组试样，7、8、9 组试样 75 次冻融时才开始出现个别脱落的现象，总体未发生较为明显的破坏。

（a）

（b）

图 3-45　50 次冻融循环外观

（a）骨料脱落；（b）端部开裂

（*a*）

（*b*）　　　　　　　　　　　　　　　　（*c*）

图 3-46　75 次冻融循环外观

（*a*）裂缝双向延伸；（*b*）长边骨料脱落；（*c*）端部骨料脱落

当冻融至 100 次时，不同组试验破坏形式出现了明显差异，材料组试样破坏程度明显高于成型组。根据外观形态，将材料组冻融破坏分为如下几种：（1）端部骨料脱落：此现象在透水混凝土冻融试验中较为常见，脱落位置始于端部的边角处，并逐步向中间发展 [图 3-47（*a*）]；（2）试样断裂：常见于长边 1/2、1/3 处，主要是由于长边纵向

（*a*）　　　　　　　　　　　　　　　　（*b*）

图 3-47　100 次冻融循环外观（一）

（*a*）端部骨料脱落；（*b*）1/2 处断裂

（c） （d）

（e）

图 3-47 100 次冻融循环外观（二）

（c）1/3 处断裂；（d）边角缺失；（e）长边分层破坏

裂缝的发展导致的［图 3-47（b）、图 3-47（c）］；（3）边角局部缺失：以局部大块的形式脱落，主要是由于端部裂缝发展导致的［图 3-47（d）］；（4）长边分层破坏：以长边面层骨料大面积脱落为主，位置同样为边角处［图 3-47（e）］。

　　材料组每 25 次冻融循环测定一次质量损失率、横向基频，每组 3 个试样取平均值，结果见表 3-38、表 3-39。按照 3.2.2 节公式计算得到质量损失率、相对动弹性模量（表 3-40），冻融循环次数 N 与质量损失率、相对动弹性模量变化如图 3-48 所示。

材料组质量变化 表 3-38

编号	初始质量（kg）	25 次质量（kg）	50 次质量（kg）	75 次质量（kg）	100 次质量（kg）
PC-1	8.380	8.369	8.330	8.260	8.109
PC-2	7.930	7.904	7.869	7.700	7.415
PC-3	8.185	8.149	8.140	8.109	8.073
PC-4	8.395	8.364	8.314	8.211	7.987
PC-5	8.450	8.439	8.428	8.330	8.224
PC-6	8.330	8.320	8.230	8.109	7.858
PC-7	8.585	8.569	8.565	8.550	8.530
PC-8	8.640	8.629	8.609	8.549	8.459
PC-9	8.690	8.684	8.675	8.644	8.629

材料组横向基频 表 3-39

编号	初始基频（Hz）	25 次基频（Hz）	50 次基频（Hz）	75 次基频（Hz）	100 次基频（Hz）
PC-1	1813	1753	1739	1535	1227
PC-2	1716	1688	1663	1297	1110
PC-3	1736	1696	1660	1489	1246
PC-4	1798	1739	1709	1328	1009
PC-5	1760	1735	1700	1400	1020
PC-6	1718	1672	1656	1319	1091
PC-7	1843	1723	1708	1692	1670
PC-8	1833	1717	1711	1661	1539
PC-9	1821	1732	1718	1679	1531

由表 3-40、图 3-48 可看出，改变材料组成对透水混凝土冻融指标有一定的影响。材料组试样 25、50 次冻融损伤较小，质量损失率基本在 1% 及以下，相对动弹性模量均高于 85%。75 次冻融时，1~6 组抗冻性能相较 50 次时开始出现明显降低，相对动弹性模量分别降低了 20.28%、36.76%、17.81%、35.8%、30.03%、33.94%。质量损失率分别增加了 0.84%、2.13%、0.37%、1.23%、1.17%、1.45%。而 7~9 组试样相对动弹性模量最大仅下降 5% 左右，质量损失率最大增幅仅为 0.7%。100 次冻融相较于 75 次时，前 6 组试样进一步降低，幅度均在 15% 以上，而 7~9 组试样抗冻性能较好，均可保持在 70% 以上的动弹性模量。

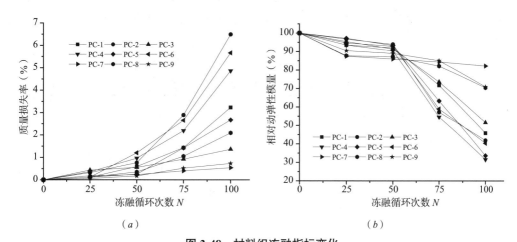

图 3-48　材料组冻融指标变化

（a）冻融循环次数—质量损失率；（b）冻融循环次数—相对动弹性模量

材料组质量损失率和相对动弹性模量 表 3-40

材料组	质量损失率 Δm（%）					相对动弹性模量 Δf_n（%）				
	0 次	25 次	50 次	75 次	100 次	0 次	25 次	50 次	75 次	100 次
PC-1	0	0.12	0.59	1.43	3.23	100	93.54	92.00	71.72	45.83

材料组	质量损失率 Δm（%）					相对动弹性模量 Δf_n（%）				
	0 次	25 次	50 次	75 次	100 次	0 次	25 次	50 次	75 次	100 次
PC-2	0	0.32	0.76	2.89	6.49	100	96.76	93.92	57.16	41.87
PC-3	0	0.43	0.55	0.92	1.36	100	95.43	91.36	73.55	51.53
PC-4	0	0.36	0.96	2.19	4.86	100	93.54	90.35	54.55	31.49
PC-5	0	0.12	0.25	1.42	2.67	100	97.18	93.30	63.27	33.59
PC-6	0	0.12	1.20	2.65	5.66	100	94.72	92.88	58.94	40.33
PC-7	0	0.18	0.23	0.40	0.64	100	87.45	85.93	84.33	82.15
PC-8	0	0.12	0.35	1.05	2.09	100	87.74	87.13	82.11	70.49
PC-9	0	0.06	0.17	0.52	0.70	100	90.46	89.01	85.01	70.69

2. 25 次冻融指标

25 次冻融循环质量损失率 Δm_{25} 极差、方差分析见表 3-41。由表 3-41 可知，25 次冻融质量损失率的因素影响顺序为 D、A、C 和 B：胶粘剂掺量、水灰比、硅灰掺量、纤维掺量。方差分析结果与极差一致，顺序为 D、A、C 和 B。水灰比、胶粘剂掺量 F 值均超过 $F_{0.05}$ 检验值，硅灰掺量 F 值略低于 $F_{0.05}$，说明三者对 25 次冻融质量损失率影响较为显著。

25 次冻融相对动弹性模量 Δf_{25} 极差、方差分析结果见表 3-42。25 次冻融相对动弹性模量的因素影响顺序为 A、B、C 和 D：水灰比、纤维掺量、硅灰掺量、胶粘剂掺量。在不考虑其他性能的前提下，最佳因素组合为 A1B2C2D1：水灰比 0.25，纤维掺量 0.4%，硅灰掺量 6%，胶粘剂掺量 1%。由方差分析 F 值大小可知，4 种因素影响顺序为 A、B、C 和 D，与极差结果一致，且水灰比 F 值最大为 26.21，说明水灰比对该指标影响达到显著水平。

25 次冻融质量损失率极差、方差分析　　　　表 3-41

因素	K_1	K_2	K_3	k_1	k_2	k_3	R
A- 水灰比	0.87	0.60	0.36	0.29	0.20	0.12	0.17
B- 纤维掺量	0.66	0.56	0.61	0.22	0.19	0.20	0.03
C- 硅灰掺量	0.36	0.74	0.73	0.12	0.25	0.24	0.13
D- 胶粘剂掺量	0.30	0.62	0.91	0.10	0.21	0.30	0.20
矫正值 C	0.37	SS_E	0.002	SS_T	0.14	$F_{0.05}$	19.00
SS_A	0.04	SS_B	0.002	SS_C	0.03	SS_D	0.06
F_A	26.10	F_B	1.00	F_C	18.76	F_D	37.24

25 次冻融相对动弹性模量极差、方差分析　　　　表 3-42

因素	K_1	K_2	K_3	k_1	k_2	k_3	R
A- 水灰比	285.76	285.44	265.65	95.25	95.15	88.55	6.70
B- 纤维掺量	274.56	281.68	280.61	91.52	93.89	93.54	2.37

续表

因素	K_1	K_2	K_3	k_1	k_2	k_3	R
C-硅灰掺量	276.03	280.76	280.06	92.01	93.59	93.35	1.58
D-胶粘剂掺量	281.21	278.93	276.71	93.74	92.98	92.24	1.50
矫正值 C	77813.10	SS_E	3.38	SS_T	106.01	$F_{0.05}$	19.00
SS_A	88.46	SS_B	9.83	SS_C	4.35	SS_D	3.38
F_A	26.21	F_B	2.91	F_C	1.29	F_D	1.00

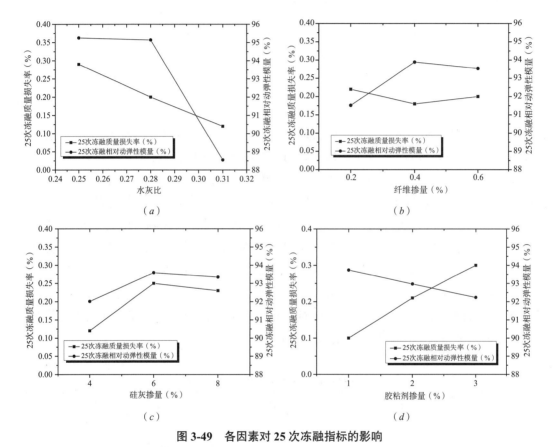

图 3-49　各因素对 25 次冻融指标的影响

（ a ）水灰比—25 次冻融指标；（ b ）纤维掺量—25 次冻融指标；（ c ）硅灰掺量—25 次冻融指标；
（ d ）胶粘剂掺量—25 次冻融指标

　　各因素水平变化对 25 次冻融指标的影响如图 3-49 所示。由图 3-49（ a ）可知，随着水灰比的增大，相对动弹性模量与质量损失率均减小，因此当水灰比为 0.25 时为最佳水平。由图 3-49（ b ）可知，随着纤维掺量的增大，相对动弹性模量大致呈现先增大后减小的趋势，质量损失率变化规律与之相反，不难得出纤维的最佳掺量应为顶点处，即 0.4%。由图 3-49（ c ）可知，质量损失率与相对动弹性模量随着硅灰掺量的增大呈现相同的趋势，当硅灰添加至 8% 时，二者均未得到较大程度的改善，反而相对动弹性模量还出现略微减小的现象，因此同样取顶点硅灰掺量 6% 时为最佳。由图 3-49（ d ）可知，冻融前期（25 次）胶粘剂添加过多会对抗冻性能产生不利影响，显然 1% 时为最佳掺量。

3. 50 次冻融指标

50 次冻融质量损失率极差、方差分析　　　　表 3-43

因素	K_1	K_2	K_3	k_1	k_2	k_3	R
A- 水灰比	1.90	2.41	0.75	0.63	0.80	0.25	0.55
B- 纤维掺量	1.78	1.36	1.92	0.59	0.45	0.64	0.19
C- 硅灰掺量	2.14	1.89	1.03	0.71	0.63	0.34	0.37
D- 胶粘剂掺量	1.01	2.19	1.86	0.34	0.73	0.62	0.39
矫正值 C	2.84	SS_E	0.06	SS_T	1.01	$F_{0.1}$	9.00
SS_A	0.48	SS_B	0.06	SS_C	0.23	SS_D	0.25
F_A	8.51	F_B	1.00	F_C	3.99	F_D	4.36

50 次冻融循环质量损失率 Δm_{50} 极差、方差分析见表 3-43。由表 3-43 中 R 值、F 值大小顺序可知，50 次冻融质量损失率因素的影响顺序均为 A、D、C 和 B：水灰比、胶粘剂掺量、硅灰掺量、纤维掺量。其中水灰比 F 值最大且接近 9（$F_{0.1}$ 检验值），说明水灰比对 50 次冻融质量损失率影响较为显著，胶粘剂掺量、硅灰掺量其次。

50 次冻融相对动弹性模量 Δf_{50} 极差、方差分析结果见表 3-44。由表 3-44 中 R 值、F 值大小排序可知，影响 50 次冻融质量损失率的因素顺序为 A、B、D、C：水灰比、纤维掺量、胶粘剂掺量、硅灰掺量，最佳因素组合为 A1B2C2D1：水灰比 0.25，纤维掺量 0.4%，硅灰掺量 6%，胶粘剂掺量 1%。水灰比 F 值为 37.58，超过了 $F_{0.05}$ 检验值 19.00，说明水灰比对本阶段相对动弹性模量影响显著，纤维掺量和胶粘剂掺量其次，而改变硅灰掺量对本次动弹性模量的影响不显著。

50 次冻融相对动弹性模量极差、方差分析　　　　表 3-44

因素	K_1	K_2	K_3	k_1	k_2	k_3	R
A- 水灰比	277.28	276.53	262.16	92.43	92.18	87.39	5.04
B- 纤维掺量	268.28	274.35	273.34	89.43	91.45	91.11	2.02
C- 硅灰掺量	272.01	273.37	270.59	90.67	91.12	90.20	0.93
D- 胶粘剂掺量	274.40	272.73	268.84	91.47	90.91	89.61	1.85
矫正值 C	73978.56	SS_E	1.29	SS_T	62.18	$F_{0.05}$	19.00
SS_A	48.41	SS_B	7.05	SS_C	1.29	SS_D	5.43
F_A	37.58	F_B	5.47	F_C	1.00	F_D	4.21

各因素水平变化对 50 次冻融指标的影响如图 3-50 所示。由图 3-50（a）可知，相对动弹性模量随着水灰比的增大而逐渐降低，质量损失率则先增大后降低，不难看出当水灰比为 0.25 时，相对动弹性模量最大为 92.43%。当水灰比为 0.31 时质量损失率最小为 0.25%，但此时相对动弹性模量下降较多，此阶段水灰比的最佳水平为 0.25。由

图 3-50（*b*）可知，质量损失率与相对动弹性模量随着纤维掺量的增大呈现相反的规律，显然 0.4% 是纤维的最佳水平，此时相对动弹性模量最大为 91.45%，质量损失率最小为 0.45%。由图 3-50（*c*）可知，当硅灰掺量为 4% 和 6% 时，2 个冻融指标呈现相反的规律，但硅灰掺量的改变对相对动弹性模量影响不大。当掺量增至 8% 时，虽质量损失率降低至最小的 0.34%，但其相对动弹性模量也降至最低，所以硅灰的最佳掺量为 6%。同理，胶粘剂 [图 3-50（*d*）] 的变化规律同水灰比 [图 3-50（*a*）]，可得 1% 为胶粘剂的最佳掺量。

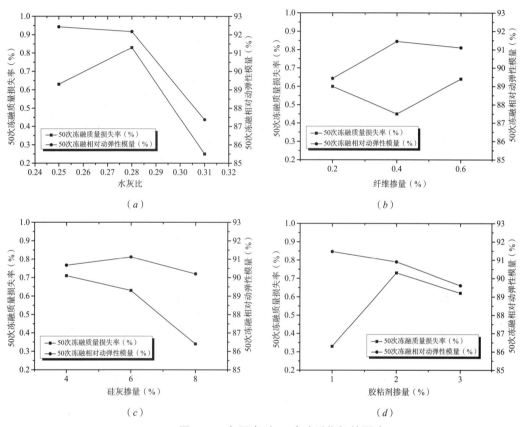

图 3-50　各因素对 50 次冻融指标的影响

（*a*）水灰比—50 次冻融指标；（*b*）纤维掺量—50 次冻融指标；（*c*）硅灰掺量—50 次冻融指标；
（*d*）胶粘剂掺量—50 次冻融指标

4. 75 次冻融指标

75 次冻融循环质量损失率 Δm_{75} 极差、方差分析见表 3-45。由表 3-45 可知，75 次冻融质量损失率的因素影响排序为 A、C、D 和 B：水灰比、硅灰掺量、胶粘剂掺量、纤维掺量，且极差与方差分析结果一致。水灰比 F 值最大为 8.83，接近达到 $F_{0.1}$ 检验值，证明水灰比对 75 次冻融质量损失率影响较为显著，硅灰和胶粘剂其次。

75 次冻融相对动弹性模量 Δf_{75} 极差、方差分析结果见表 3-46。75 次冻融相对动弹性模量因素影响顺序为 A、C、D 和 B：水灰比、硅灰掺量、胶粘剂掺量、纤维掺量，最佳因素组合为 A3B3C3D1：水灰比 0.31，纤维掺量 0.6%，硅灰掺量 8%，胶粘剂掺量 1%。其中水灰比 F 值（F_A=25.69）超过了 $F_{0.1}$，即水灰比对 75 次冻融相对动弹性模量影响显著。

75 次冻融质量损失率极差、方差分析　　　　　　　　表 3-45

因素	K_1	K_2	K_3	k_1	k_2	k_3	R
A- 水灰比	5.24	6.26	1.97	1.75	2.09	0.66	1.43
B- 纤维掺量	4.02	5.36	4.09	1.34	1.79	1.36	0.45
C- 硅灰掺量	5.13	5.60	2.74	1.71	1.87	0.91	0.95
D- 胶粘剂掺量	3.37	5.94	4.16	1.12	1.98	1.39	0.86
矫正值 C	20.16	SS_E	0.38	SS_T	6.45	$F_{0.1}$	9.00
SS_A	3.35	SS_B	0.38	SS_C	1.57	SS_D	1.16
F_A	8.83	F_B	1.00	F_C	4.13	F_D	3.05

75 次冻融相对动弹性模量极差、方差分析　　　　　表 3-46

因素	K_1	K_2	K_3	k_1	k_2	k_3	R
A- 水灰比	202.43	176.76	251.45	67.48	58.92	83.82	24.90
B- 纤维掺量	210.60	202.54	217.50	70.20	67.51	72.50	4.99
C- 硅灰掺量	212.77	196.72	221.15	70.92	65.57	73.72	8.14
D- 胶粘剂掺量	220.00	200.43	210.21	73.33	66.81	70.07	6.52
矫正值 C	44189.65	SS_E	37.38	SS_T	1164.01	$F_{0.1}$	19.00
SS_A	960.06	SS_B	37.38	SS_C	102.74	SS_D	63.83
F_A	25.69	F_B	1.00	F_C	2.75	F_D	1.71

各因素水平变化对 75 次冻融指标的影响如图 3-51 所示，当冻融至 75 次时，随着各因素水平的增大，质量损失率与相对动弹性模量均呈现相反的规律。水灰比为 0.31 时，抗冻性能最优，质量损失率最小为 0.66%，相对动弹性模量最大为 83.83%，相比于 0.28 时二者的变化幅度分别为 42.27%、67.80%[图 3-51（a）]。由图 3-51（b）可知，纤维掺量改变对 75 次冻融相对动弹性模量的影响并不大，最大变化幅度约为 5%，当纤维掺量为 0.6% 时，其质量损失率与掺量在 0.2% 时基本相同，但相对动弹性模量相比 0.2% 时略高，因此选用 0.6% 为最佳掺量。由图 3-51（c）易知，硅灰掺量和冻融指标变化规律与水灰比、纤维掺量均一致，同理得出硅灰最佳掺量为 8%。由图 3-51（d）可知，胶粘剂掺量的改变同样对本次相对动弹性模量影响不明显，但对质量损失率影响显著。掺量为 2% 时质量损失率最大为 1.98%，相比于 1% 掺量时增大了 0.86%，综合考虑得胶粘剂最佳掺量为 1%。

5.100 次冻融指标

100 次冻融循环质量损失率 Δm_{100} 极差、方差分析见表 3-47。由表 3-47 可知，100 次冻融质量损失率因素的影响顺序为 A、C、D 和 B：水灰比、硅灰掺量、胶粘剂掺量、纤维掺量。水灰比 F 值较接近 $F_{0.1}$，说明水灰比对 100 次冻融质量损失率的影响达到了较为显著程度，硅灰与胶粘剂其次。

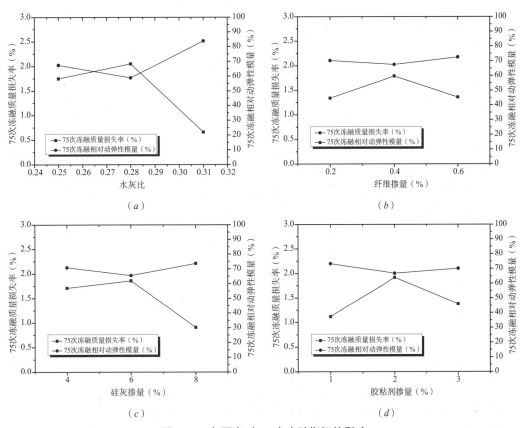

图 3-51 各因素对 75 次冻融指标的影响

（a）水灰比—75 次冻融指标；（b）纤维掺量—75 次冻融指标；（c）硅灰掺量—75 次冻融指标；
（d）胶粘剂掺量—75 次冻融指标

100 次冻融质量损失率极差、方差分析　　　　　　　　　　表 3-47

因素	K_1	K_2	K_3	k_1	k_2	k_3	R
A- 水灰比	11.08	13.19	3.43	3.69	4.40	1.14	3.25
B- 纤维掺量	8.73	11.25	7.72	2.91	3.75	2.57	1.18
C- 硅灰掺量	10.98	12.05	4.67	3.66	4.02	1.56	2.46
D- 胶粘剂掺量	6.60	12.79	8.31	2.20	4.26	2.77	2.06
矫正值 C	85.25	SS_E	2.20	SS_T	37.20	$F_{0.1}$	9.00
SS_A	17.58	SS_B	2.20	SS_C	10.60	SS_D	6.81
F_A	7.98	F_B	1.00	F_C	4.81	F_D	3.09

100 次冻融相对动弹性模量极差、方差分析　　　　　　　表 3-48

因素	K_1	K_2	K_3	k_1	k_2	k_3	R
A- 水灰比	139.23	105.41	223.33	46.41	35.14	74.44	39.31
B- 纤维掺量	159.47	145.95	162.55	53.16	48.65	54.18	5.53
C- 硅灰掺量	156.65	144.05	167.27	52.22	48.02	55.76	7.74
D- 胶粘剂掺量	150.11	164.35	153.51	50.04	54.78	51.17	4.75

续表

因素	K_1	K_2	K_3	k_1	k_2	k_3	R
矫正值 C	24332.88	SS_E	36.87	SS_T	2636.90	$F_{0.05}$	19.00
SS_A	2457.97	SS_B	51.98	SS_C	90.08	SS_D	36.87
F_A	66.66	F_B	1.41	F_C	2.44	F_D	1.00

100 次冻融相对动弹性模量 Δf_{100} 极差、方差分析结果见表 3-48。100 次冻融相对动弹性模量的因素影响顺序为 A、C、B 和 D：水灰比、硅灰掺量、纤维掺量、胶粘剂掺量，最佳因素组合为 A3B3C3D2：水灰比 0.31，纤维掺量 0.6%，硅灰掺量 8%，胶粘剂掺量 2%。其中 F_A 值为 66，远超过 $F_{0.05}$ 检验值，说明水灰比仍是影响相对动弹性模量的最显著因素，硅灰与纤维掺量影响其次，但相对水灰比较不显著。

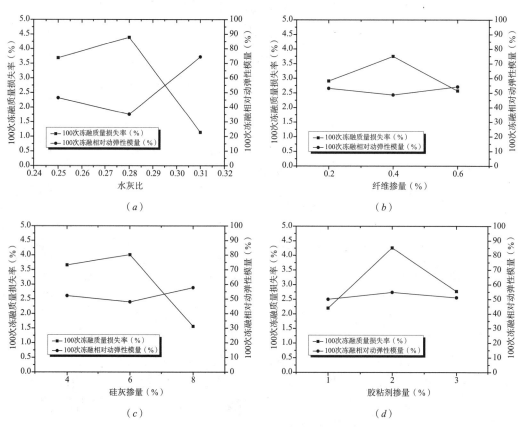

图 3-52 各因素对 100 次冻融指标的影响

（a）水灰比—100 次冻融指标；（b）纤维掺量—100 次冻融指标；（c）硅灰掺量—100 次冻融指标；
（d）胶粘剂掺量—100 次冻融指标

各因素水平变化对 100 次冻融指标的影响变化如图 3-52 所示。由图 3-52（a）可知，随着水灰比的增大，相对动弹性模量呈现先减小后增大的趋势，而质量损失率则呈现相反趋势，0.31 为本次最佳水灰比。由图 3-52（b）可知，纤维的变化对本阶段相对动弹性模量影响不明显，最大差值约为 5.5%，但质量损失率呈现先增大后减小的现象。

注意到 0.6% 纤维掺量时质量损失率最小，此时的相对动弹性模量相比 0.2%、0.4% 掺量时未出现明显变化，因此纤维掺量 0.6% 是本次最佳水平。由图 3-52（c）可知，硅灰同冻融指标的变化与上述二者相同，当硅灰掺量为 8% 时质量损失率最小、相对动弹性模量最大。由图 3-52（d）可知，胶粘剂掺量的改变对 100 次冻融相对动弹性模量影响不明显，最大差值仅为 4.74%，但质量损失率先增大后减小。若仅考虑相对动弹性模量的情况下，则选用 2% 为本阶段最佳掺量。若结合质量损失率考虑，则 1% 为最佳掺量。

3.4.6 正交试验分析的最佳材料组合

1. 材料组冻融综合分析

从每 25 次冻融正交试验结果可看出，各因素在不同阶段变化规律有一定差异，且都存在最佳值。75、100 次冻融质量损失率因素排序相同为 A、C、D 和 B，注意到 100 次冻融相对动弹性模量顺序为 A、C、B 和 D，此时 F_B、F_D 较接近且影响不显著，因此可将 75、100 次冻融指标因素排序近似看做一致：A、C、D 和 B。下面对 25、50、75、100 次冻融的指标变化进行综合分析，旨在得到抗冻性能最佳的材料掺量。

水灰比与材料组冻融指标变化如图 3-53 所示，可看出前 25、50 次冻融时，水灰比 0.25、0.28 时的相对动弹性模量高于水灰比 0.31，此阶段水灰比 0.25、0.28 组质量损失率高于 0.31 组，且均小于 1%。当冻融次数增至 50 次以后，水灰比为 0.31 时表现出较好抗冻性能，相对动弹性模量下降幅度较小，而其他两组则出现相对动弹性模量大幅度下降的现象，待 100 次冻融时相对动弹性模量已不足 50%，质量损失率也接近 5%。综上所述，为保证透水混凝土后期具有较好的抗冻性能，0.31 为水灰比最佳值。

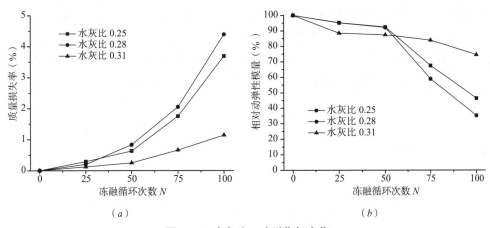

图 3-53 水灰比—冻融指标变化

（a）水灰比—质量损失率；（b）水灰比—相对动弹性模量

纤维掺量与冻融指标变化如图 3-54 所示，纤维掺量对冻融指标的影响没有水灰比显著，原因可能如下：透水混凝土冻融破坏主要表现为水泥浆体与骨料界面的破坏，而水灰比恰恰是决定骨料表面水泥浆体状态的重要指标。水灰比过小，则水泥浆体流动性差，与骨料接触不均匀，抗冻性能较差；水灰比过大，容易下沉造成孔隙堵塞，导致密实度不均匀同样对抗冻性能不利。相比于水灰比，PAN 纤维的掺入量往往不足水泥的 1%，它在一定程度上只是起到了辅助增强骨料间桥联作用，并不能直接决定抗冻性能的好坏。由图 3-54 可知，前 25、50 次冻融时，纤维掺量的改变对冻融指标的影响不大。从 75～100 次冻融可看出，纤维掺量为 0.4% 时抗冻性能较差，100 次冻融时质量损失率最大达到 3.5% 以上，相对动弹性模量低于 50%，增大纤维的掺量，对抗冻性能有一定的改善。综上所述，纤维有利于透水混凝土后期抗冻性能的提高，最佳掺量为 0.6%，这与极差分析结果一致。

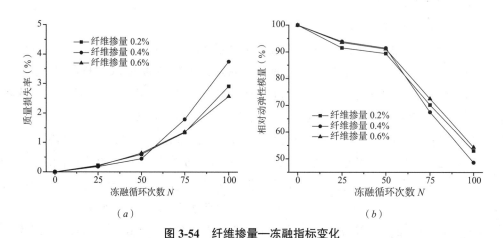

图 3-54 纤维掺量—冻融指标变化

（a）纤维掺量—质量损失率；（b）纤维掺量—相对动弹性模量

硅灰掺量与冻融指标变化如图 3-55 所示，同纤维变化规律，硅灰掺量对材料组试样抗冻性能的改善体现于后 50 次冻融阶段。由 75、100 次冻融时点位分布可看出，随着硅灰掺量的增大，质量损失率越小，相对动弹性模量越大。当硅灰掺量为 8% 时抗冻性能最佳，此时质量损失率小于 1.5%，相对动弹性模量接近 60%。综上所述，硅灰同样有利于透水混凝土后期抗冻性能的提升，最佳掺量为 8%，这与极差分析结果一致。

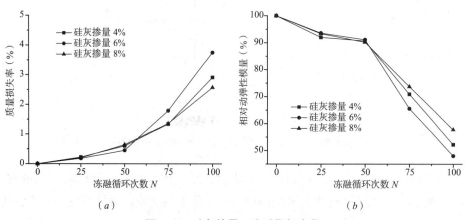

图 3-55 硅灰掺量—冻融指标变化

（a）硅灰掺量—质量损失率；（b）硅灰掺量—相对动弹性模量

胶粘剂掺量与冻融指标变化如图 3-56 所示，胶粘剂的变化对整个冻融阶段的相对动弹性模量影响不大，但对质量损失率影响较显著。若只考虑质量损失率一种指标时，1% 为胶粘剂最佳掺量；对于相对动弹性模量而言，胶粘剂同样对前 50 次冻融相对动弹性模量的影响不显著，75、100 次冻融时对应的最佳掺量分别为 2% 和 3%。掺量为 3% 时其 75、100 次冻融相对动弹性模量约为 70%、52%，质量损失率不足 3%；而掺量为 2% 时质量损失率虽较大，但其 75、100 次冻融相对动弹性模量均大于 50%，因此胶粘剂建议掺量为 2% ~ 3% 均可。

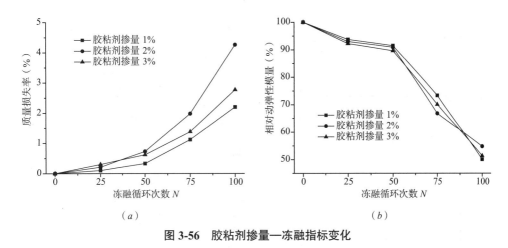

图 3-56 胶粘剂掺量—冻融指标变化

（a）胶粘剂掺量—质量损失率；（b）胶粘剂掺量—相对动弹性模量

由正交试验结果综合分析得：在成型方式不变且仅考虑抗冻性能的前提下，材料组透水混凝土的最佳组合为：水灰比 0.31，PAN 纤维掺量 0.6%，硅灰掺量 8%，胶粘剂掺量 2% ~ 3%。

2. 冻融循环次数与冻融损伤量的关系

以式（3-10）换算得到材料组透水混凝土冻融损伤量 D_n（表 3-49），以非线性拟合的方式建立冻融循环次数 N 与冻融损伤量 D_n 间的函数关系。以指数型函数 $D_n = e^{(a+bN)}$ 形式（$N > 0$）对二者进行拟合，各组拟合结果如图 3-57 所示，各组参数取值见表 3-50。

材料组冻融损伤量　　　　　　　　　　　　　　　　　表 3-49

编号	D_0（%）	D_{25}（%）	D_{50}（%）	D_{75}（%）	D_{100}（%）
PC-1	0	6.46	8.00	28.28	54.17
PC-2	0	3.24	6.08	42.84	58.13
PC-3	0	4.57	8.64	26.45	48.47
PC-4	0	6.46	9.65	45.45	68.51
PC-5	0	2.82	6.70	36.73	66.41
PC-6	0	5.28	7.12	41.06	59.67
PC-7	0	12.55	14.07	15.67	17.85

编号	D_0（%）	D_{25}（%）	D_{50}（%）	D_{75}（%）	D_{100}（%）
PC-8	0	12.26	12.87	17.89	29.51
PC-9	0	9.54	10.99	14.99	29.31

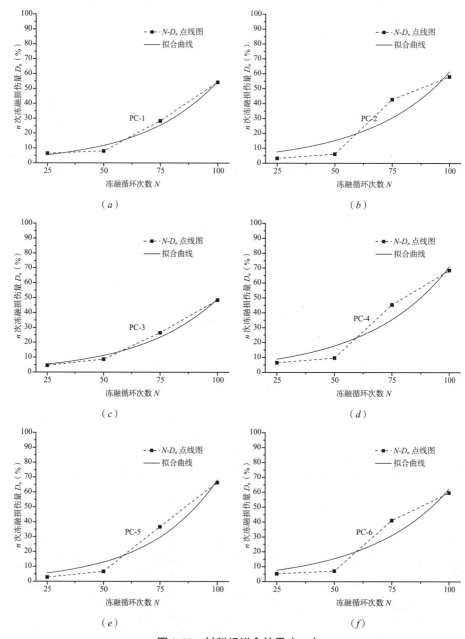

图 3-57 材料组拟合结果（一）

（a）PC-1；（b）PC-2；；（c）PC-3；（d）PC-4；（e）PC-5；（f）PC-6

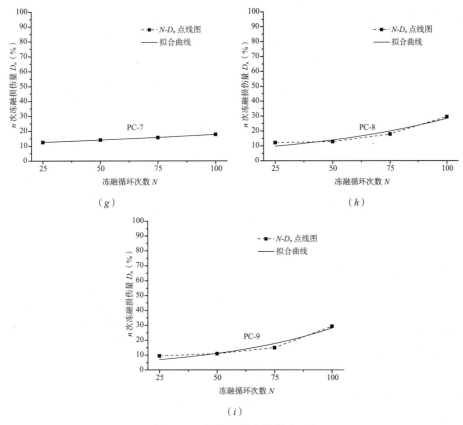

图 3-57　材料组拟合结果（二）

（g）PC-7;（h）PC-8;（i）PC-9

函数参数取值　　　　　　　　　　　　　　　　　　　　　　　表 3-50

函数	a	b	R^2
D_{n1}	0.9302	0.0307	0.91
D_{n2}	3.7590	0.0270	0.81
D_{n3}	0.9355	0.0296	0.98
D_{n4}	1.4890	0.0277	0.89
D_{n5}	0.9002	0.0332	0.94
D_{n6}	1.3403	0.0279	0.86
D_{n7}	2.4086	0.0046	0.99
D_{n8}	1.9310	0.0141	0.92
D_{n9}	1.4904	0.0184	0.92

　　可看出 R^2 越大，拟合效果越好，证明材料组冻融损伤量与循环次数变化规律基本满足拟合方程，实际过程中可采用以上关系式推算每组不同冻融阶段的冻融损伤量。由成型组和材料组结果易知，冻融次数与冻融损伤量虽呈正相关，但二者并未完全呈线性关系，且不同配合比下二者满足的关系曲线也有所不同。

3.5　本章小结

从成型方式与材料组成两方面对透水混凝土基本物理力学性能、抗冻性能展开研究，以 PAN 纤维和硅灰复合外掺的方式制备透水混凝土。成型组选用搅拌时间、击实次数、装模次数、人工插捣次数作为影响因素；而材料组以水灰比、PAN 纤维掺量、硅灰掺量、胶粘剂掺量作为因素，共设计两组四因素三水平正交试验，以极差、方差法对两组试样的孔隙率、透水系数、抗压强度、不同阶段质量损失率和相对动弹性模量进行了分析，得到了各性能指标的影响因素顺序与最佳组合。通过综合分析分别得出了抗冻性能下的最佳成型方式及最佳材料掺量，并建立了部分性能之间的函数关系，得到的主要结论如下：

（1）成型方式的改变对透水混凝土基本性能有一定的影响，成型组抗压强度最大可达 30MPa，但透水系数与孔隙率相对较小，孔隙率、透水系数、抗压强度影响因素顺序分别为搅拌时间、装模次数、击实次数、人工插捣次数；搅拌时间、人工插捣次数、装模次数、击实次数；搅拌时间、人工插捣次数、装模次数、击实次数，搅拌时间是影响基本性能的最主要因素，搅拌时间为 3min 时对强度最有利，搅拌时间为 1min 时对孔隙率和透水系数最有利。

（2）成型组孔隙率与抗压强度之间满足现有的孔隙率—抗压强度模型关系，可利用孔隙率—抗压强度模型类似的函数形式对透水系数进行拟合，且拟合度较好。

（3）成型组 25 ~ 100 次冻融质量损失率因素排序均为搅拌时间、人工插捣次数、击实次数、装模次数，25、50 次相对动弹性模量因素排序一致为搅拌时间、装模次数、人工插捣次数、击实次数，75、100 次冻融时顺序一致为搅拌时间、装模次数、击实次数、人工插捣次数；改变成型方式对抗冻性能也有一定的影响，搅拌时间是影响抗冻性能的最主要因素；综合分析得出，在只考虑抗冻性能的情况下，该配合比下最佳成型组合为搅拌时间 3min，击实次数 50 次，2 次装模，人工插捣 35 次。

（4）成型组冻融循环次数与 25 ~ 100 次冻融损伤量之间呈正相关，且满足幂函数关系；孔隙率与 25 ~ 100 次冻融损伤量间未呈完全正相关变化，二者之间存在临界孔隙率：除 25 次冻融外，当孔隙率小于该临界值时，二者基本满足正弦型函数关系，当孔隙率大于该临界值时，二者满足线性函数关系，随着孔隙率的增大，冻融损伤量也越大。实际工程中，成型组孔隙率可控制在 15% 左右。

（5）材料组孔隙率、透水系数、抗压强度影响因素顺序依次为水灰比、胶粘剂掺量、纤维掺量、硅灰掺量；水灰比、纤维掺量、胶粘剂掺量、硅灰掺量；水灰比、胶粘剂掺量、硅灰掺量、纤维掺量，抗压强度最大为 22.2MPa，透水系数最大可达 18mm/s；同成型组，材料组孔隙率与抗压强度仍满足现存孔隙率—抗压强度模型，且仍可用孔隙率—抗压强度类似函数进行透水系数的拟合。

（6）在改变材料掺量后，材料组冻融破坏程度普遍大于成型组，材料组 100 次冻融破坏特征主要归纳为 5 类，破坏方式以骨料脱落、试样断裂为主，且多见于边角处；材料组 75、100 次冻融指标因素顺序均为水灰比、硅灰掺量、胶粘剂掺量、纤维掺量，水灰比是影响抗冻性能的最主要因素，水灰比 0.31 时在后期表现出较好的抗冻性能。

（7）综合分析得到当水灰比为 0.31、纤维掺量为 0.6%、硅灰掺量为 8%、胶粘剂掺量为 1% 时是抗冻性能最佳掺量组合；适当增大硅灰和 PAN 纤维掺量对前期抗冻性能的影响不大，但对后期抗冻性能有一定的改善；配合比不同时，冻融循环次数与冻融损伤量间满足的关系也不同，材料组冻融循环次数与 25～100 次冻融损伤量之间大致满足指数型函数关系。

参考文献

[1] Chappex T O, Karen S.Alkali fixation of C-S-H in blended cement pastes and its relation to alkali silica reaction[J]. Cement and Concrete Research, 2012, 42（8）: 1049-1054.

[2] 马悦茵 . 透水混凝土的抗冻性能研究 [D]. 哈尔滨: 哈尔滨工业大学, 2017.

[3] 丁向群, 周睿彤, 王钰 . 硅灰对混凝土抗冻性能及其孔结构的影响 [J]. 混凝土, 2017（2）: 53-55.

[4] 付东山 . 基于正交方法透水混凝土性能影响因素试验研究 [D]. 绵阳: 西南科技大学, 2017.

[5] 龚平, 谢先当, 李俊涛 . 成型工艺对再生骨料透水混凝土性能的影响研究 [J]. 施工技术, 2015, 44（12）: 65-68.

[6] 秦国正, 余正芝, 张明芮, 等 . 正交试验数据快速分析 Excel 模块的建立和应用 [J]. 广州化工, 2014, 42（11）: 12-14+41.

[7] 王树源, 李晏, 张毅科 . 混凝土正交试验结果极差分析与方差分析方法对比 [J]. 建材发展导向, 2016, 14（12）: 44-48.

[8] T Matusinović, J Šipušić, N Vrbos. Porosity–strength relation in calcium aluminate cement pastes[J]. Cement and Concrete Research, 2003, 33（11）.

[9] Ali Ugur Ozturk, Bulent Baradan. A comparison study of porosity and compressive strength mathematical models with image analysis[J]. Computational Materials Science, 2008, 43（4）.

[10] 张士萍, 邓敏, 唐明述 . 混凝土冻融循环破坏研究进展 [J]. 材料科学与工程学报, 2008, 26（6）: 990-994.

[11] 刘大鹏, 霍俊芳 . 纤维轻骨料混凝土冻融损伤模型研究 [J]. 硅酸盐通报, 2009, 28（3）: 568-571.

[12] 罗国宝 . 季冻区橡胶硅灰复合改性透水混凝土力学性能和耐久性研究 [D]. 长春: 吉林大学, 2020.

第 4 章

04

透水混凝土在盐渍土地区的应用

4.1 透水混凝土在盐渍土地区的应用背景

4.1.1 盐渍土概念及其病害

盐渍土是指包括盐土和碱土在内的，以及不同程度盐化、碱化的土壤的统称。在公路工程中，按地表全层 1m 以内易溶盐类含量平均达到 0.5% 以上的土壤称之为盐渍土。中国盐渍土区分布较广，西北、华北、东北地区及沿海是我国盐渍土的主要集中分布地区。全国第二次土壤普查数据：中国盐渍土总面积约 3600 万 km^2，占全国可利用土地面积的 4.88%。盐渍土病害主要有盐胀、翻浆、湿（溶）陷和腐蚀等类型。目前盐渍土的改良和盐渍化治理包含各类物理、化学、水利和生物等途径。盐渍土地区的土壤中含有高浓度的 N_a^+、Mg^{2+}、SO_4^{2-} 等有害无机盐，地下水不断入渗和蒸发，形成了复杂多因素侵蚀环境。在盐渍土环境中的混凝土构件，容易反复多次受到有害盐类的侵蚀。对于普通不含钢筋的混凝土，硫酸盐侵蚀最为严重。

中国城市化进程不会停止，改善城市与生态系统的关系，促进人与自然和谐相处成为目前的重要课题，海绵城市的建设可以十分有效地改善水生态，透水混凝土的推广是大势所趋。要在盐溶液环境和盐渍土环境中运用透水混凝土，需要从环境和透水混凝土本身出发，了解其中的构造特点和侵蚀机理。

4.1.2 混凝土耐硫酸盐侵蚀研究现状

1.普通混凝土耐硫酸盐侵蚀研究现状

干湿循环将会加速加剧混凝土侵蚀劣化，学者们研究了此条件下硫酸盐对混凝土的破坏及评估方式。梁咏宁、袁迎曙通过干湿循环试验分析不同腐蚀阶段水化产物的微观结构，结果表明：混凝土在硫酸盐环境中涉及化学—物理复合变化，侵蚀后期硫酸钠溶液比硫酸镁溶液更易改变混凝土物理性能。程汉斌、刘铁军等人研究发现硫酸盐离子分布积分区域是描述硫酸盐侵蚀混凝土不均匀劣化行为的合适指标；提出了一种基于均质化理论的混凝土结构构件劣化程度预测方法，该方法可用于基于试验室加速试验结果评估混凝土结构的实际承载能力。

Matthew 等人通过对干湿作用下混凝土劣化 150d 后进行循环压缩加载试验，研究发现，硫酸盐离子可以穿透混凝土至 20mm 深，接近表面的最大含量 1.72% ~ 2.58%。循环加载试验表明，退化混凝土比普通混凝土的残余位移高 38.2%，弹性模量低 1.4%。硫酸盐侵蚀和干湿循环使混凝土的抗疲劳性能降低。

除试验条件外，混凝土本身配合比和内部 pH 值也会影响硫酸盐对混凝土的侵蚀劣化。曾浩、李阳等人研究了 10% 石灰石粉混凝土、10% 粉煤灰混凝土和纯水泥混凝土在不同深度下 pH 值、微观结构和抗压强度的变化。在硫酸盐冻融环境下，石灰石粉混凝土的防护性能略强于纯水泥混凝土，粉煤灰混凝土的防护性能弱于纯水泥混凝土。Paul Wencil 通过控制硫酸的添加，将侵蚀试剂的 pH 值维持在预设值，使侵蚀试剂中的 SO_4^{2-} 浓度在试验过程中保持不变。比较未控制浓度和控制浓度下试件的硫酸盐侵蚀情况。据观察，环境控制显著增加了硫酸盐侵蚀的速率。H.T. Cao 等人研究发现胶凝材料的抗硫酸盐性与其组成和环境 pH 值有关。低 C3A 和低 C3S 硅酸盐水泥在所有硫酸盐溶液中都表现良好。混合水泥含有硅灰和粉煤灰（特别是在 40% 的替代）显示了比任何波特兰水泥更优越的性能。叶谦、沈成进等人采用 XRD、XRF、SEM 和压缩试验等方法研究了矿渣水泥砂浆、抗硫酸盐砂浆和硅酸盐砂浆的硫酸盐腐蚀行为。结果表明，矿渣水泥砂浆的腐蚀性能最好，因为矿渣水泥砂浆中的活粉与水发生水化反应，阻止了 SO_4^{2-} 的渗透，减缓了 $CaSO_4$ 和 AFt 的形成。蒋春梦、余林等人研究了掺和不掺 30% 粉煤灰的高 belite 水泥（HBC）膏体在硫酸盐侵蚀、钙侵蚀及双重作用下的劣化过程，并对比了普通硅酸盐水泥。结果表明：HBC 膏体在不同的暴露条件下降解程度不同，其中硫酸钙浸出耦合（NH_4)$_2SO_4$ 溶液对 HBC 膏体的腐蚀最为严重；它们相互作用，加速了硫酸盐离子向水泥基质和钙离子向外溶液的转移过程。

　　模拟外部硫酸盐侵蚀混凝土结构中的力学后果，可起到一定的预测作用。Nicola Cefis 等人提出了一种弱耦合方法。通过对硫酸盐侵蚀下混凝土试件的各种试验模拟，验证了该模型的有效性，并将其应用于隧道衬砌缩尺结构的模拟。李景培、谢锋等人提出了一种模拟硫酸盐侵蚀和干湿循环作用下硫酸盐扩散和混凝土强度退化的数值模型。结果表明随着硫酸钠浓度的增加，硫酸盐的进入和强度降解显著加快。数值研究了不同干湿循环和边界条件下混凝土对硫酸盐扩散的响应，结果与试验数据基本吻合。在硫酸盐侵蚀期，抗压强度的损失可以预测。李景培、姚明波等人研究了不同时间下，硫酸盐在灌注桩中的扩散反应。结果表明，随着灌注桩半径的减小，硫酸盐浓度分布的差异增大。硫酸盐在灌注桩中的扩散反应具有时间效应和尺寸效应的特征。初始浓度、梯度和反应速率对硫酸盐的扩散反应有显著影响。硫酸盐浓度分布在高浓度部位和桩面变化较大。Monteiro，Paulo J. M 等人通过研究，提出了混凝土在硫酸盐溶液中的结垢饱和规律，建立了"潜在损伤"指数。

　　关于硫酸盐对混凝土的侵蚀机理研究，国外学者 Manu Santhanam 等人通过硫酸盐侵蚀试验，建立硫酸钠溶液侵蚀机理模型。混凝土在硫酸钠溶液侵蚀后，试样膨胀，产生裂缝，硫酸钠溶液从裂缝处入侵，侵蚀产物在裂缝中逐渐增多使裂缝继续裂开，最终导致混凝土破坏。刘赞群、邓德华等人认为观察多孔材料中是否存在硫酸盐晶体可以直接证明是否存在盐结晶破坏。结果表明，在硫酸钠溶液中，试件内部的腐蚀产物钙矾石和石膏晶体造成净浆试件破坏，不是硫酸钠晶体，硫酸盐化学侵蚀是水泥净浆破坏的主要原因。刘赞群等人研究了混凝土碳化后硫酸盐破坏混凝土的原因，结果表明，混凝土碳化且碳化混凝土中硫酸钠物理结晶膨胀导致混凝土失效。

　　为了模拟半浸泡水环境，刘赞群、裴敏等人将混凝土的一部分置于 Na_2SO_4 溶液中，另一部分在空气中。研究发现，混凝土在此情况下，主要涉及化学反应，产生钙矾石等腐蚀物质，填补了混凝土的孔隙。

　　刘鹏、陈英等人通过研究发现混凝土抗压强度与硫酸盐溶液浓度之间存在 Pearson IV 函数关系。混凝土表面的盐结晶为硫酸钠、芒硝、石膏钠、无水硫酸钠和二水石膏。方祥位、申春妮等人研究发现硫酸盐溶液浓度和温度会影响硫酸盐侵蚀混凝土的速度。

硫酸盐侵蚀混凝土也存在许多相关实例。在我国西部地区普遍存在的硫酸盐环境影响下，隧道等基础设施功能退化。雷明锋、彭利民等人通过现场调查和室内试验，研究了硫酸盐侵蚀对隧道混凝土损伤、裂缝发展、结构变形及衬砌安全系数的影响。结果表明，晶体侵蚀或化学溶解损伤或两者都可能发生。这两种破坏主要出现在防水能力差、压实差、水力坡度大的衬垫中。席红兵、李柏生以兰州冬季温度和地下水中硫酸根离子浓度为研究对象，通过室内硫酸根冻融侵蚀试验研究了隧道衬砌和支护结构的耐久性。结果表明，改善衬砌支护喷射混凝土性能的最佳粉煤灰掺量和玄武岩纤维掺量分别为 20% 和 0.1%。

硫酸盐侵蚀混凝土的试验研究通常在混凝土试件标准养护后进行，实际现浇工程现场试验存在数据采集和观测不够等问题。有学者对此进行了现场试验。于晓彤、陈达等人考察砂浆试样在 0% 和 5% Na_2SO_4 溶液全浸没和干湿循环四种暴露条件下的性能，提出了描述抗压强度和水渗透性演化的二项式公式。研究表明，现场试验可选择抗压强度和水渗透性系数作为控制参数，为现场评价混凝土结构硫酸盐劣化程度提供了一种可行的方法。

赵高文等人研究了现浇混凝土在富硫酸盐腐蚀环境下的退化过程及其机理。结果表明，现浇混凝土的腐蚀过程要比预制混凝土的腐蚀过程快得多。化学侵蚀是预制混凝土和现浇混凝土退化的主要原因。水灰比很大程度上影响混凝土耐久性。低水灰比可显著提高预制和现浇混凝土的抗硫酸盐侵蚀能力。在混凝土腐蚀初期，内部硫酸盐侵蚀能延缓混凝土强度的发展。

2. 透水混凝土耐硫酸盐侵蚀研究现状

在硫酸盐侵蚀普通混凝土各项性能研究的基础上，硫酸盐侵蚀透水混凝土的研究也逐步进行。

Ayanda N Shabalala 把透水混凝土层作为一种过滤装置过滤排放的水，研究发现，水泥的水化产物氢氧化钙能够与酸性水反应，使酸性水 pH 值升高，经过一段时间，酸性水 pH 值保持在 9 以上。Ming-Gin Lee 和 Mang Tia 等人研究了透水混凝土层对人工海水等的净化作用。结果表明，透水混凝土层可有效降低溶液的污染物浓度。

宋辉、姚金伟等人通过试验获得了透水混凝土在三种不同浓度硫酸钠溶液中的抗压强度和劈裂抗拉强度；采用腐蚀系数来评价抗压强度的劣化程度；考虑膨胀产物的孔隙充盈效应和膨胀应力引起的腐蚀损伤，建立了腐蚀系数模型。与试验结果相比，所建立的模型能更好地表征透水混凝土的劣化过程。

黄美燕对不同硫酸盐腐蚀龄期（30d、60d、90d、120d）、抗压性能和多孔混凝土的透水性能机理进行了分析，结果表明，硫酸盐与混凝土反应产物体积膨胀引起混凝土内部开裂，降低混凝土的整体强度，并导致混凝土胶凝材料含量降低，由于腐蚀产物本身强度低，使混凝土的附着力降低，宏观强度降低。

蔡润泽、满都拉等人进行了砂基透水混凝土路面砖的抗硫酸盐干湿循环侵蚀试验。结果表明，胶结料 I（28d）抗压强度优于其他胶结料；最优的胶结料 I 掺量为水泥质量的 5%。

刘肖凡、林武星等人研究掺入刚性聚丙烯纤维对透水混凝土耐久性的作用。研究表明，冻融过程中的基体的体积膨胀应力和硫酸盐循环中的结晶压力部分被纤维吸收，适量掺入纤维可以提高透水混凝土在侵蚀环境的性能。

透水混凝土的构造与普通混凝土相差甚远，也导致在侵蚀环境中，两者的渗透率变化、强度变化有一定差异。学者们对透水混凝土孔隙率、透水系数、抗压强度等物理性能的关系进行了相关研究。宋慧、张丰等人建立了透水混凝土抗压强度与透水系数的联系。结果表明，在低目标孔隙度、低水灰比条件下，28d 时连续孔隙度减小，抗压强度增加更明显。连续孔隙度—渗透率系数与 28d 抗压强度的关系可以用幂函数拟合。郭丽朋、朱强等人基于提取孔隙度分布的平面图像方法，对分块照片进行灰度切片。研究发现，设计孔隙度越大，透水混凝土的孔隙结构越繁杂。李钧、林海威发现在正常环境中，透水混凝土的孔隙率与透水系数存在线性关系和幂函数关系。

4.2 透水混凝土耐硫酸盐侵蚀研究

4.2.1 透水混凝土耐硫酸盐侵蚀研究内容

通过文献调研，关于透水混凝土抗硫酸盐侵蚀的论文较少，研究的侵蚀条件较单一，主要从硫酸盐浓度、硫酸盐溶液浸泡条件进行研究；且研究时间是透水混凝土试件标准养护后，与实际情况有较大差异。透水混凝土耐硫酸盐侵蚀性能的评价方法大多仍是参考普通混凝土。基于国内外文献的研究，结合目前透水混凝土在我国沿海地区和西北盐渍土地区的应用现状，将围绕不同环境不同浇筑方式对透水混凝土耐硫酸盐侵蚀的物理性能变化规律和侵蚀机理展开研究，主要内容如下：

（1）不同浓度硫酸钠溶液全浸泡的环境中，现浇和预制两种浇筑方式下透水混凝土基本物理力学性能、侵蚀机理的研究。根据现有规范与实际工程指标，确定一配合比制备试样，分 28d 前和 28d 后两个主要时间段测定各时间节点透水混凝土的基本物理性能，取侵蚀产物进行 XRD 和 SEM 以及 EDS 测试，分析侵蚀产物成分，对照物理性能变化规律得到硫酸钠溶液全浸泡的环境侵蚀机理。

（2）不同浓度硫酸钠盐渍土环境中，现浇与预制两种浇筑方式下透水混凝土基本物理力学性能、侵蚀机理的研究。根据透水混凝土路面的结构，在土壤和透水混凝土试件之间设置 0、150mm 厚度的级配碎石，分 28d 前和 28d 后两个主要时间段测定各时间节点各工况透水混凝土的基本物理性能，分析级配碎石在透水混凝土耐硫酸侵蚀的作用。取侵蚀产物进行 XRD 和 SEM 以及 EDS 测试，分析侵蚀产物成分，对照物理性能变化规律得到硫酸钠盐渍土环境侵蚀机理。

（3）对比分析两种环境下物理性能变化差异和侵蚀机理差异，得出不同环境下的侵蚀特征，以及对透水混凝土性能影响的环境排序。

4.2.2 透水混凝土耐硫酸盐侵蚀研究技术路线

为了研究透水混凝土耐硫酸盐侵蚀机理，研究主要采取的技术路线如图 4-1 所示。

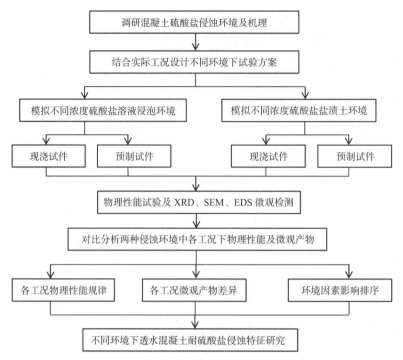

图 4-1　研究透水混凝土耐硫酸盐侵蚀机理的技术路线

4.3　耐硫酸盐侵蚀的透水混凝土配合比设计及试件制备

4.3.1　耐硫酸盐侵蚀的原材料选取

1. 粗骨料

粗骨料是透水混凝土的主要骨架，为保证透水混凝土的抗压强度和透水系数等物理性能，其粒径级配和形状的选择十分重要。骨料颗粒直径过小，骨料与骨料的接触面多，抗压强度提高，但也会导致透水混凝土孔隙率降低，透水性能变差，影响透水混凝土的使用寿命；骨料颗粒直径过大，骨料与骨料的连接面变少，抗压强度下降，耐久性能低。骨料形状光滑，骨料与骨料的连接多是点连接，其抗压强度不易提高，骨料表面粗糙，易生粉尘，影响骨料间的粘结强度。为保证透水混凝土的透水系数，避免骨料紧密堆积，通常选用单一级配或间断级配。天然碎石、再生混凝土材料、部分有机材料（陶瓷）等均可作为粗骨料。试验选用天然碎石：绵阳本地碎石（图 4-2），选取 3 ~ 5mm 单一级配，表观密度为 2606.17kg/m³，堆积密度为 1650kg/m³，孔隙率为 36.69%。

2. 水泥

水泥是透水混凝土骨料之间的主要粘结材料，其水化反应后可形成稳定孔隙结构。试验选用的胶凝材料是绵阳双马水泥厂生产的拉法基 P·O42.5R 的普通硅酸盐水泥，密度 3050kg/m³，水泥化学组成及具体指标见表 4-1、表 4-2。

图 4-2 绵阳本地碎石 　　　　　　图 4-3 外加胶粘剂

水泥化学组成　　　　　　　　　　　　　　表 4-1

CaO（%）	SiO$_2$（%）	Al$_2$O$_3$（%）	Fe$_2$O$_3$（%）	SO$_3$（%）	MgO（%）	其他（%）
41.28	31.43	12.43	3.34	2.66	2.05	4.47

水泥技术指标　　　　　　　　　　　　　　表 4-2

初凝时间（min）	终凝时间（min）	3d 抗折强度（MPa）	3d 抗压强度（MPa）	比表面积（m^2/kg）	烧失量（%）
210	266	5.8	31.6	358	4.18

3. 外加剂

试验选用四川绵阳靓固科技集团有限公司研发的高效胶粘剂作为外加剂，其性状为深灰色极细粉末（图 4-3）。使用量控制在一定范围内，能提高其流动性，水泥均匀附着在骨料上，透水混凝土整体性较好。

试验用硫酸钠溶液作为侵蚀试剂，选用天津市致远化学试剂有限公司的纯无水硫酸钠，其相关技术指标见表 4-3。

无水硫酸钠技术指标　　　　　　　　　　　　表 4-3

Na$_2$SO$_4$ 含量（%）	pH 值（50g/L，25℃）	澄清度试验（号）	水不容物 W（%）	灼烧失重 W（%）	氯化物 W（%）	磷酸盐 W（%）	总氮量 W（%）
≥ 99%	5.0 ~ 8.0	≤ 3	≤ 0.005	≤ 0.2	≤ 0.001	≤ 0.001	≤ 0.0005

4.3.2　耐硫酸盐侵蚀的配合比设计

主要研究不同腐蚀环境下透水混凝土的各项性能变化，将选取上海某地透水混凝土路面配合比进行室内试验。据调研，水灰比为 0.31，孔隙率设计值为 20%，骨料颗粒直径为 3 ~ 5mm。根据以上设计值采用体积法计算各材料用量，试验配合比计算结果见表 4-4。

			表 4-4
<td colspan="4">每立方米透水混凝土各材料用量</td>			

骨料（kg）	水泥（kg）	水（kg）	胶粘剂（kg）
1617	419	130	8.4

4.3.3 耐硫酸盐侵蚀的透水混凝土试件制备

该试验按二次投料法制作透水混凝土试样。首先在搅拌机内放入粗骨料、水泥和胶粘剂干拌 30s，如图 4-4 所示，30s 后加入一半的水混合搅拌 1min；然后继续在搅拌机内均匀慢速加入剩下的水搅拌 1.5min，搅拌至水泥胶粘剂均匀包裹骨料且表面呈现金属光泽，如图 4-5 所示，总共用时约 3min。搅拌完成后及时浇筑入模，试件尺寸为 150mm×150mm×150mm，浇筑方式为人工插捣，分三层入模，每层插捣约 30 次（图 4-6），最后抹面收光（图 4-7）。

图 4-4 投料搅拌

图 4-5 骨料金属光泽

图 4-6 分层插捣

图 4-7 抹面收光

4.4 硫酸钠溶液浸泡环境中透水混凝土的侵蚀劣化研究

4.4.1 硫酸钠溶液浸泡侵蚀环境模拟

在河堤护坡、滨海等地区的透水混凝土常常浸泡在水环境里，如果试件浸泡在水环境中，且水环境溶液中含有一定浓度硫酸盐时，透水混凝土中的胶凝成分与硫酸盐发生化学反应，容易使透水混凝土破坏。试验用硫酸钠溶液作为侵蚀试剂，按溶液浓度的计算公式（4-1），计算并配置 2%、5%、8% 三种浓度的盐溶液。

$$溶液的质量百分比浓度 = （溶质质量 / 溶液质量）\times 100\% \qquad (4-1)$$

硫酸钠的浓度梯度的选取是根据我国现行行业标准《公路土工试验规程》JTG 3430 中 3.5 节特殊土分类标准中对硫酸盐渍土的梯度分类为参照，见表 4-5。由于弱盐渍土含盐量太小，短时间可能看不到效果，所以选用浓度 2%、5%、8% 的硫酸钠水溶液分别代表中、强、过盐渍土。

盐渍土按盐渍化程度分类 表 4-5

盐渍土类别	细粒土的平均含盐量（以质量百分数计）		粗粒土通过 1mm 筛孔土的平均含盐量（以质量百分数计）	
	氯盐渍土及亚氯盐渍土	硫酸盐渍土及亚硫酸盐渍土	氯盐渍土及亚氯盐渍土	硫酸盐渍土及亚硫酸盐渍土
弱盐渍土	0.3 ~ 1.0	0.3 ~ 0.5	2.0 ~ 5.0	0.5 ~ 1.5
中盐渍土	1.0 ~ 5.0	0.5 ~ 2.0	5.0 ~ 8.0	1.5 ~ 3.0
强盐渍土	5.0 ~ 8.0	2.0 ~ 5.0	8.0 ~ 10.0	3.0 ~ 6.0
过盐渍土	> 8.0	> 5.0	> 10.0	> 6.0

注：离子含量以 100g 干土内的含盐总量计。

现浇组的试件 24h 脱模后直接放入三种浓度（质量分数为 2%、5%、8%）的硫酸钠溶液中浸泡，溶液体积与试件体积比为 3:1。密封容器，每月更换一次以保证溶液浓度不变，浸泡时间为 7d、14d、28d、90d、180d。预制组试件在脱模后放入标准养护室内进行养护，标准养护 28d 后再放入三种浓度（质量分数为 2%、5%、8%）的硫酸钠溶液中浸泡。且与现浇组同样的龄期节点时（从脱模开始记）取出。

4.4.2 硫酸钠溶液浸泡环境试验现象及试件受侵蚀形貌

试验通过对比现浇透水混凝土和预制透水混凝土在养护期（0 ~ 28d）及养护期后放入腐蚀环境的试件孔隙率、透水系数、抗压强度的变化，辅以 X 射线衍射仪（XRD）、扫描电镜（SEM）以及能谱（EDS）等微观观察手段，分析现浇和预制这两种施工方式对透水混凝土耐硫酸盐侵蚀性能的影响。该部分试验设计见表 4-6。

硫酸钠溶液浸泡环境试验设计表 表 4-6

工况	龄期				
	T1（7d）	T2（14d）	T3（28d）	T4（90d）	T5（180d）
预制透水混凝土	P-T1	P-T2	P-T3	P-W-S1-T4	P-W-S1-T5
				P-W-S2-T4	P-W-S2-T5
				P-W-S3-T4	P-W-S3-T5

续表

工况	龄期				
	T1（7d）	T2（14d）	T3（28d）	T4（90d）	T5（180d）
现浇透水混凝土	C-W-S1-T1	C-W-S1-T2	C-W-S1-T3	C-W-S1-T4	C-W-S1-T5
	C-W-S2-T1	C-W-S2-T2	C-W-S2-T3	C-W-S2-T4	C-W-S2-T5
	C-W-S3-T1	C-W-S3-T2	C-W-S3-T3	C-W-S3-T4	C-W-S3-T5

在透水混凝土试件浇筑完成 24h 脱模后，把该试件分成两组。其中现浇组（C-W-S-T）放入 2%、5%、8% 的硫酸钠溶液中浸泡，预制组（P-T）放入标准养护箱内养护，标准养护时间为 28d，养护完成后放入质量分数为 2%、5%、8% 的硫酸钠溶液中。从脱模时开始计时，分别在龄期为 7d、14d、28d、90d、180d 时测试试件的孔隙率、透水系数、抗压强度及溶液 pH 值。

1. 28d 内现浇试件形貌

浸泡 7d 时硫酸钠溶液较为清澈，如图 4-8（a）所示，试件表面观察到的物质较少，取出试件后由于水分蒸发，试件表面出现了一层白色薄膜。浸泡 14d 时，溶液表面产生了一层白色晶体，溶液较为浑浊，可以观察到试件表面有一层白色粉末状物质，如图 4-8（b）所示，在容器的底部也沉积了一部分白色絮状物；取出试件时，试件表面

（a）

（b）

（c）

图 4-8　试件在 2% 硫酸钠溶液中浸泡外观

（a）浸泡 7d 试件；（b）浸泡 14d 试件；（c）浸泡 28d 试件

蒙上白色物质并不粘附在试件上，而是随着水流移动，试件放在空气中，随着水分的蒸发，表面仍结出一层薄薄的白色产物。浸泡28d时，如图4-8（c）所示，溶液表面仍有一层白色晶体，溶液更加浑浊，试件表面的白色物质较厚，容器底部的白色絮状物也有一定厚度的沉积，取出试件，随水分蒸发，表面产生白色晶体。试件表面的现象随浓度的增大而越明显。在28d以前，8%浓度下的试件表面变化最明显。

2. 28d后现浇试件与预制试件形貌

28d后，预制试件在标准养护后放入硫酸盐溶液中继续浸泡60d，此时现浇试件浸泡90d。在溶液中预制和现浇的外观均有白色絮状物积在试件表面，且不与试件粘黏，容器底部沉积约5cm厚的絮状物（图4-9）。取出试件，水分蒸发后，现浇和预制的试件表面都出现白色晶体，现浇试件基本完整，几乎没有石子脱落，预制试件在边角处有少量石子脱落在溶液里，也较完整。现浇试件浸泡180d，预制试件浸泡150d时，因为每月换一次盐溶液，溶液中试件表面絮状物变少，在后期几个月容器中沉积的絮状物厚度也变薄；取出试件后在其表面即可看到湿润的白色晶体，水分蒸发后试件表面"生长出"茂密的白色晶体（图4-10），预制试件边角仍有石子脱落，现浇试件石子很少量脱落。且硫酸钠浓度越大，石子脱落得越多。

（a） （b）

图4-9 试件在硫酸钠溶液中浸泡90d后外观

（a）2%硫酸钠溶液现浇和预制试件外观；（b）8%硫酸钠溶液现浇和预制试件外观

（a） （b）

图4-10 试件在8%硫酸钠溶液中浸泡180d后外观

（a）试件表面白色晶体；（b）水分蒸发后的试件表面

4.4.3　孔隙率变化结果及分析

1. 28d 内试件孔隙率变化

透水混凝土孔隙率随龄期变化结果　　　　　　　　　　　表 4-7

T1（7d）	18.23	18.23	18.23	14.54	13.32	11.54
T2（14d）	17.60	17.60	17.60	14.05	10.80	10.38
T3（28d）	16.00	16.00	16.00	11.07	10.68	10.58
	28d 后放入腐蚀溶液中			继续在腐蚀溶液中		
	P-S1	P-S2	P-S3			
T4（90d）	10.90	9.49	7.14	10.82	10.53	10.30
T5（180d）	13.26	11.81	10.72	9.87	8.31	7.27

　　从表 4-7、图 4-11 可以看到，28d 内，随龄期的增长，透水混凝土的孔隙率不断减小。现浇试件在硫酸钠溶液中比预制试件的孔隙率减小速率更快，减小的幅度更大，且硫酸钠溶液的浓度越大，降低得越快。通过孔隙损失公式可以计算得到透水混凝土在硫酸钠溶液浸泡下的孔隙损失率（图 4-12）。比较孔隙损失率，7d 时 2%、5%、8% 的硫酸钠溶液中较预制试件标准养护，孔隙率分别损失 20.22%、26.91%、36.68%。14d 时，2%、5%、8% 溶液中孔隙率分别损失 20.19%、38.62%、41.02%。28d 时，2%、5%、8% 溶液中孔隙率分别损失 30.83%、33.26%、33.89%。

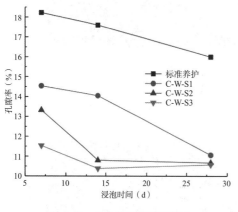

图 4-11　28d 内孔隙率变化

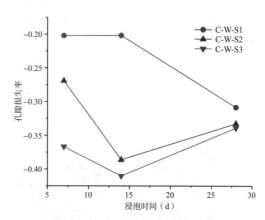

图 4-12　28d 内孔隙损失率变化

　　28d 内，5%、8% 浓度下的试件，孔隙损失率先增大后减小，在 14d 时的值达到峰值分别为 38.62% 和 41.02%，接近损失了标准养护的一半。且试件孔隙率在 14d 内降低幅度大，速率快，14d 后降低得慢，数值变化平缓；2% 浓度下的试件其孔隙损失率在 14d 前稳定在 20% 左右，7～14d 现浇试件的孔隙率变化幅度比预制试件小，孔隙损失率在 14d 时有轻微降低，而 14～28d 时孔隙率减小得快。这说明在前期，预制试件和现浇试件确实存在差异，且硫酸钠的浓度也是影响透水混凝土孔隙率的重要因素之一。

2. 28d 后试件孔隙率变化

28d 后，把预制试件放入不同浓度的硫酸钠溶液中浸泡，以预制试件标准养护 28d 为基准，比较现浇试件和预制试件长期浸泡下孔隙损失率的变化情况（表 4-8）。

现浇试件与预制试件各时间点孔隙损失率　　　　　　　表 4-8

试件编号	龄期				
	T1（7d）	T2（14d）	T3（28d）	T4（90d）	T5（180d）
P-W-S1	0	0	0	−0.31875	−0.1713
P-W-S2	0	0	0	−0.40704	−0.26204
P-W-S3	0	0	0	−0.55352	−0.33006
C-W-S1	−0.20219	−0.20188	−0.30833	−0.32358	−0.38313
C-W-S2	−0.26914	−0.38615	−0.33256	−0.34164	−0.48704
C-W-S3	−0.36680	−0.41021	−0.33889	−0.35623	−0.54537

现浇试件的孔隙率一直减小（图 4-13），在 180d 时，2%、5%、8% 的硫酸钠溶液中的孔隙率减小到 9.87%、8.21%、7.27%，比较标准养护 28d 时的孔隙率，孔隙率分别损失 38.31%、48.70%、54.54%（图 4-14）。180d 内，现浇试件的孔隙率没有出现转折点。

预制试件在放入腐蚀环境后，试件孔隙率随浸泡时间先减小后增大（图 4-15），在 90d 时，孔隙率降低到最小值，2%、5%、8% 的硫酸钠溶液中的预制试件孔隙率分别为 10.90%、9.49%、7.14%，较预制试件 28d 的孔隙率，孔隙损失率为 31.86%、40.7%、55.35%，十分接近现浇试件在腐蚀溶液中 180d 时的孔隙率和孔隙损失率。预制试件在 180d 时，孔隙率有一定程度的上升，结合此时试验现象，预制试件取出时观察到石子有一定程度的脱落，孔隙率上升是由石子脱落造成的。同理反映在孔隙损失率也是先减小后增大（图 4-16）。

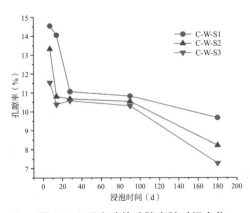

图 4-13　现浇试件孔隙率随时间变化

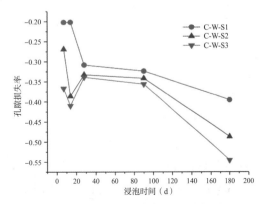

图 4-14　现浇试件孔隙损失率随时间变化

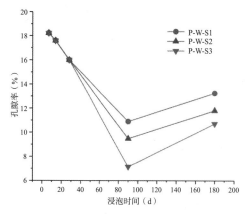

图 4-15　预制试件孔隙率随时间变化

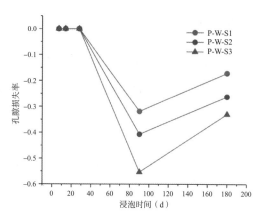

图 4-16　预制试件孔隙损失率随时间变化

在孔隙率这一物理特性上，预制试件变化趋势先出现拐点，拐点表示其物理性能在腐蚀环境中发生突变，也反映出预制试件腐蚀破坏比现浇试件先出现，且无论是现浇试件还是预制试件，均是硫酸盐的浓度越高其表征的数值越突出，从长期来看，硫酸盐浓度仍是影响透水混凝土孔隙率的一个重要因素。

4.4.4　透水系数变化结果及分析

1. 28d 内透水系数变化

透水混凝土透水系数随龄期变化结果　　　　　　　　　　表 4-9

龄期	P-W-S1	P-W-S2	P-W-S3	C-W-S1	C-W-S2	C-W-S3
T1（7d）	11.37	11.37	11.37	7.06	7.28	6.76
T2（14d）	11.04	11.04	11.04	6.65	6.09	5.75
T3（28d）	10.20	10.20	10.20	5.67	5.31	5.13
	28d 后放入腐蚀溶液中			继续在腐蚀溶液中		
	P-S1	P-S2	P-S3			
T4（90d）	6.79	6.08	5.22	4.54	4.13	3.86
T5（180d）	5.55	3.62	2.96	3.98	3.76	3.71

从表 4-9、图 4-17 可以看到，28d 内，随龄期的增长，透水混凝土的透水系数不断减小。现浇试件透水系数在 7d 时已远小于预制试件，在 7～28d 时，现浇试件减小速率更快，减小的幅度更大，预制试件几乎线性减小，2% 浓度下透水系数变化曲线与预制试件基本平行。

通过透水系数损失率的公式计算，可得透水混凝土在硫酸钠溶液浸泡下的透水系数损失率。7d 时 2%、5%、8% 中的硫酸钠溶液透水系数分别为 7.06mm/s、7.28mm/s、6.76mm/s，较预制试件标准养护，现浇试件透水系数损失率为负值，即透水系数较标准养护降低了分别为 37.88%、35.94%、40.52%。14d 时，2%、5%、8% 溶液中透水系

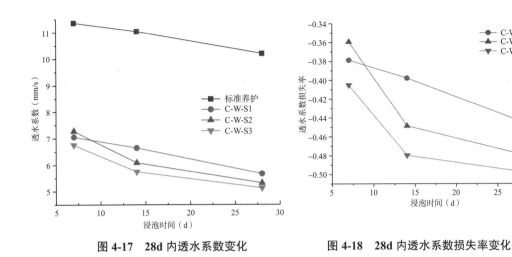

图 4-17　28d 内透水系数变化　　　　图 4-18　28d 内透水系数损失率变化

数损失率仍为负值，分别为 39.78%、44.85%、47.90%。28d 时，2%、5%、8% 溶液中透水系数损失率分别为 44.44%、47.9%、49.72%。

28d 内，不同浓度硫酸钠溶液浸泡下，试件透水系数损失率一直增大（图 4-18），5%、8% 浓度变化走向相似，2% 浓度下虽然透水系数与标准养护看似平行，但孔隙损失率也呈减小趋势。与孔隙率变化相比，从开始与预制试件标准养护拉开较大差距后，透水系数随龄期的变化较缓慢，起伏较小，C-W-S1 的试件变化起伏最小。

2. 28d 后透水系数变化

28d 后，现浇试件的透水系数损失率和透水系数一直减小（表 4-10、图 4-19），在 180d 时，2%、5%、8% 的硫酸钠溶液中的透水系数减小到 3.98mm/s、3.76 mm/s、3.71mm/s，以预制试件标准养护 28d 为基准，此时透水系数损失率分别为 60.98%、63.14%、63.67%，透水系数损失超过标准养护的一半，现浇试件透水系数损失率一直减小，与透水系数变化相似（图 4-20）。预制试件在放入腐蚀环境后，试件透水系数随龄期仍一直减小（图 4-21），透水系数损失率变化图与透水系数变化图相似（图 4-22）。180d 时，预制试件各浓度透水系数损失率分别为 45.59%、64.55%、70.98%。

与现浇试件相比，2% 浓度下，现浇试件损失率高于预制试件；5%、8% 浓度下，预制试件损失率高于现浇试件。说明在一定浓度范围内，预制试件透水系数表现优于现浇试件，超过该浓度，现浇试件反而比预制试件表现更好。

透水系数损失率随时间变化结果　　　　表 4-10

试件编号	龄期				
	T1（7d）	T2（14d）	T3（28d）	T4（90d）	T5（180d）
P-W-S1	0	0	0	−0.3345	−0.4559
P-W-S2	0	0	0	−0.4038	−0.6455
P-W-S3	0	0	0	−0.4887	−0.7098
C-W-S1	−0.3788	−0.3978	−0.4444	−0.5548	−0.6098

续表

试件编号	龄期				
	T1（7d）	T2（14d）	T3（28d）	T4（90d）	T5（180d）
C-W-S2	−0.3594	−0.4485	−0.4790	−0.5954	−0.6314
C-W-S3	−0.4052	−0.4797	−0.4972	−0.6215	−0.6367

现浇试件和预制试件在180d内都没有出现峰值。虽然硫酸钠溶液浓度越大，透水系数越小，但从总体走势看，不同浓度硫酸钠溶液中现浇试件透水系数各时间点变化十分平缓；而预制试件在不同浓度的硫酸钠溶液中透水系数变化较明显。现浇和预制即试件放入腐蚀环境的初始状态对透水混凝土长期性能有一定影响。

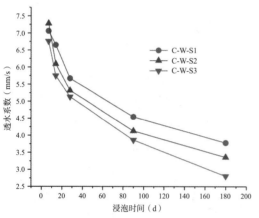

图 4-19 现浇试件透水系数随时间变化

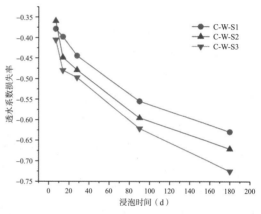

图 4-20 现浇试件透水系数损失率随时间变化

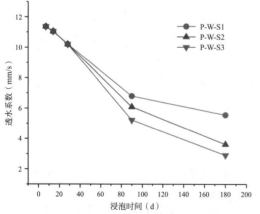

图 4-21 预制试件透水系数随时间变化

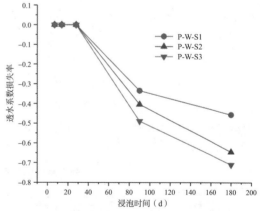

图 4-22 预制试件透水系数损失率随时间变化

4.4.5 抗压强度变化结果及分析

1. 28d内抗压强度变化

透水混凝土抗压强度随龄期变化结果（MPa）   表 4-11

龄期	P-W-S1	P-W-S2	P-W-S3	C-W-S1	C-W-S2	C-W-S3
T1（7d）	18.40	18.40	18.40	21.50	22.50	21.55
T2（14d）	20.90	20.90	20.90	23.13	27.03	25.30
T3（28d）	27.90	27.90	27.90	25.00	28.60	29.25
	28d 后放入腐蚀溶液中			继续在腐蚀溶液中		
	P-S1	P-S2	P-S3			
T4（90d）	30.00	30.73	39.40	30.50	33.77	37.27
T5（180d）	24.30	24.20	24.87	36.30	36.95	42.35

从表 4-11、图 4-23 可以看到，28d 内，随龄期的增长，透水混凝土的抗压强度不断增加。现浇试件抗压强度在 7d 时大于预制试件，在 7~14d 时，5% 和 8% 浓度的试件增加的速率大，2% 浓度试件增加的速率小，低于标准养护。在 14~28d，现浇试件抗压强度增加的速率均低于预制试件标准养护，2% 浓度试件的抗压强度增加斜率最小。

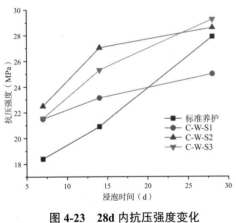

图 4-23　28d 内抗压强度变化

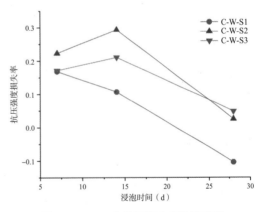

图 4-24　28d 内抗压强度损失率变化

通过抗压强度损失率的公式计算可得透水混凝土在硫酸钠溶液浸泡下的抗压强度损失率，见表 4-12。7d 时，2%、5%、8% 硫酸钠溶液中试件的抗压强度分别为 21.50MPa、22.50MPa、21.55MPa，较预制试件标准养护，现浇试件抗压强度损失率为正值，即抗压强度较标准养护增加了分别为 16.85%、22.28%、17.12%；14d 时，2%、5%、8% 溶液中抗压强度损失率仍为正值分别为 10.69%、29.35%、21.05%；28d 时，2% 浓度中的抗压强度损失率为负值，即此工况下，抗压强度较标准养护减小了 10.39%，5%、8% 溶液中抗压强度损失率分别为 2.51%、4.84%。28d 内，2% 硫酸钠浓度下的抗压强度先大于预制试件，后小于预制试件，抗压强度损失率一直减小，5%、8% 浓度中的试件其抗压强度先大于预制试件，但 14d 后逐渐与预制试件缩小差距，抗压强度损失率先增大后减小（图 4-24）。

抗压强度损失率随龄期变化结果　　　　　　　　表 4-12

试件编号	龄期				
	T1（7d）	T2（14d）	T3（28d）	T4（90d）	T5（180d）
P-W-S1	0	0	0	0.0753	−0.1290
P-W-S2	0	0	0	0.1016	−0.1326
P-W-S3	0	0	0	0.4122	−0.1087
C-W-S1	0.1685	0.1069	−0.1039	0.0932	0.3011
C-W-S2	0.2228	0.2935	0.0251	0.2103	0.3244
C-W-S3	0.1712	0.2105	0.0484	0.3357	0.5179

根据 4.4.3 节机理分析，孔隙率是影响透水混凝土强度的主要因素，在 28d 内，由于硫酸盐的加入，减缓了水泥水化速度，28d 时现浇透水混凝土的水化没有完全，对强度的增长是负效应；腐蚀产物致密孔隙，对强度增长是正效应。在低浓度中，负效应大于正效应，表现为强度低于预制混凝土，在 5%、8% 浓度中，正效应大于负效应，表现为强度高于预制混凝土。

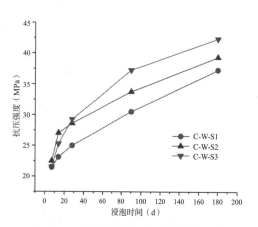

图 4-25　现浇试件抗压强度随时间变化

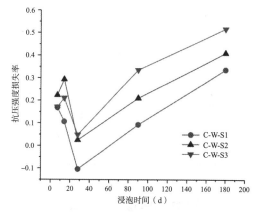

图 4-26　现浇试件抗压强度损失率随时间变化

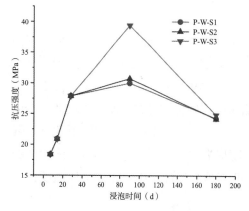

图 4-27　预制试件抗压强度随时间变化

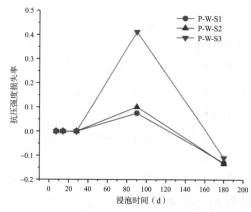

图 4-28　预制试件抗压强度损失率随时间变化

2. 28d 后抗压强度变化

28d 后，现浇试件的抗压强度一直增加（图 4-25），没有出现转折点。在 180d 时，2%、5%、8% 的硫酸钠溶液中的抗压强度增加到 36.30MPa、36.95MPa、42.35MPa，比较标准养护 28d 时的抗压强度，其损失率为正，分别增加了 30.11%、32.44%、51.79%，总的曲线变化先减小后增大，在 28d 后，抗压强度损失率一直减小（图 4-26）。预制试件在放入腐蚀环境后，试件抗压强度随龄期先增加后减小（图 4-27）。均在 90d 时出现最大值，2%、5%、8% 浓度中试件抗压强度分别是 30.00MPa、30.73MPa、39.40MPa，其损失率为正（图 4-28），即分别增加了 7.53%、10.16%、41.22%。在 180d 时，预制试件抗压强度分别降低到 24.30MPa、24.20MPa、24.87MPa，与标准养护 28d 比，抗压强度损失率为负，降低了 12.90%、13.26%、10.87%。在抗压强度这一物理特性上预制试件先出现拐点，反映出预制试件比现浇试件先破坏。

4.4.6 孔隙率和透水系数关系

结合前文的数据对透水混凝土在不同浓度下的孔隙率和透水系数进行多项式拟合，三次多项式拟合关系良好，拟合系数 R^2 均大于 0.9。各浓度孔隙率和透水系数拟合关系如图 4-29 所示。

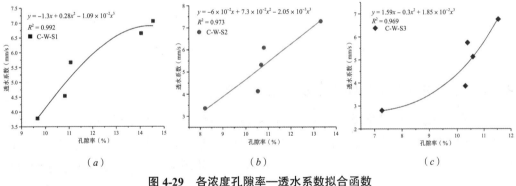

图 4-29 各浓度孔隙率—透水系数拟合函数

（a）2% 浓度孔隙率—透水系数关系；（b）5% 浓度孔隙率—透水系数关系；（c）8% 浓度孔隙率—透水系数关系

从图 4-29 可得出，不同浓度下孔隙率和透水系数发展趋势大致相同，但图像变化略有不同。在孔隙率范围 9% ~ 15% 内，2% 浓度硫酸钠下的孔隙率—透水系数变化图像呈凸函数；5% 浓度硫酸钠下其变化图像呈线性；8% 硫酸钠浓度下其变化图像呈凹函数。

4.4.7 抗压强度与孔隙率的关系

C-W-S1 孔隙率—抗压强度拟合函数：$R^2=0.974$

$$y = 7.12x - 0.392x^2 \tag{4-2}$$

C-W-S2 孔隙率—抗压强度拟合函数：$R^2=0.99$

$$y = 18.55x - 2.325x^2 \tag{4-3}$$

C-W-S3 孔隙率—抗压强度拟合函数：$R^2=0.979$

$$y = 12.66x - 0.934x^2 \qquad (4-4)$$

对透水混凝土在不同浓度下的孔隙率和抗压强度进行多项式拟合，二次多项式拟合系数大于三次多项式，R^2 均大于 0.97。从图 4-30 可得出，不同浓度下孔隙率和抗压强度关系曲线发展趋势大致相同，随着孔隙率增大，抗压强度不断变小，图线变化略有不同。在孔隙率范围 7% ~ 15% 内，2%、8% 硫酸钠浓度下的孔隙率—抗压强度系数在孔隙率变化图像呈凸函数；5% 硫酸钠浓度下其变化图像呈线性。

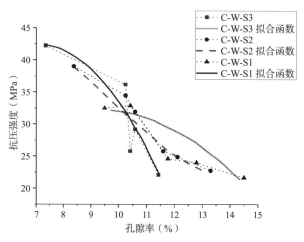

图 4-30　各浓度下孔隙率—抗压强度关系

4.4.8　硫酸钠溶液浸泡环境中侵蚀机理分析

试件孔隙率不仅影响透水系数，对抗压强度也产生十分重要的影响。透水混凝土具备较大的孔隙，这使得材料内部原本的"框架剪力墙结构体系"转变为"框架结构体系"，这削弱了混凝土材料内部骨架的支撑能力，从而影响透水混凝土力学性能的发展。透水混凝土强度的发展从水泥的凝结硬化开始，水泥的凝结硬化效果影响着混凝土的强度及耐久性。

1. 透水混凝土 24h 内的凝结硬化

在现浇试件中，透水混凝土浇筑后先在模具内养护 24h 再放入侵蚀环境中，从浇筑到脱模这 24h 内，水泥一直进行水化反应，基于水化热的硅酸盐水泥的水化过程可知，水泥水化进程在 24h 内从塑性阶段到初凝到终凝，试件基本成型且具有一定硬度。在水泥水化前期 2h 左右，水泥是具有一定塑性的，这是因为泥中本身含有石膏。在有石膏时，水泥中的铝酸三钙与 SO_4^{2-} 水化生成三硫型水化硫铝酸钙，别名钙矾石（AFt），包围在熟料周围形成"保护膜"而延缓水化，而 2h 后由于渗透压的作用，水泥表面的水化产物包裹层（钙矾石层）破裂，水泥水化进入溶解反应控制的加速阶段。随着以 C-S-H 凝胶等为主的水化产物的积累，游离水分不断减少，浆体开始失去塑性，即出现凝结现象，终凝基本完成。24h 后水泥水化发展变得缓慢。

2. 透水混凝土 24h 后在硫酸钠溶液中的凝结硬化

（1）预制试件

28d 内，预制试件标准养护箱内养护，取抗压破坏后的试件碎块（图 4-31）进行 SEM 和 EDS 测试，得到两种图谱（图 4-32），从图中可知，预制试件中水泥水化产物的元素有 Ca、O、Si、Al 等，且电镜图为无规则水泥水化产物水化硅酸钙、水化铝酸钙等。

图 4-31　预制试件抗压破坏的碎块

 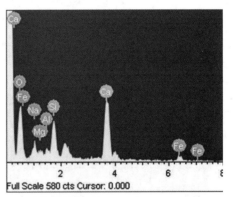

图 4-32　28d 预制试件 SEM、EDS 图谱

（2）现浇试件

28d 内，由于水泥与硫酸钠发生反应，在容器底部生成大量白色絮状物质（图 4-33），收集该絮状物抽滤后，再放入烘箱中，设置温度为 60℃，烘干 24h，得到不同浓度下的沉淀物（图 4-34）。通过 X 射线衍射，得到该物质的化学成分（图 4-35），从图中可知，该沉淀主要含有 $CaCO_3$、AFt、Ca_2SO_4 等物质。表 4-13 为各浓度试验箱中的溶液 pH 值，除了第一天以外，其他时间点的 pH 值均超过 11，这是因为水泥水化产生 CH，呈碱性；CH 与 Na_2SO_4 交换阴阳离子产生的 NaOH 也呈碱性。沉淀中 $CaCO_3$ 是在取样过程中溶液中 CH 与空气中的 CO_2 反应产生。对试件脱落的骨料扫描电镜（图 4-36），图中看到大量针簇状物质，通过 XRD 图谱分析（图 4-37），该针簇状物质的主要元素是 Ca、S、Al、Si。说明在这个过程中产生了较多 AFt。

各浓度试验箱溶液 pH 值变化情况 表 4-13

时间	溶液浓度		
	2%	5%	8%
T1（0d）	7.819	7.900	7.943
T2（30d）	11.860	12.000	12.077
T3（90d）	12.173	12.255	12.494
T4（150d）	12.030	12.195	12.416
T5（180d）	11.010	11.244	11.317

对于以矿渣和普通硅酸盐水泥混合物作用为胶粘剂的充填试块来说，一定浓度（0.5%）的硫酸盐对胶结充填试块早期强度的发展有显著的提高，而当硫酸盐浓度较高（如 1.5% 和 2.5%）时，硫酸盐对胶结充填试块早期强度的发展仍表现出降低和推迟作用。该试验中最低浓度的硫酸钠为 2%，外加剂中的矿渣含量较低，24h 后进入水泥水化的减速期和稳定期，此时现浇试件脱模放入腐蚀环境里，大量硫酸钠离子侵入，硫酸根离子从水环境扩散到透水混凝土中，进一步扩散到水泥浆体中以及水泥浆体与骨料间的界面过渡区，某一段时间试件内当硫酸钠浓度为 0.5% 左右时起到一定的促进作用，随着时间延长，透水混凝土内部的硫酸钠浓度继续增加直到与溶液浓度一致。一旦浓度过大，则又表现出降低和推迟作用。水泥的四种水化产物：C-S-H、CH、C-A-H、AFt 在硫酸盐环境中是不能稳定存在的，硫酸盐会与之发生化学反应。

图 4-33 容器底部白色絮状物质

图 4-34 28d 烘干后各浓度容器沉淀物

SO_4^{2-} 与水泥胶凝材料中的 CH 和 C-A-H 反应生成二次钙矾石（相对于水泥水化前期正常水化产生的 AFt 而言）；SO_4^{2-} 与水泥水化产物单硫型水化硫铝酸钙也生成 AFt。AFt 的体积是水泥水化产物 C-A-H 体积的 2.5 倍，将致密孔隙甚至引起膨胀。在 SO_4^{2-} 与浓度过大时，Na_2SO_4 与 CH 进行阳离子交换反应生成 $CaSO_4$，其体积是原水化产物的 1.25 倍，也会引起膨胀。由于透水混凝土本身存在大量孔隙，AFt 和 $CaSO_4$ 在一定时间内不会引起透水混凝土的开裂破坏，随时间延长，腐蚀物质的膨胀力大于水泥水化产物的拉应力，水泥破裂，透水混凝土破坏，且后期硫酸盐在一定条件下与水化硅酸钙发生反应产生碳硫硅钙石等物质，这类物质没有粘结能力。在前期由于透水混凝土的构造，使得 SO_4^{2-} 迅速在透水混凝土的各个连通孔隙和半连通孔隙内与水泥及水化产物发生反应，生成大量 AFt，孔隙率降低较快。此时在 Na_2SO_4 水环境中，由于生成大量 AFt 包裹在水泥胶体外，不仅延缓了水泥的正常水化而且减小了孔隙，孔隙率降低导致连通孔喉径缩小或封住喉径，透水系数也降低。在 28d 时各浓度孔隙率填堵效果较为相似，孔隙率值基本趋于一致，均低于标准养护。

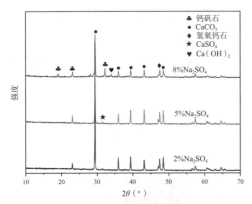

图 4-35　28d 现浇试件各浓度溶液中的沉淀物 XRD 图谱

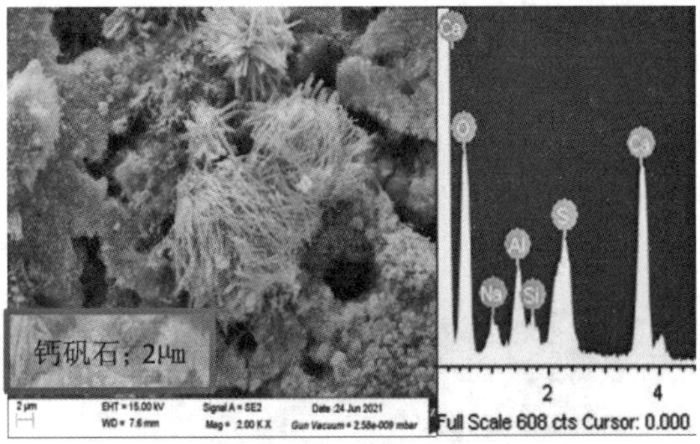

图 4-36　28d 现浇试件 8% 浓度下 SEM、EDS 图谱

3. 透水混凝土 28d 后在腐蚀环境中的破坏机理

根据相关理论和文献依据，一是钙矾石会在水泥颗粒表面形成一层薄薄的覆盖层，这个覆盖层会在一定程度上减缓 C_3A 与水的快速反应。二是液相中 C_3A 溶解不一致，会产生一个可以吸附钙离子的富铝层，从而减少溶解活跃点和降低反应速率。然后，SO_4^{2-} 的吸附进一步导致 C_3A 水化减缓。硫酸根对于水泥水化的抑制作用的论述可以从胶结充填体电导率监测和水泥水化产物的 DTG、XRD 分析结果中得到验证。

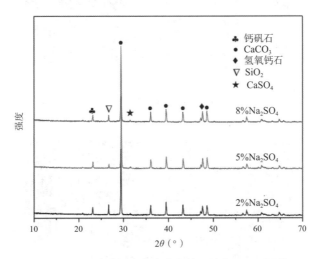

图 4-37　90d 时各浓度溶液中的沉淀物 XRD 图谱

　　钙矾石不溶于水，石膏微溶于水，在各时间段均观察到硫酸钠容器底部有大量白色絮状物，取样底部该物质，进行真空抽滤，并于60℃的烘箱中烘干24h，用于XRD测试。测试结果如图4-37、图4-41所示，对比标准卡片，90d和180d的XRD图谱中均出现碳酸钙、钙矾石、石膏的衍射峰，因为钙矾石在非碱性环境下并不稳定，抽滤烘干后容易分解成碳酸钙。在硫酸钠溶液中浸泡的试件抗压破坏后取样（图4-38）进行扫描电镜和能谱测试，测试的主要部位是压坏后胶凝材料的断裂面。90d时，现浇试件的电镜图（图4-39）中可以清晰地看到大量的针状物，即钙矾石，能谱显示的元素 Ca、S、Al、O 也进一步证明了这一点；预制试件的电镜图（图4-40）中显示出不规则花瓣状，同时能谱图显示的元素主要有 Ca、S、Al、O，结合这两点，该不规则花瓣状物质是单硫型水化硫铝酸钙（AFm）。

（*a*）　　　　　　　　　　　　　　　　　（*b*）

图 4-38　28d 后试件抗压破坏后碎石

（*a*）现浇试件抗压破坏后碎石；（*b*）预制试件抗压破坏后碎石

图 4-39　90d 现浇透水混凝土 SEM 形貌及 EDS 图谱

图 4-40　90d 预制透水混凝土 SEM 形貌及 EDS 图谱

180d 时，现浇试件的电镜图（图 4-42）仍然可以清晰地看到大量的针簇状物，能谱显示元素 Ca、S、Al、O，说明在 180d 现浇试件的胶凝材料中仍有大量钙矾石产生。预制试件的电镜图（图 4-43）中显示出重叠的薄六方板状和其间夹杂着不规则花瓣状，同时能谱图显示的元素主要有 Ca、S、Al、O，结合这点，物质仍是单硫型水化硫铝酸钙（AFm）。在扫描电镜和能谱检测过程中，现浇和预制均没有发现硫酸钠晶体，说明在溶液浸泡环境下基本不涉及物理变化。在微观测试的帮助下，可观察到后期现浇试件的主要腐蚀产物是 AFt，预制试件的主要腐蚀产物是 AFm。AFm 是在硫酸根离子浓度低的情况下产生，说明预制试件标准养护后，硫酸根离子不那么容易进入水泥内部。总的来说是 AFt 与 AFm 在孔隙处交叉填充密实孔隙，但由于 AFt 与 AFm 本身的物理性能的差异和两种物质含量的不同造成了宏观强度的差异。

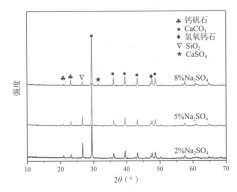

图 4-41 180d 时各浓度溶液中的沉淀物 XRD 图谱

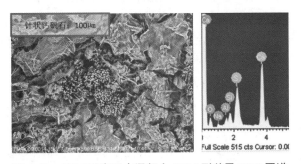

图 4-42 180d 现浇透水混凝土 SEM 形貌及 EDS 图谱

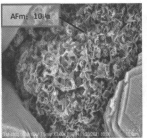

图 4-43 180d 预制透水混凝土 SEM 形貌及 EDS 图谱

不论是现浇还是预制随侵蚀时间的延长，SO_4^{2-}逐渐进入水泥胶体内部以及水泥胶凝材料与骨料的界面过渡区，反应生成 AFt 等腐蚀产物，先填堵孔隙，当 AFt、$CaSO_4$腐蚀产物达到某一临界点时即透水混凝土试件各项性能的峰值，透水混凝土中连接粗骨料的水泥胶体将不再连成一片，逐渐被瓦解破坏，透水混凝土各项物理性能将会发生明显的变化，此时骨料将会大量脱落，在此之后抗压强度将在一段时间后迅速减小，孔隙率和透水系数升高。

预制试件在标准养护中随着水泥的水化，水化产物的增加会缩小一部分孔隙，28d后水化基本完成。此时放入硫酸钠水环境中，硫酸根离子不容易大量渗透到水泥胶凝材料内部，少量的硫酸根离子逐渐渗透与水泥水化产物氢氧化钙和水化铝酸钙等反应生成单硫型水化硫铝酸钙（AFm）、钙矾石、石膏，导致孔隙率降低。反应过程大致为先产生钙矾石等使孔隙变小，致密部分孔隙，强度提升，之后腐蚀逐渐深入，又产生碳硫硅钙石等无胶凝性的腐蚀产物，强度降低。

现浇和预制的不同主要在于：在现浇透水混凝土中硫酸盐抑制了水化，使水泥水化减缓，前期强度增长较慢。随龄期增加，水泥继续水化，强度增加；大量 AFt 填充孔隙，强度增加，两者均为强度发展的正效应。较长时间后，水泥被腐蚀失去胶结能力和大量钙矾石膨胀挤压使胶结材料破坏，两个负效应使强度下降。根据表4-8的现浇试件物理性能变化显现。现浇试件在 0~180d 的孔隙率一直减小，抗压强度一直增大，即 180d 内，正效应还没有完全转化为负效应。

预制试件进入侵蚀环境时，水泥水化完全，此时各项物理性能有了初始值，预制试件进入侵蚀环境后 AFt、AFm 填充孔隙是强度增加的正效应，由于在侵蚀环境中水泥本身强度不会增加，一定时间后腐蚀产物膨胀挤压力大于水泥的拉应力，前期的正效应转变为负效应，此时强度降低。根据试验结果也发现，预制试件在 180d 内，孔隙率变化先减小后增大，抗压强度先增大后减小，即此时间段内使强度增强的正效应逐渐转化为负效应。

结合透水混凝土预制和现浇试件的物理性能变化规律及内部化学反应机理，在全浸泡环境下，预制试件比现浇试件先出现强度的退化。联系普通混凝土，越致密，侵蚀离子越不容易进入，腐蚀得越慢，其致密性很大程度上决定了腐蚀的进程，而预制的普通混凝土致密性较好，现浇混凝土致密性差，表现为现浇混凝土先破坏。而透水混凝土，完全谈不上致密，是化学反应进程决定性能的劣化快慢，现浇透水混凝土中硫酸盐对水泥水化有抑制作用，也使得化学腐蚀进程比现浇试件慢，所以预制试件劣化较快。28d 后，同一时期，现浇试件和预制试件主要腐蚀物质种类不同，也是影响其宏观物理性能的原因。建议透水混凝土路面施工采用现场浇筑的方式，并定期对透水混凝土路面进行冲洗，降低周围环境的离子浓度可以延长使用寿命。

4.4.9　硫酸钠溶液浸泡环境中透水混凝土的侵蚀劣化研究结果

基于前期试验准备，以施工方式和硫酸钠浓度为变量设计了透水混凝土在硫酸钠全浸泡环境中的控制变量试验。测定各工况试件的孔隙率、透水系数、抗压强度，并对试件在环境中的侵蚀产物进行 XRD、SEM 及 EDS 测试。用孔隙损失率、透水系数损失率和抗压强度损失率来评价透水混凝土试件在各时期的破坏情况。系统地阐述了现浇试件和预制试件在此环境下不同硫酸钠浓度中的物理性能变化规律和相关机理。

（1）28d 内，同一时期内现浇试件和预制试件各项物理性能值差异较大。在 7d 时，现浇试件的孔隙率、透水系数远小于预制试件，抗压强度大于预制试件。且浓度越大，各项物理性能损失率绝对值越大。

（2）180d 内，现浇试件与预制试件各项物理性能变化有一定差异。现浇试件的孔隙率和透水系数均一直减小，抗压强度一直增大；预制试件的孔隙率先减小后增大，透水系数一直减小，抗压强度先增大后减小。硫酸盐浓度越大，物理性能变化幅度越大。

（3）孔隙率和透水系数在各浓度下均存在良好的三次多项式拟合关系，拟合系数 R^2 均大于 0.9。孔隙率与抗压强度拟合满足二次多项式关系，R^2 均大于 0.97。

（4）由于透水混凝土构造，化学腐蚀进程和主要腐蚀产物种类及含量影响着物理性能变化，透水混凝土物理性能在拐点处发生突变。在腐蚀环境中，腐蚀产物的积累到该点透水混凝土开始劣化。

（5）施工时可采用现场浇筑的方式，定期对透水混凝土冲洗达到延长使用寿命的目的。

4.5 硫酸盐盐渍土中透水混凝土的侵蚀劣化研究

4.5.1 硫酸钠盐渍土侵蚀环境模拟

根据透水混凝土的应用场景，在西北、沿海等盐渍土地区，盐渍土是更为常见的侵蚀环境。透水混凝土路面的结构从下至上主要是土壤层、级配碎石层、透水混凝土层。中间级配碎石层的作用：一是找平，为后续铺装提供平台；二是由于地表面下水（含水土壤层）中水的运动以及雨水、雪水等地表水的补充，一涨一落之下，土壤容易反渗到透水混凝土层中，造成透水混凝土的堵塞。根据现行行业标准《透水水泥混凝土路面技术规程》CJJ/T 135，级配砂砾及级配砾石基层、级配碎石及级配砾石基层和底基层总厚度不小于 150mm。该试验设置级配碎石厚度 150mm。

地表水环境随天气变化，透水混凝土路面结构常常半浸泡在水环境中，水溶液中的盐离子通过扩散、蒸发可以进入透水混凝土中，发生物理—化学反应。若在盐渍土中，土壤中的盐离子溶解在水中，随水溶液扩散到达透水混凝土中，水分蒸发后，盐离子结晶留在透水混凝土中，易造成透水混凝土破坏。为探究硫酸盐盐渍土环境下透水混凝土的侵蚀规律，试验模拟实际盐渍土地区硫酸盐对透水混凝土的腐蚀，自制不同浓度的硫酸钠盐渍土。自制盐渍土需要对制备盐渍土的原土进行含盐量、盐种类、含水率等的检测。该试验按照现行行业标准《公路土工试验规程》JTG 3430 中各项测定方法取土、测定盐渍土原土各项指标及配置试验所需盐渍土。检测方法及检测结果如下：

1. 土壤采集

采取扰动土样，在绵阳市涪城区青义镇西南科技大学内的天然地面中采集，采集时清除表层土。

2. 土样检测和试验土制备

土样需与硫酸钠盐混合，将土样制备成细粒土可使土壤与硫酸钠盐充分交互，更加贴近于自然盐渍土。取一定样品用于后续检测后，将采集的土样于大型烘干箱中烘干，并将块状土粉碎机碾散。

（1）腐蚀性离子含量测定

首先在取样区选取三处不同位置的土样分别烘干，称取一定质量的土壤 [图 4-44（a）]，用取水针取一定体积的蒸馏水 [图 4-44（b）] 以土水质量 1∶5 的比例混合后充分搅拌，加塞振荡 3min 使易溶盐溶解在水中，如图 4-44（c）所示。又取试验用自来水样一份。分别把三份土壤和自来水样一起放入离心机里离心 1min[图 4-44（d）]，取上清液体如图 4-44（e）所示，最后再用过滤网垫过滤。取过滤液用离子色谱仪进行离子检测，本试验主要检测的离子有：Na^+、K^+、Cl^-、SO_4^{2-}，对应成分含量见表 4-14。根据盐渍土分类标准得绵阳青义镇该地区不属于盐渍土，可以作为自制盐渍土原土。

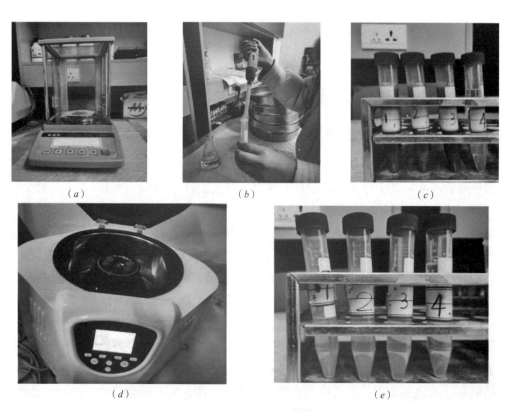

图 4-44 土样腐蚀离子检测

（a）称取土壤；（b）量取水；（c）振荡混合；（d）离心机离心；（e）取上清液体

土壤部分离子平均含量

表 4-14

离子种类	$Na^+ + K^+$（g/kg）	Cl^-（g/kg）	SO_4^{2-}（g/kg）
测量值	0.073	0.016	0.067

（2）土壤 pH 值测定

以水为浸提剂，水土比为 2.5 : 1，制成悬浊液。用 pH 测定仪（图 4-45）测定土壤悬浊液，其测定结果如图 4-46 所示，测量三个土样次取平均值，各土样 pH 值及平均值见表 4-15。

图 4-45　pH 测定仪　　　　　　　　　图 4-46　pH 值测定结果

pH 值测定结果　　　　　　　　　表 4-15

土样 1	土样 2	土样 3	平均值
7.275	7.343	7.664	7.427

（3）土壤含水率测定

试验选用烘干法测定土壤含水率。环刀法取土样，放入已知质量的铝盒中，得到湿土质量 m（精确到 0.01g），如图 4-47 所示。其后放入 105℃烘箱中，至恒定质量（约12h），取出冷却至室温（20 ~ 30min）。冷却后测烘干后质量 m_s，如图 4-48 所示。可计算得出土壤含水率见式（4-5）。

$$w = \left(\frac{m - m_s}{m_s} \right) \times 100\%$$ （4-5）

式中　w——含水率（%），计算至 0.1%；

　　　m——湿土质量（g）；

　　　m_s——烘干土质量（g）。

图 4-47　湿土质量　　　　　　　　图 4-48　烘干土质量

（4）配制盐渍土

根据前文的各项检测，绵阳市涪城区青义镇某地土壤可以作为自制盐渍土原料。为贴合实际盐渍土地区，试验借鉴上海某地盐渍土地区土壤的含水率及 pH 值，配置不同硫酸盐浓度的盐渍土。根据试验方案，需获取 1.5t 原土，放置在 105℃中 24h 烘干，烘干后用破碎机破碎 200 目细度的土壤干粉，以便与后加的硫酸盐充分混合，根据试验设置的盐浓度加盐，依据现行国家标准《岩土工程勘察规范》GB 50021 中盐渍土的定义：土的含盐量是指土体中易溶盐重量与干土重量之比，以百分数表示。

为探究级配碎石在养护期 28d 内对透水混凝土和土壤是否对硫酸盐进入透水混凝土起到缓释作用，试验也在土壤层与透水混凝土层中设定了 150mm 厚的级配碎石层，与没有级配碎石的工况作对比。

为区分不同的土壤环境，每一种盐浓度的土壤都放置在一个尺寸为 600mm×800mm×500mm 的木箱内（图 4-49），为防止木箱漏水改变土壤的含水率，每个木箱都铺上厚度为 0.5mm 的薄膜。土壤太薄在较长的腐蚀周期容易出现较大的硫酸盐浓度波动，根据相关资料显示，由于土壤水分蒸发向上，盐类主要集中在土壤表层 500mm 处，该试验选择的土壤厚度为 300mm（图 4-50）。

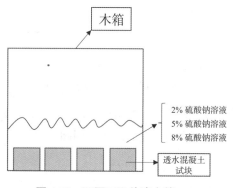

图 4-49　不同工况盐渍木箱

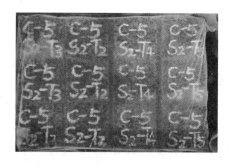

图 4-50　试件放置在盐渍木箱内

在木箱内加干土到 300mm 处，记录加入的干土质量再把计算出来的定量的盐加入土壤干粉搅拌 3min，使土壤和硫酸钠盐充分混合。根据试验设置的含水率加入当地自来水，使土壤和盐充分交互，时长约 30d。由于土壤和盐类在前期吸水较多以及空气蒸发，需每天在土壤表面喷水，在自制盐渍土投入使用之前，需再次测量主要腐蚀盐类含量、pH 值及含水率。

每一种浓度都有 2 个养护箱分别模拟 6 种工况，级配碎石厚度分别为：0、150mm，如图 4-51、图 4-52 所示。一定厚度的级配碎石在前期可能会使盐渍土对透水混凝土的破坏减缓，为探究级配碎石的影响，试验设置了级配碎石层。

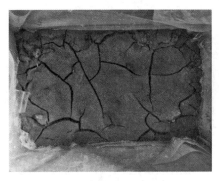

图 4-51　盐渍土不含级配碎石

图 4-52　盐渍土含级配碎石

同样把浇筑好的试件分成现浇组和预制组。现浇组的试件放入三种浓度（质量分数为 2%、5%、8%）的硫酸钠盐渍土中，定期移开试件并在盐渍土表面喷洒对应质量分数的硫酸钠溶液以补充水分以及保持硫酸盐浓度不变。预制组试件在脱模后放入标准养护室内进行养护，标准养护 28d 后再放入三种浓度（质量分数为 2%、5%、8%）的硫酸钠盐渍土中。且与现浇组同样的龄期节点时（从脱模开始计）取出。

每个时间节点后将测定试件的孔隙率、透水系数、抗压强度以及溶液的 pH 值。通过以上试验设置，可探究现浇透水混凝土和预制透水混凝土在这两种环境下耐硫酸盐侵蚀规律及其中机理；研究级配碎石在盐渍土层和透水混凝土层中是否对硫酸盐侵蚀透水混凝土起到一定的缓释作用（表 4-16）。

透水混凝土耐硫酸盐腐蚀试验设计　　　　　表 4-16

工况	龄期				
	T1（7d）	T2（14d）	T3（28d）	T4（90d）	T5（180d）
预制透水混凝土	P-T1	P-T2	P-T3	P-W-S1-T4	P-W-S1-T5
				P-W-S2-T4	P-W-S2-T5
				P-W-S3-T4	P-W-S3-T5
				P-0-S1-T4	P-0-S1-T5
				P-0-S2-T4	P-0-S2-T5
				P-0-S3-T4	P-0-S3-T5
				P-15-S1-T4	P-15-S1-T5
				P-15-S2-T4	P-15-S2-T5
				P-15-S3-T4	P-15-S3-T5
现浇透水混凝土	C-W-S1-T1	C-W-S1-T2	C-W-S1-T3	C-W-S1-T4	C-W-S1-T5
	C-W-S2-T1	C-W-S2-T2	C-W-S2-T3	C-W-S2-T4	C-W-S2-T5
	C-W-S3-T1	C-W-S3-T2	C-W-S3-T3	C-W-S3-T4	C-W-S3-T5
	C-0-S1-T1	C-0-S1-T2	C-0-S1-T3	C-0-S1-T4	C-0-S1-T5
	C-0-S2-T1	C-0-S2-T2	C-0-S2-T3	C-0-S2-T4	C-0-S2-T5
	C-0-S3-T1	C-0-S3-T2	C-0-S3-T3	C-0-S3-T4	C-0-S3-T5

续表

工况	龄期				
	T1（7d）	T2（14d）	T3（28d）	T4（90d）	T5（180d）
现浇透水混凝土	C-15-S1-T1	C-15-S1-T2	C-15-S1-T3	C-15-S1-T4	C-15-S1-T5
	C-15-S2-T1	C-15-S2-T2	C-15-S2-T3	C-15-S2-T4	C-15-S2-T5
	C-15-S3-T1	C-15-S3-T2	C-15-S3-T3	C-15-S3-T4	C-15-S3-T5

表 4-16 中 P 指预制试件；C 指现浇试件；W 指溶液浸泡；0、15 分别指盐渍土侵蚀，且盐渍土和试件之间隔着 0mm 和 150mm 的级配碎石；S1、S2、S3 分别指硫酸钠浓度为 2%、5%、8%；T 指试件在环境中放置的龄期。

4.5.2　盐渍土环境中试验现象及试件受侵蚀形貌

1. 28d 前养护期现浇试件样貌

在盐渍土环境中 7d 时，与盐渍土直接接触的试件底部或多或少粘附着土壤，且随水分蒸发，可以看到底部有很少量的白色物质（图 4-53），与试件没有接触的土壤表面湿润，靠近试件的地方有少量白色晶体；与盐渍土之间有级配碎石的试件，外表几乎看不出什么变化，由于在养护期要定期向透水混凝土试件表面喷水，补充的水分顺着透水混凝土下渗入级配碎石和土壤中，级配碎石表面湿润，此时其表面没有物质产生。14d 时，直接接触盐渍土的试件底部开始有一些白色物质从透水混凝土试件底部往上延伸，延伸长度约 1cm；有级配碎石的试件底部粘附一些白色晶体，但很容易掉落，此时直接暴露在空气中的级配碎石部分出现了一层白色结晶，被透水混凝土试块压住的地方没有出现结晶。28d 时，直接接触盐渍土的试件底部粘附更多的土壤，刮掉粘附的土层，底部有些孔隙被土壤堵塞，在外侧面产生更多白色物质，沿着透水混凝土侧面从底部向上延伸，附着在试件表面 2～3cm 的宽度；有级配碎石的试件底部有一些晶体，仍然不多，级配碎石表面现象与 14d 基本一致（图 4-54）。

（a）　　　　　　　　　（b）　　　　　　　　　（c）

图 4-53　各浓度下现浇透水混凝土在盐渍土环境中 7d 试件外观

（a）Na$_2$SO$_4$ 浓度 2% 现浇试件；（b）Na$_2$SO$_4$ 浓度 5% 现浇试件；（c）Na$_2$SO$_4$ 浓度 8% 现浇试件

图 4-54　28d 8% 浓度盐渍土中 150mm 级配碎石环境试件外观

2. 28d 后现浇试件与预制试件形貌

28d 后，预制试件从标准养护箱取出放入盐渍土环境中，从脱模开始计时，90d 时，比较现浇透水混凝土和预制透水混凝土的外观。直接接触盐渍土中的试件，现浇试件和预制试件底部都粘附了较多土壤，孔隙里也有。侧面都"生长"出白色物质，从试件底部算起大约 5cm 宽度，在边角处有部分石子脱落，在有级配碎石中的试件，侧面也出现少量白色晶体物质，未见明显的石头脱落，未被试件压住的级配碎石表面仍有白色晶体。180d 时，在盐渍土中的试件底部出现溃烂之势，白色物质和土壤都更深入试件内部，试件下半部分腐蚀严重，骨料脱落较多（图 4-55）。有级配碎石的试件，底部出现较多白色物质，边角处骨料少部分脱落，从试件外观看仍较为完整（图 4-56）。在同一环境中，由于时间较长，现浇试件和预制试件从外观看差别不大。

（a）　　　　　　　　　　　　　　　　　　（b）

图 4-55　8% 盐渍土中试件 180d 外观

（a）级配碎石为 0 试件侧面；（b）级配碎石为 0 试件底部

（a）   （b）

图4-56   不同浓度盐渍土试件180d外观

（a）2%浓度中级配碎石为150mm试件；（b）8%浓度中级配碎石为150mm试件

4.5.3   孔隙率变化结果及分析

现浇透水混凝土试件孔隙率随龄期变化结果（%）   表4-17

龄期	C-0-S1	C-0-S2	C-0-S3	C-15-S1	C-15-S2	C-15-S3
T1（7d）	15.28	14.67	13.57	15.70	14.84	14.02
T2（14d）	14.48	14.16	13.07	15.01	14.60	13.78
T3（28d）	14.08	13.25	11.93	14.50	14.06	12.25
T4（90d）	12.53	12.05	10.87	13.01	12.35	11.83
T5（180d）	9.67	10.26	12.68	12.87	11.79	11.19

预制透水混凝土试件孔隙率随龄期变化结果（%）   表4-18

龄期	P					
T1（7d）	18.23					
T2（14d）	17.60					
T3（28d）	16.00					
	28d后放入盐渍土中					
	P-0-S1	P-0-S2	P-0-S3	P-15-S1	P-15-S2	P-15-S3
T4（90d）	11.59	10.96	10.48	11.62	11.41	10.45
T5（180d）	11.17	9.44	13.35	13.21	12.95	12.39

1. 28d内孔隙率变化情况

从表4-17、表4-18可以看到，28d内，随龄期的增长，透水混凝土的孔隙率不断减小。在7d时，盐渍土环境中现浇试件孔隙率比预制试件小，且硫酸钠的浓度越大，孔隙率前期的初始值越小。如图4-57所示，在现浇试件中，与预制试件相比，C-0的试件比C-15的试件孔隙率差值更大；比较减小的速率，C-15的试件孔隙率变化更为平缓，且不同浓度在同一时间段减小的斜率也十分近似。

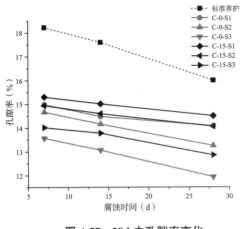

图 4-57 28d 内孔隙率变化

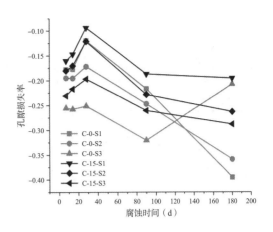

图 4-58 孔隙损失率随试件变化

通过孔隙损失率的公式计算，可得透水混凝土在盐渍土环境下的孔隙损失率
（表 4-19）。7d 时 2%、5%、8% 的 C-0 试件较标准养护，孔隙率分别损失 17.80%、
19.51%、25.54%；C-15 试件较标准养护，孔隙率分别损失 16.05%、18.02%、23.07%。
14d 时 2%、5%、8% 的 C-0 试件较标准养护，孔隙率分别损失 17.71%、19.53%、
25.76%；C-15 试件较标准养护，孔隙率分别损失 14.72%、17.05%、21.70%。

28d 时 2%、5%、8% 的 C-0 试件较标准养护，孔隙率分别损失 12%、17.19%、
25.13%；C-15 试件较标准养护，孔隙率分别损失 9.38%、12.13%、19.69%。28d 内，C-0
的孔隙损失率先增大后减小（图 4-58），其中 2% 浓度的时间变化幅度大，5%、8% 在
7d 时的孔隙损失率很大，14～28d 变化幅度小，峰值都出现在 14d。C-15 试件的孔隙
损失率在 2% 浓度时仍然先增大后减小；5% 浓度一直减小；8% 浓度试件先减小后增大，
该浓度下的变化幅度不大。对比 C-0 和 C-15 与预制试件的差距，级配碎石的存在，在
前期对透水混凝土孔隙率有一定程度的改善。

现浇试件与预制试件的孔隙损失率　　　　　　　　　　　　　表 4-19

试件编号	龄期				
	T1（7d）	T2（14d）	T3（28d）	T4（90d）	T5（180d）
P-0-S1	0	0	0	−0.2807	−0.3021
P-0-S2	0	0	0	−0.3150	−0.4100
P-0-S3	0	0	0	−0.3449	−0.1657
P-15-S1	0	0	0	−0.2204	−0.1744
P-15-S2	0	0	0	−0.2869	−0.1908
P-15-S3	0	0	0	−0.3158	−0.2256
C-0-S1	−0.1780	−0.1771	−0.1200	−0.2168	−0.3954
C-0-S2	−0.1951	−0.1953	−0.1719	−0.2472	−0.3588
C-0-S3	−0.2554	−0.2576	−0.2513	−0.3204	−0.2074
C-15-S1	−0.1605	−0.1472	−0.0938	−0.1869	−0.1956

续表

试件编号	龄期				
	T1（7d）	T2（14d）	T3（28d）	T4（90d）	T5（180d）
C-15-S2	−0.1802	−0.1705	−0.1213	−0.2283	−0.2631
C-15-S3	−0.2307	−0.2170	−0.1969	−0.2606	−0.2882

2. 28d 后孔隙率变化情况

28d 后，把预制试件放入不同工况下盐渍土中，以预制试件标准养护 28d 为基准，比较现浇试件和预制试件在盐渍土环境下长期腐蚀的孔隙率变化情况。

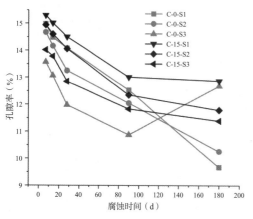

图 4-59　现浇试件孔隙率随时间变化

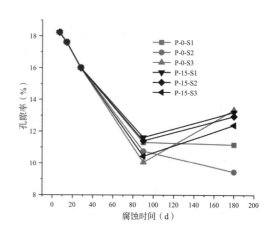

图 4-60　预制试件孔隙率随时间变化

（1）现浇试件在不同环境中的结果对比

观察图 4-59 可知，现浇试件中，C-0 试件孔隙率变化幅度大，变化速率大；C-15 试件孔隙率前期变化较明显，后期趋于平缓。工况 C-0-S3 的试件孔隙率先减小后增大，在 90d 时孔隙率出现最小值，为 10.87%，180d 孔隙率增长到 12.68%。其余工况的现浇试件的孔隙率一直减小，在 180d 时，C-0-S1 与 C-0-S2 试件孔隙率减小到 9.67% 和 10.62%；C-15 试件在 2%、5%、8% 的硫酸钠盐渍土中孔隙率分别减小到 12.87%、11.79%、11.19%。此时比较标准养护 28d 时的孔隙率，C-0 不同浓度的孔隙率分别损失 39.54%、35.88%、20.74%；C-15 不同浓度的孔隙损失率分别为 19.56%、26.33%、28.82%。

（2）预制试件在不同环境中的比较

预制试件在放入盐渍土环境后，观察图 4-60 可知，P-0 试件 2%、5% 浓度下，孔隙率一直降低，180d 时，孔隙率降低到 11.17%、9.44%。8% 浓度下，孔隙率先减小后增大，在 90d 出现最低峰值点为 10.48%。P-15 试件各浓度下孔隙率随腐蚀时间先减小后增大，90d 时，P-15 各浓度孔隙率分别为 12.47%、11.41%、10.947%，较标准养护（预制试件）28d 的孔隙率，孔隙损失率为 22.05%、28.69%、31.58%，在 180d 时，不同浓度孔隙率分别增加到 13.21%、12.95%、12.39%。不论级配碎石是否存在，90d 以前，现浇试件和预制试件不同浓度硫酸钠盐渍土变化值和变化趋势相近。

3. 现浇试件与预制试件在同一环境下的比较

观察图 4-61 可知，没有级配碎石存在时，各浓度现浇试件和预制试件的孔隙率变化趋势基本一致，均是低浓度（2%、5%）环境下孔隙率一直减小，在 180d 内未出现低峰值点，孔隙率分别减小到 11.16%、9.44%。高浓度（8%）环境下先减小后增加，在 90d 时出现最小值为 10.482%，且预制试件的孔隙率最小值低于现浇试件。图 4-62 中表明，有 150mm 级配碎石存在时，在 180d 内，不同浓度下的现浇试件孔隙率均一直减小，而预制试件均先减小后增加，在 90d 出现最小值。对比现浇试件和预制试件的孔隙率变化情况，仍表现为预制试件腐蚀破坏期比现浇试件先出现。

根据腐蚀原理，与盐渍土环境直接接触的试件应先破坏，即先出现孔隙率变化转折点。根据归纳的数据，不论是现浇试件还是预制试件，2%、5% 浓度下有 150mm 级配碎石的试件先出现最低峰值点。结合 4.5.2 节的表观现象可以解释，直接与盐渍土长期接触的试件，由于试件和土壤的相互作用力，其底部一定厚度内土壤填堵了孔隙，使孔隙率降低；而存在于浓度较大环境中的试件，其腐蚀较为严重，造成大量石子脱落，使孔隙率上升。在较低浓度中（2%、5%）土壤填堵孔隙，但腐蚀较轻石子脱落少，总体表现为孔隙率降低；在高浓度中（8%），石子脱落很严重，总体表现为孔隙率增加。直接接触土壤的试件，其孔隙率转折点将推迟出现。

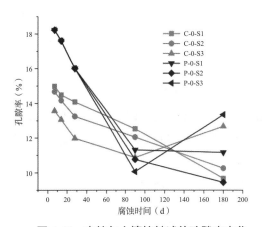

图 4-61 直接与土壤接触试件孔隙率变化

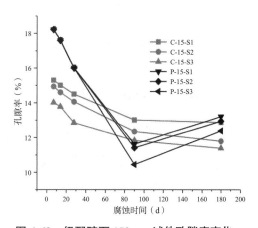

图 4-62 级配碎石 150mm 试件孔隙率变化

4.5.4 透水系数变化结果及分析

现浇透水混凝土试件透水系数随龄期变化结果（mm/s） 表 4-20

龄期	C-0-S1	C-0-S2	C-0-S3	C-15-S1	C-15-S2	C-15-S3
T1（7d）	6.59	6.43	6	7.45	6.98	6.6
T2（14d）	5.97	5.72	5.27	6.74	6.31	5.58
T3（28d）	5.92	5.63	5.01	6.52	6.04	5.22
T4（90d）	4.48	4.29	3.13	4.95	4.67	4.38
T5（180d）	4.09	3.85	7.71	4.11	3.94	3.85

预制透水混凝土试件透水系数随龄期变化结果（mm/s）   表 4-21

龄期	P					
T1（7d）	11.37					
T2（14d）	11.04					
T3（28d）	10.20					
	28d 后放入盐渍土中					
	P-0-S1	P-0-S2	P-0-S3	P-15-S1	P-15-S2	P-15-S3
T4（90d）	7.12	6.63	5.55	7.38	7.14	6.13
T5（180d）	6.92	5.24	7.54	7.43	6.96	6.01

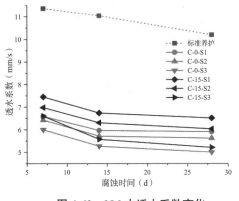

图 4-63　28d 内透水系数变化

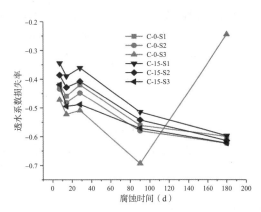

图 4-64　透水系数损失率随时间变化

1. 28d 内透水系数变化情况

从表 4-20、表 4-21 可以看到，28d 内，随龄期的增长，透水混凝土的透水系数不断减小。在盐渍土环境中现浇试件透水系数在 7d 时与预制试件拉开较大差距，且硫酸钠的浓度越大，透水系数前期的初始值越小。如图 4-63 所示，与标准养护相比，C-0 的试件比 C-15 的试件透水系数更小。比较减小的速率，C-0 的试件不同浓度在同一时间段减小的斜率也十分近似（图 4-64）。透水系数主要与连通孔隙有关，孔隙率减小，连通孔隙减小，透水系数降低。

通过透水系数损失率计算公式，可得透水混凝土在盐渍土环境下的透水系数损失率（表 4-22）。7d 时 2%、5%、8% 的 C-0 试件较标准养护，透水系数分别损失 42.02%、43.42%、47.21%；C-15 试件较标准养护，透水系数分别损失 34.45%、38.58%、41.93%。14d 时 2%、5%、8% 的 C-0 试件较标准养护，透水系数分别损失 45.94%、48.2%、52.25%；C-15 试件较标准养护，透水系数分别损失 38.97%、42.86%、49.47%。28d 时 2%、5%、8% 的 C-0 试件较标准养护，透水系数分别损失 41.99%、44.8%、50.88%；C-15 试件较标准养护，透水系数分别损失 36.08%、40.78%、48.82%。

28d 内，C-0 和 C-15 在不同浓度盐渍土中的试件其透水系数损失率均先减小后增大，Na_2SO_4 浓度越大，透水系数损失率在 7d 的初始值越大。2%、5% Na_2SO_4 含量下的试件，透水系数损失率的线段变化基本同步;8%盐含量的试件透水系数损失率变化起伏最大。对比 C-0 和 C-15 与预制试件的差距,级配碎石的存在,在前期对透水混凝土透水系数有一定程度的改善。

现浇试件与预制试件的透水系数损失率 表 4-22

试件编号	龄期				
	T1(7d)	T2(14d)	T3(28d)	T4(90d)	T5(180d)
P-0-S1	0	0	0	−0.302	−0.3216
P-0-S2	0	0	0	−0.3503	−0.4863
P-0-S3	0	0	0	−0.4563	−0.2611
P-15-S1	0	0	0	−0.2765	−0.2719
P-15-S2	0	0	0	−0.3001	−0.3176
P-15-S3	0	0	0	−0.3985	−0.4106
C-0-S1	−0.4201	−0.4594	−0.4200	−0.5610	−0.5994
C-0-S2	−0.4342	−0.4820	−0.4480	−0.5798	−0.6230
C-0-S3	−0.4721	−0.5225	−0.5088	−0.6930	−0.2446
C-15-S1	−0.3445	−0.3897	−0.3608	−0.5147	−0.5971
C-15-S2	−0.3858	−0.4286	−0.4078	−0.5422	−0.6137
C-15-S3	−0.4193	−0.4947	−0.4882	−0.5710	−0.6225

2. 28d 后透水系数变化情况

28d 后,把预制试件放入不同工况下盐渍土中,以预制试件标准养护 28d 为基准,比较现浇试件和预制试件在盐渍土环境下长期腐蚀的透水系数变化情况。

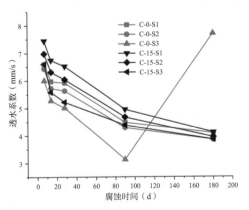

图 4-65 现浇试件在不同环境中透水系数变化

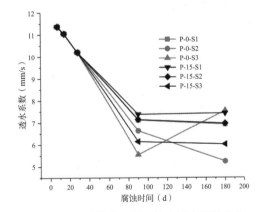

图 4-66 预制试件在不同环境中透水系数变化

(1)现浇试件在不同环境的比较

观察图 4-65 可知,现浇试件中,C-0 试件 2%、5% 浓度下透水系数一直减小,且基本平行,8% 浓度下变化起伏大,透水系数先减小后增大,在 90d 时透水系数出现最小值，为 3.13mm/s，90d～180d 透水系数变大，增长到 7.71mm/s。结合试件的外观（图 4-55）可以发现：在后期，C-0-S3 工况下的试件损坏十分严重，底部骨料基本脱落，出现许多开口使得透水系数升高。C-15 试件各浓度透水系数一直减小，180d 时，C-0-S1、C-0-S2 试件和 C-15 的各盐含量试件透水系数减小到 3.85～4.11mm/s 之间。180d 内，前期级配碎石对透水系数有一定影响。后期各工况透水系数趋于一致，其中在较低盐含量（2%、5%）下是否有级配碎石对试件的透水系数值的影响不大；在较高盐含量（8%）的土壤中，有级配碎石的试件在此过程中没有出现转折点，而直接与土壤接触的试件出现透水系数转折点。长远来看，级配碎石在盐环境中对透水混凝土透水系数的减小有抑制作用。

（2）预制试件在不同环境的比较

预制试件在放入盐渍土环境后，观察图 4-66 可知，不论级配碎石是否存在，在 90d 前的变化趋势相同，盐含量越大，变化速率越快，但在 90～180d，C-15 工况下试件透水系数变化十分平缓，此时间段内透水系数减小的数值在 0.2mm/s 以内。C-0 工况下的试件透水系数在不同浓度变化时各不相同，C-0-S1 试件变化平缓由 7.12mm/s 到 6.92mm/s，C-0-S2 试件降低趋势明显，从 6.63mm/s 到 5.24mm/s，C-0-S3 试件在 90d 时出现透水系数最低峰值点，降低到 5.55mm/s，之后透水系数上升在 180d 时为 7.54mm/s。对预制试件来说，有级配碎石在长期来看对保持透水系数稳定有一定积极作用。

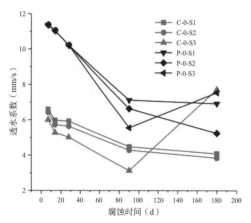

图 4-67 直接与土壤接触试件透水系数变化

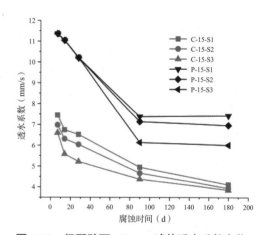

图 4-68 级配碎石 150mm 试件透水系数变化

（3）现浇试件与预制试件在同一环境下的比较

观察图 4-67 可知，在没有级配碎石存在时，现浇试件和预制试件的透水系数变化趋势较为一致，均是较低盐含量（2%、5%）环境下透视系数一直减小，在 180d 内未出现低峰值点，透水系数分别减小到 11.16%、9.44%。高浓度（8%）环境下先减小后增加，在 90d 时出现最小值，P-0 的透水系数最小值高于 C-0。其变化幅度由于初始值不同而表现出差别。图 4-68 中表明，有 150mm 级配碎石存在时，在 180d 内，不同浓度下的试件透水系数均一直减小，在后期 P-15 比 C-15 试件变化得更平缓。

4.5.5 抗压强度变化结果及分析

现浇试件抗压强度随龄期变化（MPa）　　　　　　表 4-23

龄期	C-0-S1	C-0-S2	C-0-S3	C-15-S1	C-15-S2	C-15-S3
T1（7d）	19.20	20.87	21.05	19.00	19.30	20.41
T2（14d）	23.93	26，21	29.00	23.53	24.37	26.60
T3（28d）	25.57	29.00	30.00	28.95	29.60	30.00
T4（90d）	30.40	32.77	33.87	31.00	32.60	32.00
T5（180d）	35.20	30.02	29.50	34.65	35.30	37.00

预制试件抗压强度随龄期变化结果（MPa）　　　　　　表 4-24

龄期	P					
T1（7d）	18.40					
T2（14d）	20.90					
T3（28d）	27.90					
	28d 后放入盐渍土中					
	P-0-S1	P-0-S2	P-0-S3	P-15-S1	P-15-S2	P-15-S3
T4（90d）	32.05	32.75	34.20	29.53	30.95	33.53
T5（180d）	30.70	29.50	23.73	29.10	29.63	30.50

1. 28d 内抗压强度变化情况

从表 4-23、表 4-24 可以看到，28d 内，随龄期的增长，透水混凝土的抗压强度不断增大。在盐渍土环境中现浇试件抗压强度在 7d 时与预制试件相差不大，但硫酸钠的浓度越大，抗压强度前期的初始值越大。如图 4-69 所示，在现浇试件中，同一浓度下 C-15 试件抗压强度小于 C-0 试件。C-0 试件在 7~14d，抗压强度增长速率快，后期增长速率慢；C-15 试件和预制试件一样前期稍慢，后期增长快。28d 内，级配碎石层对试件抗压强度变化影响不大。

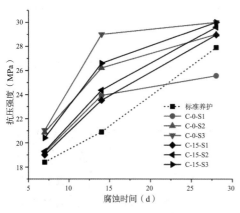

图 4-69　28d 内抗压强度变化

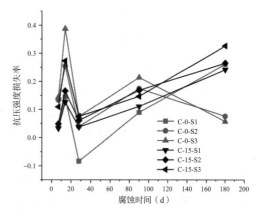

图 4-70　抗压强度损失率随时间变化

通过抗压强度损失率公式计算，可得透水混凝土在盐渍土环境下的抗压强度损失率，其变化趋势如图 4-70 所示。计算结果为正时表示为抗压强度增长率，计算结果为负时表示为抗压强度损失率（表 4-25）。7d 时 2%、5%、8% 的 C-0 试件较标准养护，抗压强度分别增加 4.35%、13.14%、12.4%；C-15 试件较标准养护，抗压强度分别增加 3.26%、4.89%、10.92%。14d 时 2%、5%、8% 的 C-0 试件较标准养护，抗压强度分别增加 14.51%、25.43%、38.76%；C-15 试件较标准养护，抗压强度分别增加 12.6%、16.6%、27.27%。28d 时 2% 的 C-0 试件较标准养护，抗压强度损失 8.36%，5%、8% 的 C-0 试件分别增加 3.94%、7.53%；C-15 试件较标准养护，抗压强度分别增加 3.76%、6.09%、7.53%。28d 内，C-0 和 C-15 在不同浓度盐渍土中的试件其抗压强度损失率均先增大后减小，即现浇试件与标准养护试件的强度差距前期相差较大，后期相差很小。硫酸钠含量越大，抗压强度损失率在 14d 的值越大。对比 C-0 和 C-15 与预制试件的差距，级配碎石的存在，在前期对透水混凝土抗压强度的增长有一定的促进作用。

现浇试件与预制试件的抗压强度损失率　　　　　　表 4-25

试件编号	龄期				
	T1（7d）	T2（14d）	T3（28d）	T4（90d）	T5（180d）
P-0-S1	0	0	0	0.1487	0.1004
P-0-S2	0	0	0	0.1738	0.0573
P-0-S3	0	0	0	0.2258	−0.1493
P-15-S1	0	0	0	0.0585	0.0430
P-15-S2	0	0	0	0.1093	0.0621
P-15-S3	0	0	0	0.2019	0.0932
C-0-S1	0.0435	0.1451	−0.0836	0.0896	0.2616
C-0-S2	0.1341	0.2543	0.0394	0.1744	0.0760
C-0-S3	0.1440	0.3876	0.0753	0.2139	0.0573
C-15-S1	0.0326	0.1260	0.0376	0.1111	0.2419
C-15-S2	0.0489	0.1660	0.0609	0.1685	0.2652
C-15-S3	0.1092	0.2727	0.0753	0.1470	0.3262

2. 28d 后抗压强度变化情况

28d 后，把预制试件放入不同工况下盐渍土中，以预制试件标准养护 28d 为基准，比较现浇试件和预制试件在盐渍土环境下长期腐蚀的抗压强度变化情况。

（1）现浇试件在不同环境的比较

观察图 4-71 可知，现浇试件中，C-0 与 C-15 两种工况的变化趋势不同。C-0 工况中，5%、8% 盐含量的盐渍土中抗压强度先升高后降低，在 90d 出现最高峰值点，分别为 32.77MPa、33.87MPa，2% 盐含量中前期强度增加慢，后期增加快，且没有出现抗压强度峰值点，在 180d 时的强度值为 35.2MPa。C-15 工况中，抗压强度随龄期增加，未出现最高峰值点，且盐含量也会增高，180d 时的强度最大，2%、5%、8% 盐含量的试件抗压强度分别为 34.65MPa、35.3MPa、37MPa。说明级配碎石存在此环境中对透水混凝土抗压强度的减小有明显抑制作用。

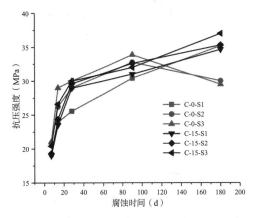

图 4-71　现浇试件不同环境中抗压强度变化

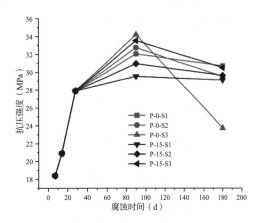

图 4-72　预制试件不同环境中抗压强度变化

（2）预制试件在不同环境的比较

预制试件在放入盐渍土环境后，观察图 4-72 可知，P-0 与 P-15 的抗压强度变化趋势相同，均是先升高后降低且在 90d 处出现最高峰值点，不论级配碎石是否存在，在 90d 前盐含量越大，变化速率越快。2%、5%、8% 盐含量的 P-0 抗压强度最大值分别为 32.05MPa、32.75MPa、34.2MPa；P-15 的抗压强度最大值分别为 29.53MPa、30.95MPa、33.53MPa。90～180d，P-15 工况下试件抗压强度降低幅度较为平缓，此时间段内，不同盐含量抗压强度值下降不到 3MPa。P-0 工况中，盐渍土盐含量越大，试件抗压强度变化幅度越大。8% 含盐量的试件变化幅度最大，其抗压强度变化率从增长 22.58% 到减小 14.93%。180d 时的强度仅有 23.73MPa。对预制试件来说，有级配碎石在长期来看对保持抗压强度稳定有一定积极作用。

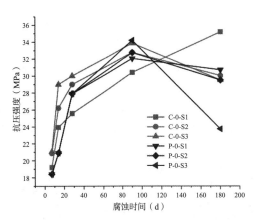

图 4-73　直接接触土壤试件抗压强度变化

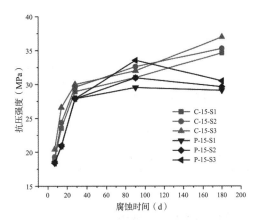

图 4-74　级配碎石 150mm 试件抗压强度变化

（3）现浇试件与预制试件在同一环境下的比较

观察图 4-73 可知，在没有级配碎石存在时，现浇试件和预制试件的抗压强度变化趋势不尽相同。在 180d 内，C-0-S1 抗压强度一直增加，P-0-S1 试件先增大后减小；C-0-S2 与 P-0-S2 变化趋势相同，抗压强度值也很相似；C-0-S3 的变化幅度小于 P-0-S3。没有级配碎石时预制试件的破坏程度更严重。图 4-74 中表明，有 150mm 级配碎石存在时，C-15 试件抗压强度一直增加，P-15 试件抗压强度先增加后减小，后期减小幅度低。预制试件在腐蚀环境中的破坏试件先于现浇试件。

4.5.6 孔隙率和透水系数的关系

通过 4.4.3 和 4.4.4 节发现，在不同工况下孔隙率和透水系数的变化有一定差距。对比图 4-61 和图 4-73，P-0 和 C-0 工况下的孔隙率和透水系数变化规律十分相似，但 P-0 和 C-0 之间的孔隙率没有拉开差距，但透水系数变化图中，C-0 的值明显小于 P-0 的值。对比图 4-62 和图 4-74，P-15 和 C-15 工况下 90d 前二者变化规律相似，90～180d 内，P-15 中孔隙率上升，透水系数基本不变，C-15 中，孔隙率保持平衡，透水系数变小，且同样透水系数图中 C-15 与 P-15 拉开较大差距，而孔隙率变化图 C 与 P 相互交错。

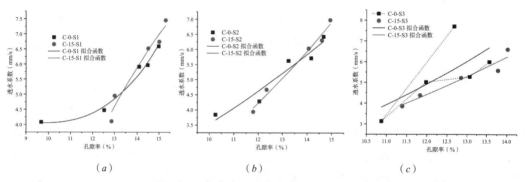

图 4-75　各浓度下孔隙率—透水系数关系

（a）2% 浓度下孔隙率—透水系数关系；（b）5% 浓度下孔隙率—透水系数关系；
（c）8% 浓度下孔隙率—透水系数关系

C-0-S1：$R^2=0.998$

$$y = 1.735 - 0.227x^2 + 9.37 \times 10^{-3}x^3 \tag{4-6}$$

C-15-S1：$R^2=0.996$

$$y = -2.742x + 0.357x^2 - 1.07 \times 10^{-2}x^3 \tag{4-7}$$

C-0-S2：$R^2=0.996$

$$y = 0.193x + 1.6 \times 10^{-2}x^3 \tag{4-8}$$

C-15-S2：$R^2=0.998$

$$y = -0.85 \times 10^{-2}x + 3.6 \times 10^{-2}x^2 \tag{4-9}$$

C-0-S3：R^2=0.937

$$y = -2.224x + 5.28 \times 10^{-2}x^2 \tag{4-10}$$

C-15-S3：R^2=0.996

$$y = -9.623 \times 10^{-2}x + 3.87 \times 10^{-2}x^2 \tag{4-11}$$

通过多项式拟合，2 次多项式拟合函数的 R^2 是最优的，均大于 0.9，各工况的拟合方程式见式（4-6）~式（4-11）。从图 4-75 可得出，C-0、C-15 试件的孔隙率—透水系数拟合曲线的斜率随盐渍土含盐量增大而减小。2%、5% 浓度时，C-15 试件拟合曲线斜率大于 C-0 试件；8% 浓度时，C-15 试件拟合曲线小于 C-0。随硫酸盐浓度增大，C-0 与 C-15 曲线逐渐平行，盐浓度低时，孔隙率较小的情况下，C-0 与 C-15 拟合曲线呈相离趋势，低浓度下级配碎石作用更明显。

4.5.7 抗压强度与孔隙率的关系

C-0-S1：R^2=0.998

$$y = 7.848x - 0.432x^2 \tag{4-12}$$

C-15-S1：R^2=0.992

$$y = 9.163x - 0.508x^2 \tag{4-13}$$

C-0-S2：R^2=0.991

$$y = 6.79x - 0.354x^2 \tag{4-14}$$

C-15-S2：R^2=0.993

$$y = 8.8x - 0.49x^2 \tag{4-15}$$

C-0-S3：R^2=0.993

$$y = 8.876x - 0.525x^2 \tag{4-16}$$

C-15-S3：R^2=0.994

$$y = 9.744x - 0.58x^2 \tag{4-17}$$

通过多项式拟合，孔隙率—抗压强度关系 2 次多项式拟合函数较优，R^2 均大于 0.99，各工况的拟合方程式见式（4-12）~式（4-17）。不同浓度下孔隙率和抗压强度关系曲线发展趋势大致相同，如图 4-76 所示，随着孔隙率增大，抗压强度不断变小，且试件孔隙率—抗压强度变化曲线斜率随浓度增加而减小。图像均是凸函数的一部分。浓度越大，在孔隙率呈现的范围 10% ~ 15% 内，图像越接近线性。C-0 试件盐浓度越低，孔隙率变化范围越大；各浓度中 C-15 试件的变化范围基本一致。C-0 试件盐浓度越低，孔隙率变化范围越大；各浓度中 C-15 试件的变化范围基本一致。由图 4-76 可知，C-0 与 C-15 的变化曲线从相离较远到逐渐靠近，孔隙率小，即使后期侵蚀较严重，此时，

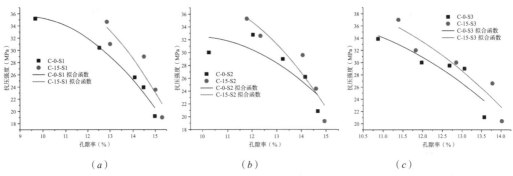

图 4-76　各浓度孔隙率—抗压强度关系

（*a*）2% 浓度下孔隙率—抗压强度关系；（*b*）5% 浓度下孔隙率—抗压强度关系；（*c*）8% 浓度下孔隙率—抗压强度关系

低浓度 C-0 与 C-15 曲线相差较大，说明低浓度下级配碎石的作用更明显。在 8% 浓度时，C-0 与 C-15 孔隙率变化范围重合，说明级配碎石在低浓度时能够起到作用，在高浓度时，其防护作用不明显了。

4.5.8　硫酸钠盐渍土中透水混凝土侵蚀机理分析

在硫酸钠溶液中浸泡时，是腐蚀水环境几乎全方位地入侵到透水混凝土内，透水混凝土各个部位的腐蚀条件基本相同，各个部位呈现出的腐蚀效果也相似。而在硫酸钠盐渍土中，透水混凝土试件不再全面地接触腐蚀环境，试件不同部位接触到的腐蚀条件不同，呈现出来的腐蚀效果也有一定差异，在前几节已经就盐渍土腐蚀后的外貌及物理特征进行描述，现结合微观测试结果探究腐蚀产物及相关机理。

1. 级配碎石对试件的影响

首先，关于试验中设置 150mm 厚度级配碎石，根据前文 4.5.3、4.5.4 节对孔隙率和透水系数规律的归纳，可以大致得出，不论是现浇还是预制，有级配碎石存在的试件，其孔隙率、透水系数值均优于直接接触土壤的试件；特别是在前期，可以一定程度地减缓腐蚀。

土壤中的硫酸盐不断扩散、传输到透水混凝土中，对试件进行破坏。其一，由于土壤和级配碎石是湿润的，土壤中的硫酸盐离子可以自由移动，试件放入盐渍土环境时也是湿润的，水给土壤中的硫酸盐扩散提供了路径，然后硫酸盐离子将从高硫酸盐浓度的位置移动到低硫酸盐浓度的位置，最终接触试件。其二，灯芯效应是盐溶液在多孔材料中的传输机理，其包括毛细吸附和水分蒸发两个过程：溶液通过毛细吸附进入材料内，上升至暴露于空气中的部分，形成水膜区和水分蒸发区；水分在蒸发区中蒸发，使蒸发区内部的溶液浓度升高，达到饱和后析出晶体结晶。

硫酸盐不论是传输还是扩散，有级配碎石时，硫酸盐离子从土壤到试件距离增大，一是离子从土壤到试件的时间变长，二是级配碎石内都吸附了一定量的硫酸盐离子，使最终接触透水混凝土试件的离子数变少。但随着时间的增加，这两点体现的优势将不再明显，离子的扩散和传输将使离子在土壤和级配碎石及试件中的浓度趋于平衡。

在硫酸盐离子接触试件时发生物理化学变化。

2. 透水混凝土 24h 后的腐蚀产物分析

盐渍土中的现浇试件在前 24h 完成终凝，放入盐渍土环境时进入水泥水化的减速期和稳定期。

（1）有级配碎石试件

试件放入有级配碎石的盐渍土中，级配碎石对硫酸盐离子的扩散起到一定的缓释作用，试件受硫酸盐离子影响较小，但在高盐含量的盐渍土中时，硫酸盐离子能较快较大量地传输到试件中，与试件发生化学反应。灯芯效应中当水分蒸发速率大于溶液毛细吸附上升速率时，就会在蒸发区内部形成干湿界面，界面处盐溶液达到过饱和，产生结晶膨胀，导致其剥落膨胀破坏；当水分蒸发速率小于溶液毛细吸附上升速率时，干湿界面形成在蒸发区的表面，只产生表面结晶现象，对材料没有破坏作用。当环境相对湿度越小、盐溶液浓度越大时，材料水分蒸发速率越大。在绵阳，空气湿度长时间保持在 90% 以上，水分蒸发速率较低，根据 4.5.3 节中的试验现象，有级配碎石的工况下，7d 左右级配碎石表面和试件底部出现少量晶体，14～28d，级配碎石表面可以看到大量簇状白色晶体，而试件底部仅粘附少量晶体，且表面未见结晶或其他物质。这是因为岩石、黏土砖与侵蚀盐之间是一种惰性关系，硫酸盐不会与级配碎石反应，由于灯芯效应，在与空气接触的表面结晶，产生大量晶体物质，是一种物理变化。而透水混凝土中的水泥水化产物可以与硫酸盐发生反应，它们之间存在复杂的物理化学关系，与硫酸盐土壤接触时，从物理化学原理上不能简单认为透水混凝土水分蒸发区是一种硫酸盐物理结晶破坏。

取试件底部粘附的白色晶体进行微观测试，图 4-77、图 4-78 为其 SEM 和 XRD 图谱。电镜扫描结果为晶体呈无规则晶体状，结合 XRD 图谱，可判定该晶体物质是硫酸钠晶体。图 4-78 中显示出有 $CaCO_3$ 的衍射峰，其中涉及混凝土的碳化。

图 4-77 有级配碎石试件白色晶体物质 SEM 图谱

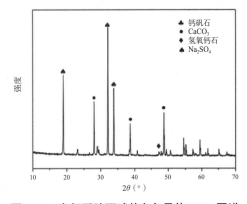

图 4-78 有级配碎石试件白色晶体 XRD 图谱

试件 28d 抗压破坏后取其底部破碎骨料进行微观检测，如图 4-79 所示。图 4-79（a）中 SEM 图谱显示骨料表面白色物质呈纺锤状，结合 EDS 图谱，可初步判定该物质为

Na_2SO_4。骨料另一处 SEM［图 4-79（ b ）］，仍有呈针状产物生成，即 AFt。在有级配碎石时，试件底部接触级配碎石部分产生 $CaSO_4$，传输进入内部的硫酸盐离子浓度较低，产生少量钙矾石等物质。

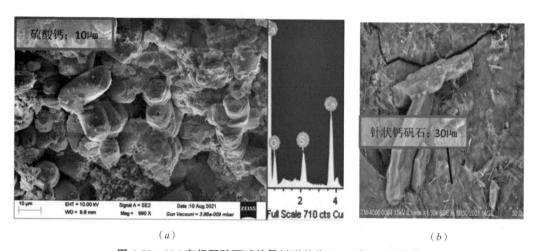

（ a ）

（ b ）

图 4-79　28d 有级配碎石试件骨料附着物 SEM 和 EDS 图谱

（ a ）28d 试件骨料表面 SEM 和 EDS 图谱；（ b ）28d 试件骨料界面处 SEM 图谱

（2）直接接触盐渍土试件

试件直接接触盐渍土时，根据试验现象 C-0 的试件在 14d 左右底部产生白色物质，28d 时增多。当混凝土结构的一边处于有可溶性盐的环境中而另一边处于水分大量蒸发的环境中时，两种环境的交界处属于临空蒸发面，硫酸盐溶液在此处干湿交替，一是易与水泥及其水化产物发生化学反应，二是可溶性盐在混凝土材料孔隙中随着水分蒸发，易产生物理结晶。试验中试件底部的白色物质若是土壤中的硫酸盐产生的结晶，通过 XRD 图谱分析应当出现硫酸钠的衍射峰。经测试白色物质的成分如图 4-80 所示，出现了 AFt 和 $CaCO_3$、Na_2SO_4 的衍射峰。

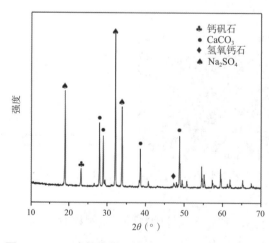

图 4-80　28d 直接接触土壤试件白色物质 XRD 图谱

硫酸根离子与水泥及水化产物发生化学反应生成 AFt、$CaSO_4$ 等物质。且由于水泥水化并不完全，水泥水化过程中产生的 CH 在湿润的土壤周围最容易与空气中的 CO_2 发生中和反应，此过程为水泥的碳化。随着进一步碳化，其他水泥水化产物和未水化水泥颗粒内核都会转换成 $CaCO_3$、硅胶和铝胶，这些生成物与硫酸盐之间不存在化学反应。因此，当混凝土被碳化后，混凝土与硫酸钠之间的化学反应就会消失，满足了盐结晶出现的条件，在被碳化后的表面出现结晶。只有当多孔材料与结晶盐之间不存在化学反应，才会出现物理盐结晶破坏。

3. 透水混凝土 28d 后在盐渍土中的腐蚀产物分析

28d 后，预制试件也放入盐渍土环境中，预制试件在标准养护箱内充分水化已具有较好的性能；现浇试件一直在盐渍土环境中，前期硫酸盐离子在试件中分布并不均匀，各部分发生的反应不同，使试件各部分呈现不同的形貌和状态。

（1）现浇试件

在 28d 后，随着硫酸盐离子的扩散和传输，破坏的范围将不断扩大，由于透水混凝土内部的孔隙连通空气这个巨大的孔，使得腐蚀将从试件底部向上扩大。且硫酸盐含量越高的试件腐蚀情况越明显。到 180d 时，对直接接触土壤的现浇试件抗压破坏后的碎块进行微观检测。图 4-81（a）显示出纺锤状的微观形貌，其物质为 $CaSO_4$。图 4-81（b）的形貌则为短柱状产物与 AFt 较为相似，但根据 EDS 图谱，除 Ca、O、S、Si 等元素外，还含有 C 元素，该物质应为碳硫硅钙石。根据硫酸盐腐蚀混凝土化学机理，在后期，透水混凝土内 pH 值降低，AFt 容易分解变成 $CaSO_4$。

 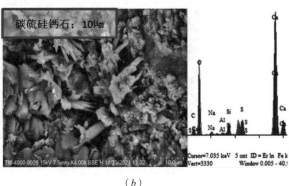

（a） （b）

图 4-81　180d 直接接触土壤现浇试件 SEM 和 EDS 图谱

（a）8% 浓度试件骨料表面处；（b）8% 浓度试件骨料之间粘结处

（2）预制试件

预制试件放入盐渍土中时，硫酸盐离子通过湿润的土壤，级配碎石传输扩散到试件中与水泥水化产物反应；由于碳化作用，水泥的水化产物 CH 易与空气中二氧化碳发生反应。

在较长时间后，发现预制试件和现浇试件在外观上的差别不大。结合 4.5.3、4.5.4 节中孔隙率和透水系数的变化，不论是否有级配碎石，预制试件与现浇试件孔隙率变化在后期是相互交错的；透水系数变化值预制试件与现浇试件拉开较大差距，因为预制试件的孔隙结构在标准养护时，孔隙率较大，透水系数高，养护后放入腐蚀环境中时，孔隙率的改变多是由于底部发生化学反应产生腐蚀物质，导致下部孔隙率较低，上部的孔隙结构保存较好，总的透水系数也相对较高；现浇试件在腐蚀环境中水化，孔隙率比标准养护低，总的透水系数也相应较低。

180d 时，检测 8% 浓度下直接接触土壤的预制试件的微观成分和形貌，如图 4-82 所示。大量针状物质和短柱状物质交错在一起，结合能谱元素分析，含有 Ca、Si、Al、O、C 等元素，说明此时含有 AFt 和碳硫硅钙石。基本未检测到 $CaSO_4$，说明试件内部 pH 值较稳定，AFt 没有大量分解。此工况中预制试件的化学侵蚀进程稍慢于现浇试件。

结合透水混凝土预制和现浇试件的物理性能变化规律及内部化学反应机理，在盐渍土环境下，直接接触盐渍土的试件，较高浓度下（5%、8%）现浇和预制试件的物理性能变化规律相似，均 180d 内表现出劣化趋势，在 2% 浓度下，由于浓度较低，现浇试件化学腐蚀进程较慢且慢于现浇试件，表现出预制试件先劣化。有级配碎石的试件，在试件和盐渍土之间有级配碎石，虽然现浇试件和预制试件物理性能变化趋势略有不同，但在 180d 时的数值相差不大。化学腐蚀的快慢及腐蚀产物的种类及含量仍然是影响物理性能变化的重要因素，但在级配碎石的作用下使得现浇和预制试件的差距缩小了。

图 4-82　180d 直接接触土壤预制试件 SEM 和 EDS 图谱

建议在盐渍土环境下透水混凝土仍采用现场浇筑的方式，且在盐渍土的透水混凝土之间设置大于 150mm 的级配碎石，以达到前期对土壤中硫酸盐的缓释作用。28d 后定期清洗，减少环境中的硫酸盐浓度。

4.5.9　硫酸盐盐渍土中透水混凝土的侵蚀劣化研究结果

本章以施工方式、级配碎石厚度、硫酸钠浓度为变量设计透水混凝土在盐渍土环境中的控制变量试验。测定各工况试件的物理性能变化，并对试件在环境中的侵蚀产物进行 XRD、SEM 及 EDS 测试。用孔隙损失率、透水系数损失率和抗压强度损失率来评价透水混凝土试件在各时期的破坏情况，辅以微观测试进行侵蚀机理的说明。

（1）在28d前，同一时期内现浇试件的各项物理性能均低于预制试件。在同一浓度下，有级配碎石试件孔隙率和透水系数均大于直接接触盐渍土试件，在前期，级配碎石在各浓度下作用明显。

（2）180d内，在直接接触盐渍土环境中，现浇试件和预制试件物理性能变化趋势相似，2%、5%浓度下孔隙率、透水系数一直降低，8%浓度下孔隙率和透水系数先增大后减小。现浇试件与预制试件抗压强度均先增大后减小，在2%浓度下现浇试件抗压强度一直增大。在有150mm级配碎石的盐渍土环境中，现浇试件孔隙率、透水系数一直降低，抗压强度一直升高，预制试件孔隙率先减小后增大，透水系数一直减小，抗压强度先增大后减小。从长远来看，级配碎石对硫酸盐有一定缓释作用且在低浓度下的作用更明显。

（3）孔隙率和透水系数在各浓度下均存在良好的二次多项式拟合关系，拟合系数R^2均大于0.9。孔隙率与抗压强度拟合满足二次多项式关系，R^2均大于0.99。

（4）经过微观测试，在盐渍土环境中，现浇试件和预制试件的腐蚀机理相似，均在后期产生大量钙矾石、石膏、碳硫硅钙石等腐蚀产物。其物理性能上的差异，主要是因为接触侵蚀环境的试件，现浇试件比预制试件早。试件表面产生的白色晶体是由于碳化作用产生的$CaCO_3$不能与硫酸盐发生反应，硫酸盐离子附着后随水分蒸发产生结晶，后期现浇试件和预制试件在同一时期的主要腐蚀产物不同。

（5）建议施工时采用现浇方式，设置大于150mm厚度的级配碎石，养护期后再定期对透水混凝土路面进行冲洗。

4.6 不同环境下透水混凝土耐硫酸盐侵蚀对比分析

4.6.1 环境因素评价方式

为了评估不同环境作用下，现浇与预制透水混凝土抗硫酸侵蚀物理性能变化差异，以标准养护下各项物理性能值为基准，现浇与预制透水混凝土在各环境中的实际值与基准值的差作为评价参数。定义如下：

（1）定义现浇试件孔隙率差ΔS_P，预制试件孔隙率差$\Delta S'_P$，计算公式见式（4-18）：

$$\Delta S_P = C_P - P_{PS}, \quad \Delta S'_P = P_P - P_{PS} \tag{4-18}$$

式中　C_P——现浇试件各时期孔隙率值；

　　　P_P——预制试件各时期孔隙率值；

　　　P_{PS}——标准养护各时期孔隙率值。

（2）定义现浇试件透水系数差ΔS_q，预制试件透水系数差$\Delta S'_q$，计算公式见式（4-19）：

$$\Delta S_q = C_q - P_{qS}, \quad \Delta S'_q = P_q - P_{qS} \tag{4-19}$$

式中　C_q——现浇试件各时期透水系数值；

P_q——预制试件各时期透水系数值；

P_{qS}——标准养护各时期透水系数值。

（3）定义现浇试件抗压强度差 ΔS_f，预制试件抗压强度差 $\Delta S'_f$，计算公式见式（4-20）：

$$\Delta S_f = C_f - P_{fS}, \quad \Delta S'_f = P_f - P_{fS} \qquad （4-20）$$

式中　C_f——现浇试件各时期透水系数值；

P_f——预制试件各时期透水系数值；

P_{fS}——标准养护各时期透水系数值。

注：28d 后，现浇试件与预制试件均与标准养护 28d 时的各物理性能值做差。

4.6.2　不同环境中物理特性变化差异及分析

1. 不同环境中孔隙率变化

通过公式（2-7）计算，可得现浇、预制透水混凝土试件在各工况下的孔隙率差，见表 4-26、表 4-27。28d 以前，各工况中孔隙率相对数均小于 0，说明现浇试件孔隙率比预制试件小，差值越大，现浇试件孔隙率损失越大，受到的腐蚀越严重。

现浇试件孔隙率差 ΔS_P（%）　　　　　表 4-26

编号	T1（7d）	T2（14d）	T3（28d）	T4（90d）	T5（180d）
C-W-S1	-3.69	-3.55	-4.93	-5.18	-6.33
C-W-S2	-4.91	-6.80	-5.32	-5.47	-7.79
C-W-S3	-6.69	-7.22	-5.42	-5.70	-8.73
C-0-S1	-3.24	-3.12	-1.92	-3.47	-6.33
C-0-S2	-3.56	-3.44	-2.75	-3.96	-5.74
C-0-S3	-4.66	-4.53	-4.02	-5.13	-3.32
C-15-S1	-2.92	-2.59	-1.50	-2.99	-3.13
C-15-S2	-3.29	-3.00	-1.94	-3.65	-4.21
C-15-S3	-4.21	-3.82	-3.15	-4.17	-4.61

预制试件孔隙率差 $\Delta S'_P$（%）　　　　　表 4-27

编号	T4（90d）	T5（180d）
P-W-S1	-5.10	-2.74
P-W-S2	-6.51	-4.19
P-W-S3	-8.86	-5.28
P-0-S1	-4.49	-4.83
P-0-S2	-5.04	-6.56
P-0-S3	-5.52	-2.65
P-15-S1	-3.53	-2.79
P-15-S2	-4.59	-3.05
P-15-S3	-5.05	-3.61

180d 内，现浇和预制试件的孔隙损失率均小于 0。在侵蚀环境中不管是现浇还是预制试件均受到破坏，若与标准养护试件物理性能值相差越大，说明破坏得越严重，差值绝对值越大。

（1）2% 浓度硫酸钠环境

图 4-83、图 4-84 分别是现浇和预制试件的孔隙率差值柱状图，柱状图越长，说明该种工况对透水混凝土孔隙率的影响越大。现浇试件中，有 150mm 级配碎石的环境，在 180d 内孔隙率变化起伏不大，较为稳定。硫酸盐全浸泡环境在各个时间点都表现出与标准养护试件相差较大。直接接触盐渍土环境前期较稳定，90d 及之后变化显著，仅次于全浸泡环境。2% 浓度下影响现浇混凝土孔隙率值的环境排序由大到小为硫酸盐全浸泡环境、直接接触盐渍土环境和有 150mm 级配碎石环境。预制试件中，由于前 28d 在标准养护箱内养护，没有接触侵蚀环境，28d 前不比较。28d 后，直接接触盐渍土环境的试件孔隙率差值在 4.49% 以上；全浸泡环境中，试件在 90d 时孔隙率差值为 5.1%，180d 降低到 2.71%；有 150mm 级配碎石环境试件孔隙率差值保持在 3% 左右。影响预制混凝土孔隙率值的环境排序由大到小为直接接触盐渍土环境、硫酸盐全浸泡环境和有 150mm 级配碎石环境。

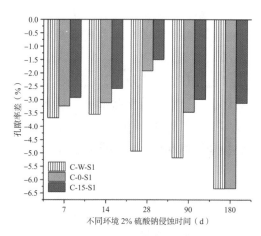

图 4-83　2% 浓度各工况下现浇试件孔隙率差随时间变化

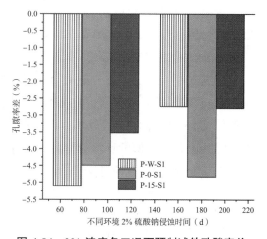

图 4-84　2% 浓度各工况下预制试件孔隙率差随时间变化

（2）5% 浓度硫酸钠环境

现浇试件中（图 4-85），有 150mm 级配碎石的环境，在 180d 内孔隙率变化较为稳定。硫酸盐全浸泡环境在各个时间点都表现出与标准养护试件相差较大，且在 14d、180d 两个时间点出现峰值。直接接触盐渍土环境孔隙率差值逐渐增大，仅次于全浸泡环境。5% 浓度下影响现浇混凝土孔隙率值的环境排序由大到小为硫酸盐全浸泡环境、直接接触盐渍土环境和有 150mm 级配碎石环境。

预制试件中（图 4-86），28d 后，全浸泡试件孔隙率差值是减小的，说明此环境下，180d 孔隙率较 90d 孔隙率有升高，透水混凝土试件骨料脱落造成孔隙率增大；直接接

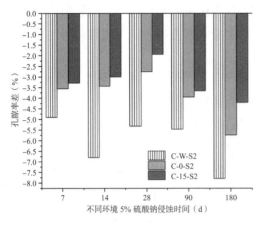

图 4-85　5% 浓度各工况下现浇试件孔隙率差
随时间变化

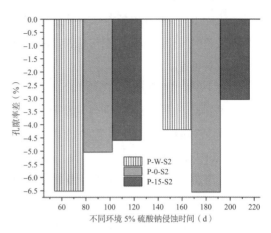

图 4-86　5% 浓度各工况下预制试件孔隙率差
随时间变化

触盐渍土环境试件孔隙率差值增大，即孔隙率继续减小，而减小的原因是土壤渗进试件缩小孔隙大于骨料脱落增大孔隙。有 150mm 级配碎石环境试件孔隙率差值减小，因为有级配碎石存在，试件内没有土壤，差值减小的原因是试件受腐蚀骨料脱落。全浸泡环境比有级配碎石环境孔隙率差值减小得快。所以影响预制混凝土孔隙率值的环境排序由大到小为直接接触盐渍土环境、硫酸盐全浸泡环境和有 150mm 级配碎石环境。

（3）8% 浓度硫酸钠环境

现浇试件中（图 4-87），硫酸盐全浸泡环境孔隙率差值变化趋势与 5% 浓度下相似。有 150mm 级配碎石的环境，在 180d 内孔隙率变化稳定。直接接触盐渍土环境孔隙率差值较 2%、5% 浓度起伏较小，但差值大小仍大于有级配碎石环境。8% 浓度下影响现浇混凝土孔隙率值的环境排序由大到小为硫酸盐全浸泡环境、直接接触盐渍土环境和有 150mm 级配碎石环境。

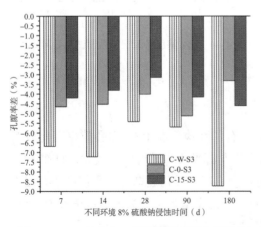

图 4-87　8% 浓度各工况下现浇试件孔隙率差
随时间变化

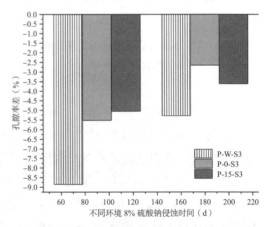

图 4-88　8% 浓度各工况下预制试件孔隙率差
随时间变化

预制试件中（图 4-88），28d 后，各个环境中孔隙率差值均减小，说明此浓度下，试件孔隙率有升高，此时盐浓度过高，试件受环境侵蚀严重，骨料脱落造成孔隙率增大逐渐大于腐蚀产物和土壤对孔隙的填补。此时孔隙率差值排序是硫酸盐全浸泡环境、直接接触盐渍土环境和有 150mm 级配碎石环境，即影响预制混凝土孔隙率值的环境排序。

2. 不同环境中透水系数变化

通过公式（4-19）计算，可得现浇与预制透水混凝土试件在各工况下的透水系数差，见表 4-28、表 4-29。180d 内，各工况中透水系数差值几乎均小于 0，除 C-0-S3 180d 时，透水系数差大于 0。前期现浇试件受到环境侵蚀，孔隙率降低，连通孔隙变小，孔隙孔径变窄，透水性能降低幅度大；预制试件在标准养护室内孔隙率透水系数性能保持较好。后期预制试件也进入腐蚀环境，腐蚀产物膨胀致使试件边角和外部骨料脱落增大了孔隙率，内部孔隙分布情况仍降低，表现为透水系数减小。

现浇试件透水系数差 ΔS_q（%）　　　　　　　　　表 4-28

编号	T1	T2	T3	T4	T5
C-W-S1	−4.31	−4.39	−4.53	−5.66	−6.42
C-W-S2	−4.09	−4.95	−4.89	−6.07	−6.84
C-W-S3	−4.61	−5.3	−5.07	−6.34	−7.39
C-0-S1	−4.78	−5.07	−4.28	−5.72	−6.11
C-0-S2	−4.94	−5.32	−4.57	−5.91	−6.35
C-0-S3	−5.37	−5.77	−5.19	−7.07	−2.49
C-15-S1	−3.92	−4.3	−3.68	−5.25	−6.09
C-15-S2	−4.39	−4.73	−4.16	−5.53	−6.26
C-15-S3	−4.77	−5.46	−4.98	−5.82	−6.35

预制试件透水系数差 $\Delta S'_q$（%）　　　　　　　　表 4-29

编号	T4（90d）	T5（180d）
P-W-S1	−3.41	−4.65
P-W-S2	−4.12	−6.58
P-W-S3	−4.98	−7.24
P-0-S1	−3.08	−3.28
P-0-S2	−3.57	−4.96
P-0-S3	−4.65	−2.66
P-15-S1	−2.82	−2.77
P-15-S2	−3.06	−3.24
P-15-S3	−4.07	−4.19

（1）2% 浓度硫酸钠环境

图 4-89、图 4-90 分别是现浇和预制试件的透水系数差值柱状图，柱状图越长，说明该种工况对透水混凝土孔隙率的影响越大。现浇试件中，在各时间点不同环境中透

水系数差值相差较小，前期直接接触盐渍土环境中的试件差值较大，180d时为全浸泡环境试件差值大。且有150mm级配碎石的环境，其透水系数差值均处于末位。2%浓度下影响现浇混凝土透水系数值的环境排序由大到小为直接接触盐渍土环境、硫酸盐全浸泡环境和有150mm级配碎石环境。

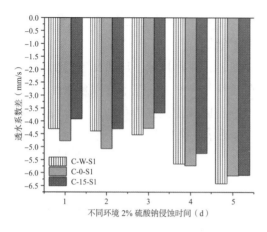

图 4-89　2% 浓度各工况下现浇试件透水系数差随时间变化　　图 4-90　2% 浓度各工况下预制试件透水系数差随时间变化

预制试件中，90d和180d直接接触盐渍土环境和有150mm级配碎石环境试件的透水系数差值基本保持不变，分别处于第二位和第三位。全浸泡环境中，透水系数差值增加明显。影响预制混凝土透水系数值的环境排序由大到小为硫酸盐全浸泡环境、直接接触盐渍土环境和有150mm级配碎石环境。

（2）5%浓度硫酸钠环境

现浇试件中（图4-91），有150mm级配碎石的环境试件透水系数差值仍处于末位。14d前直接接触盐渍土环境中的试件差值较大，14d后为全浸泡环境试件差值大。用各时间点抗压强度差值绝对值和进行排序，直接接触盐渍土环境最大。5%浓度下影响现浇混凝土透水系数值的环境排序由大到小为直接接触盐渍土环境、硫酸盐全浸泡环境和有150mm级配碎石环境。预制试件中（图4-92），透水系数差值与2%浓度下的变化相似。影响预制混凝土孔隙率值的环境排序由大到小为硫酸盐全浸泡环境、直接接触盐渍土环境和有150mm级配碎石环境。

（3）8%浓度硫酸钠环境

现浇试件中（图4-93），直接接触盐渍土试件的透水系数差起伏变化最大，前期差值处于首位，180d骤减为末位，此环境下，透水系数骤减原因是骨料大量脱落，出现了较多开放路径，使透水系数升高。有150mm级配碎石的环境与硫酸盐全浸泡环境差值变化相似，全浸泡环境略大于有150mm级配碎石环境。8%浓度下影响现浇混凝土透水系数值的环境排序由大到小为直接接触盐渍土环境、硫酸盐全浸泡环境和有150mm级配碎石环境。

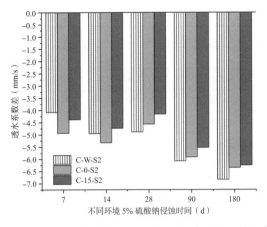

图 4-91　5% 浓度各工况下现浇试件透水系数差
随时间变化

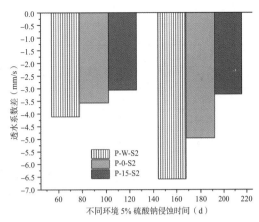

图 4-92　5% 浓度各工况下预制试件透水系数差
随时间变化

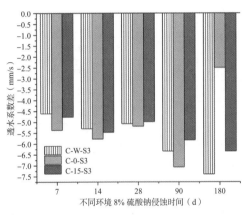

图 4-93　8% 浓度各工况下现浇试件透水系数
差随时间变化

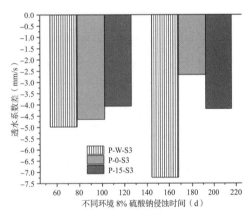

图 4-94　8% 浓度各工况下预制试件透水系数差
随时间变化

　　预制试件中（图 4-94），全浸泡环境和有 150mm 级配碎石环境透水系数差值变大，直接接触盐渍土环境试件差值变小。影响预制混凝土孔隙率值的环境排序由大到小为硫酸盐全浸泡环境、直接接触盐渍土环境和有 150mm 级配碎石环境。

　　3. 不同环境中抗压强度变化

　　通过公式（4-20）计算，可得现浇与预制透水混凝土试件在各工况下的抗压强度差，见表 4-30、表 4-31。180d 内，现浇试件抗压强度差值基本大于 0，即现浇试件在侵蚀环境下抗压强度有一定提升，预制试件在后期抗压强度差值有近一半小于 0。

现浇试件抗压强度差 ΔS_{f}（%）　　　　　　　　　　表 4-30

编号	T1	T2	T3	T4	T5
C-W-S1	3.10	2.23	−2.90	2.60	9.40
C-W-S2	4.10	6.13	0.70	5.87	11.46

续表

编号	T1	T2	T3	T4	T5
C-W-S3	3.15	4.40	1.35	9.37	14.45
C-0-S1	0.80	3.03	−2.33	2.50	7.30
C-0-S2	2.47	5.31	1.10	4.87	2.12
C-0-S3	2.65	8.10	2.10	5.97	1.60
C-15-S1	0.60	2.63	1.05	3.10	6.75
C-15-S2	0.90	3.47	1.70	4.70	7.40
C-15-S3	2.01	5.70	2.10	4.10	9.10

预制试件抗压强度差 $\Delta S'_f$（%）　　　　表 4-31

编号	T4（90d）	T5（180d）
P-W-S1	2.10	−3.60
P-W-S2	4.43	−3.70
P-W-S3	11.5	−3.03
P-0-S1	4.15	2.80
P-0-S2	4.85	1.60
P-0-S3	6.30	−4.17
P-15-S1	1.63	1.20
P-15-S2	3.05	1.73
P-15-S3	5.63	2.60

（1）2% 浓度硫酸钠环境

现浇试件中（图 4-95），前期硫酸盐全浸泡环境和直接接触盐渍土，在 28d 时间点抗压强度差值为负，即在此环境中抗压强度增长低于标准养护，硫酸盐浓度超过 1.5%会抑制水泥水化，该环境中试件接触到的硫酸盐较多，前期抗压强度的增长较缓，后

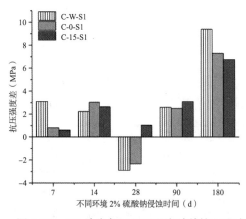

图 4-95　2% 浓度各工况下现浇试件抗压强度差随时间变化

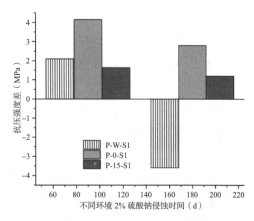

图 4-96　2% 浓度各工况下预制试件抗压强度差随时间变化

期由于强度继续增长且腐蚀产物填补孔隙，强度升高。而有 150mm 级配碎石环境试件没有直接接触侵蚀环境，强度发展较好，但抗压强度差值较小。2% 浓度下影响现浇混凝土抗压强度值的环境排序由大到小为硫酸盐全浸泡环境、直接接触盐渍土环境和有 150mm 级配碎石环境。

预制试件中（图 4-96），90d 和 180d 全浸泡环境中，抗压强度差值一正一负，变化明显。直接接触盐渍土环境和有 150mm 级配碎石环境试件的抗压强度差值减小，分别处于第二位和第三位。影响预制混凝土抗压强度值的环境排序由大到小为硫酸盐全浸泡环境、直接接触盐渍土环境和有 150mm 级配碎石环境。

（2）5% 浓度硫酸钠环境

现浇试件中（图 4-97），硫酸盐全浸泡环境中抗压强度差值变化起伏大，呈上升趋势。盐渍土环境抗压强度差两起两落，但起落差距较小。有 150mm 级配碎石环境试件抗压强度差值大小靠后。用各时间点抗压强度差值绝对值和进行排序，5% 浓度下影响现浇混凝土抗压强度值的环境排序由大到小为硫酸盐全浸泡环境、直接接触盐渍土环境和有 150mm 级配碎石环境。

预制试件中（图 4-98），抗压强度差值变化与 2% 浓度下相似，即 5% 浓度下影响预制混凝土抗压强度值的环境排序由大到小为硫酸盐全浸泡环境、直接接触盐渍土环境和有 150mm 级配碎石环境。

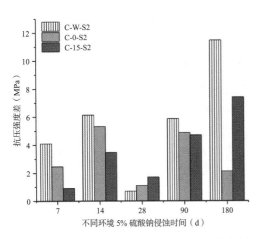

图 4-97　5% 浓度各工况下现浇试件抗压强度差随时间变化

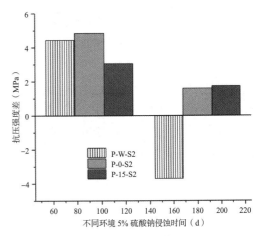

图 4-98　5% 浓度各工况下预制试件抗压强度差随时间变化

（3）8% 浓度硫酸钠环境

现浇试件中（图 4-99），各环境抗压强度差值变化与 5% 浓度相似，即 8% 浓度下影响现浇混凝土抗压强度值的环境排序由大到小为硫酸盐全浸泡环境、直接接触盐渍土环境和有 150mm 级配碎石环境。

预制试件中（图 4-100），硫酸盐全浸泡环境、直接接触盐渍土环境试件抗压强度差均在 180d 出现负值。总的抗压强度差值变化绝对值相加，绝对值和越大，该环境对

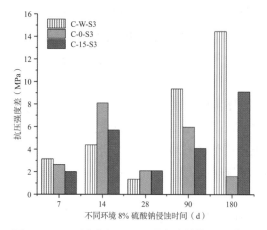

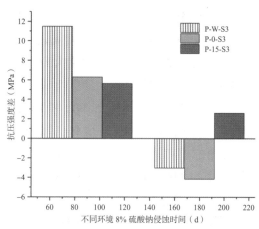

图 4-99　8% 浓度各工况下现浇试件抗压强度
差随时间变化

图 4-100　8% 浓度各工况下预制试件抗压强度
差随时间变化

透水混凝土抗压强度的影响越大。可以得出 8% 浓度下，影响预制混凝土抗压强度值
的环境排序由大到小为硫酸盐全浸泡环境、直接接触盐渍土环境和有 150mm 级配碎石
环境。

4.6.3　不同环境侵蚀机理差异分析

同一浓度下，物理性能在不同环境中的变化趋势相似，与腐蚀环境的接触点越多，
腐蚀程度越严重，对应物理性能指标值在 0 ～ 180d 变化幅度越大。

1. 全浸泡环境

硫酸钠全浸泡环境中，透水混凝土试件完全浸泡在硫酸钠溶液中，由于硫酸钠在
20℃时饱和溶液浓度是 19.5g/mL 远大于该试验设置的浓度，不易出现结晶，在此工
况中几乎不涉及物理变化造成的侵蚀。主要是化学反应产生腐蚀产物如 AFt、石膏等，
这类物质体积大于水泥水化产物，产生大于水泥胶凝材料的膨胀应力造成试件破坏。

图 4-101 为各浓度中试件 28d 的静压破坏情况。不同浓度的试件，其破坏形式都
是脆性破坏，形成多条贯通裂缝，把贯通裂缝分开，呈现的是贯通裂面。在试件破坏

(*a*)　　　　　　　　　　(*b*)　　　　　　　　　　(*c*)

图 4-101　28 d 各浓度试件静压破坏情况

(*a*) C-W-S1；(*b*) C-W-S2；(*c*) C-W-S3

表面可观察到，裂缝走势大多是沿着骨料外轮廓，中间也会穿过骨料，其破坏方式主要是胶粘剂硬化后的水泥石破坏（界面破坏）和骨料破坏。

由于骨料间胶凝材料较薄，当受到荷载作用时，相邻骨料间的水泥石大多处于剪切或受拉状态，骨料和胶凝材料之间以及胶凝材料内部不可避免地会形成一些微小裂缝。受力时，此裂缝处出现应力集中现象，各微裂缝受力不断扩展，骨料和胶粘剂界面的微裂缝也不断扩展，各破坏部分逐渐贯通，造成骨料和胶粘剂界面破坏，最终形成大片的贯通裂面。如图 4-102 中三角形所示，其对面没有与之对称的骨料面而是水泥面。

（a）　　　　　　　　　　　　　　　（b）

图 4-102　28d 透水混凝土受压开裂面图

（a）C-W-S1；（b）C-W-S2

随着硫酸盐和水泥水化产物发生物理化学反应的不断推进，很多微小裂缝会被其腐蚀产物石膏、钙矾石等填充，使粘结部分变得致密。沿着裂缝向内展开的裂面，在裂面两侧出现多对对称分布的破裂骨料块，如图 4-102 中圆圈所示。观察该骨料块，其周围的水泥石仍然紧密地和骨料粘连在一起，没有在界面出现裂缝，而骨料的一定部位因为透水混凝土的孔隙暴露，当试件承受荷载作用时，该处部位将出现应力集中现象，由于透水混凝土孔隙的随机性，试件内部的骨料，与不同方向的其他骨料连接，在试件受到压力时，内部的骨料受到的不是单一的轴压力，而是在骨料周围不同连接点处共同施加的多轴力，当其合力不为零时，骨料受力破坏，从而出现图 4-102 的断裂面。在前期，腐蚀溶液浓度越高，骨料断裂情况越多。

2.盐渍土环境

在盐渍土环境中，不管是直接接触盐渍土还是有级配碎石层，透水混凝土试件均是部分接触侵蚀环境，且直接与空气接触，发生的是物理—化学反应。有级配碎石的试件在前期对侵蚀环境中的硫酸钠有一定的缓释作用，但随着试件的推移和硫酸钠浓度的增加，后期级配碎石的作用不太明显。盐渍土环境中这两种侵蚀机理是相似的，均涉及物理—化学变化造成的综合性侵蚀。第 4.5 节对此也作出了相关解释。

同一浓度下，直接接触盐渍土和有级配碎石的试件抗压破坏如图 4-103 所示，从图中可知，仍是形成贯通裂缝，直接接触盐渍土的试件抗压破坏后试件不再完整，侧面断裂，且断裂的部分也不完整，呈碎片碎颗粒状。有级配碎石的试件在抗压试验后，虽有多条贯通裂缝但整体较完整，在边角处有骨料脱落，说明直接接触土壤的试件骨料间的胶凝材料粘结力低于有级配碎石的试件，再次证明级配碎石的存在有一定作用。

| (a) | (b) |

图 4-103　盐渍土中不同工况试件抗压破坏

(a) 直接接触盐渍土；(b) 级配碎石厚度 150mm

4.6.4　不同环境下透水混凝土耐硫酸盐侵蚀对比分析结果

通过对比不同环境中透水混凝土各项物理性能变化和机理分析，运用现浇与预制试件孔隙率差、透水系数差、抗压强度差等评价手段可以得出以下结论。

（1）各浓度下影响现浇透水混凝土试件孔隙率值的环境因素排序为硫酸钠溶液全浸泡环境、直接接触盐渍土环境、有 150mm 级配碎石盐渍土环境。2%、5% 浓度下影响预制试件孔隙率值的环境因素排序为直接接触盐渍土环境、硫酸盐全浸泡环境和有 150mm 级配碎石环境；8% 浓度下为硫酸钠溶液全浸泡环境、直接接触盐渍土环境和有 150mm 级配碎石盐渍土环境。

（2）各浓度下现浇透水混凝土透水系数值环境排序由大到小为直接接触盐渍土环境、硫酸盐全浸泡环境和有 150mm 级配碎石环境。预制透水混凝土透水系数值环境排序为硫酸盐全浸泡环境、直接接触盐渍土环境和有 150mm 级配碎石环境。

（3）各浓度下现浇混凝土和预制透水混凝土抗压强度值环境排序由大到小为硫酸盐全浸泡环境、直接接触盐渍土环境和有 150mm 级配碎石环境。

（4）全浸泡环境中，透水混凝土试件完全浸泡在硫酸钠溶液中，隔绝空气。主要发生化学反应产生腐蚀产物，由腐蚀产物造成透水混凝土结构破坏。在盐渍土环境中，透水混凝土试件部分接触侵蚀环境，且与空气连接，发生的是物理—化学反应。

4.7　本章小结

从两种外部侵蚀环境、两种施工方式以及三个盐浓度对透水混凝土试件在硫酸钠侵蚀环境中的影响入手，分别设计了透水混凝土在硫酸钠全浸泡环境中和盐渍土环境中的控制变量试验，测定各工况试件的孔隙率、透水系数、抗压强度，并对试件在环境中的侵蚀产物进行 XRD、SEM 及 EDS 测试。研究在各工况下物理性能变化规律及侵蚀机理。

（1）28d 内，硫酸盐全浸泡环境和盐渍土环境下，同一时期内现浇试件和预制试件各项物理性能值差异较大。在 7d 时，现浇试件的孔隙率、透水系数、抗压强度和预制试件已拉开差距，且浓度越大，各项物理性能损失率越大。

（2）28 ~ 180d，在试验设定的硫酸盐环境中，由于较高浓度的硫酸盐对水泥水化有抑制作用，而透水混凝土构造决定了化学腐蚀进程将很大程度上影响其物理性能变化。现浇试件化学侵蚀进程比预制试件慢，同一时期，现浇试件和预制试件腐蚀产物不同，体现在宏观物理性能上，现浇试件物理性能在 180d 内优于预制试件。化学—物理腐蚀进程和主要腐蚀产物种类及含量仍是影响透水混凝土性能变化的重要因素。

（3）盐渍土环境中，前期级配碎石对各浓度下透水混凝土的物理性能均起到改善作用。后期级配碎石在低浓度下对硫酸盐的缓释作用更明显。

（4）硫酸钠溶液全浸泡环境和盐渍土环境下孔隙率和透水系数在各浓度下均存在良好的多项式拟合关系，拟合系数 R^2 均大于 0.9。两种环境下的各工况中孔隙率与抗压强度拟合满足二次多项式关系，R^2 均大于 0.97。

（5）硫酸钠溶液全浸泡环境下主要涉及化学侵蚀。盐渍土环境中，涉及物理—化学侵蚀。现浇试件和预制试件的化学腐蚀机理相似，其物理性能上的差异，主要是由于接触侵蚀环境的时间，现浇试件比预制试件早。试件表面产生的白色晶体由于碳化作用产生的 $CaCO_3$ 不能与硫酸盐发生反应，硫酸盐离子附着后随水分蒸发产生结晶。

（6）2%、5% 浓度下影响预制试件孔隙率值的环境因素排序为直接接触盐渍土环境、硫酸盐全浸泡环境和有 150mm 级配碎石环境，各浓度下影响现浇透水混凝土透水系数值环境排序仍如上。其余工况下，影响其物理性能的环境因素排序为：硫酸钠溶液全浸泡环境、直接接触盐渍土环境和有 150mm 级配碎石盐渍土环境。

参考文献

[1] 王小生，章洪庆，薛明，等. 盐渍土地区道路病害与防治 [J]. 同济大学学报（自然科学版），2003，（10）：1178-1182.

[2] 《中国 1 ：100 万土地资源图》编图委员会，中国科学院，国家计划委员会自然资源综合考察委员会.《中国 1 ：100 万土地资源图》土地资源数据集 [M]. 北京：中国人民大学出版社，1991.

[3] 全国土壤普查办公室. 中国土壤 [M]. 北京：中国农业出版社，1998.

[4] 杨劲松，姚荣江，王相平，等. 中国盐渍土研究：历程、现状与展望 [J]. 土壤学报，2022，1：1-21.

[5] 李晓光，李盛龙，陈冰野，等. 硫酸盐—氯盐复合腐蚀作用下桩基础混凝土的配方设计 [J]. 水电能源科学，2013，31（10）：113-116.

[6] 梁咏宁，袁迎曙. 硫酸钠和硫酸镁溶液中混凝土腐蚀破坏的机理 [J]. 硅酸盐学报，2007（4）：504-508.

[7] Hanbin Cheng，Tiejun Liu，Dujian Zou，et al. Compressive strength assessment of sulfate-attacked

concrete by using sulfate ions distributions[J]. Construction and Building Materials，2021，293：123-500.

[8] Matthew ZYT, Kwong SW, Muhammad ER, et al. Cyclic compressive behavior of limestone and silicomanganese slag concrete subjected to sulphate attack and wetting-drying action in marine environment[J].Journal of Building Engineering，2021，44：103357.

[9] Hao Zeng, Yang Li, Jin Zhang, et al. Effect of limestone powder and fly ash on the pH evolution coeffi-cient of concrete in a sulfate-freeze–thaw environment[J]. Journal of Materials Research and Technology，2022，16：1889-1903.

[10] Paul WB, An evaluation of the sulfate resistance of cements in a controlled environment[J]. Cement and Concrete Research，1981，11（5-6）：719-727.

[11] H.T.Cao, L.Bucea, A.Ray, S.Yozghatlian. The effect of cement composition and pH of environment on sulfate resistance of Portland cements and blended cements[J].Cement and Concrete Composites，1997，19（2）：161-171.

[12] Qian Ye, Chengjin Shen, Shu Sun, et al. The sulfate corrosion resistance behavior of slag cement mortar[J]. Construction and Building Materials，2014，71：202-209.

[13] Chunmeng Jiang, Lin Yu, Xinjun Tang, et al. Deterioration process of high belite cement paste exposed to sulfate attack, calcium leaching and the dual actions[J]. Journal of Materials Research and Technology，2021，15：2982-2992.

[14] Nicola C, Claudia C.Chemo-mechanical modelling of the external sulfate attack in concrete[J]. Cement and Concrete Research，2017，93：57-70.

[15] Jingpei Li, Feng Xie, Gaowen Zhao, et al. Experimental and numerical investigation of cast-in-situ concrete under external sulfate attack and drying-wetting cycles[J]. Construction and Building Materials，2020，249：118789.

[16] Jing-pei Li, Ming-bo Yao, Wei Shao. Diffusion-reaction model of stochastically mixed sulfate in cast-in-situ piles[J]. Construction and Building Materials，2016，115：662-668.

[17] Monteiro P J M.Scaling and saturation laws for the expansion of concrete exposed to sulfate attack[J]. Procee-dings of the National Academy of Sciences of the United States of America，2006，103（31）：11467-11472.

[18] Santhanam M, Cohen M D, Olek J. Mechanism of sulfate attack：a fresh look：Part 2. Proposed mechanisms[J]. Cement and Concrete Research，2003，33（3）：341-346.

[19] 刘赞群，邓德华，Geert DE SCHUTTER，等 . "混凝土硫酸盐结晶破坏"微观分析（Ⅰ）——水泥净浆 [J]. 硅酸盐学报，2012，40（2）：186-193.

[20] 刘赞群，邓德华，Geert De Schutter，等 ."混凝土硫酸盐结晶破坏"微观分析（Ⅱ）——混凝土 [J]. 硅酸盐学报，2012，40（5）：631-637.

[21] 刘赞群，胡文龙，邓德华，等 . 碳化混凝土硫酸镁盐结晶破坏微观分析 [J]. 硅酸盐学报，2018，46（5）：662-669.

[22] 刘赞群，候乐，邓德华，等 . 碳化混凝土硫酸钠盐结晶破坏 [J]. 硅酸盐学报，2017，45（11）：

1621-1628.

[23] 刘赞群，裴敏，刘厚，等. 半浸泡混凝土中 Na_2SO_4 溶液传输过程 [J]. 建筑材料学报，2020，23（4）：787-793.

[24] Peng Liu，Ying Chen，Weilun Wang，et al. Effect of physical and chemical sulfate attack on performance degradation of concrete under different conditions[J]. Chemical Physics Letters，2020：745.

[25] 方祥位，申春妮，杨德斌，等. 混凝土硫酸盐侵蚀速度影响因素研究 [J]. 建筑材料学报，2007，（1）：89-96.

[26] Mingfeng Lei，Limin Peng，Chenghua Shi，et al. Experimental study on the damage mechanism of tunnel structure suffering from sulfate attack[J]. Tunnelling and Underground Space Technology，2013，36：5-13.

[27] 席红兵，李柏生. 硫酸盐—冻融共同作用下隧道衬砌支护喷射混凝土劣化性能研究 [J]. 隧道建设（中英文 2022，42107）：1-8.

[28] Xiaotong Yu，Da Chen，Jiarui Feng，et al.Behavior of mortar exposed to different exposure conditions of sulfate attack[J]. Ocean Engineering，2018，157：1-12.

[29] Gaowen Zhao，Mei Shi，Mengzhen Guo，et al. Degradation mechanism of concrete subjected to external sulfate attack：comparison of different curing conditions[J]. Materials，2020，13（14）：3179.

[30] Gaowen Zhao，Jingpei Li，Mei Shi，et al. Degradation mechanisms of cast-in-situ concrete subjected to in-ternalexternal combined sulfate attack[J]. Construction and Building Materials，2020，248：118683.

[31] Ayanda N. S，Stephen O. E，Souleymane D，et al.Pervious concrete reactive barrier for removal of heavy metals from acid mine drainage column study[J]. Journal of Hazardous Materials，2017，332（5）：641-653.

[32] Lee M G，Tia M，Chuang S H，et al.Pollution and purification study of the pervious concrete pavement material[J]. Journal of Materials in Civil Engineering，2014，26（8）：04014035.

[33] Hui Song，Jinwei Yao，Yuming Luo，et al. A chemical-mechanics model for the mechanics deterioration opervious concrete subjected to sulfate attack[J].Construction and Building Materials，2021，312.

[34] 黄美燕. 硫酸盐腐蚀对透水混凝土抗压强度及透水性能的影响 [J]. 新型建筑材料，2019，46（2）：40-44.

[35] 蔡润泽，满都拉，陈思晗. 砂基透水混凝土路面砖胶结料试验研究 [J]. 硅酸盐通报，2018，37（6）：1995-2001.

[36] 刘肖凡，林武星，李继祥. 刚性聚丙烯纤维改性透水混凝土耐久性能研究 [J]. 混凝土，2017，（1）：133-136.

[37] 宋慧，徐多，向君正，等. 骨料及水灰比对水混凝土性能的影响 [J]. 水利水电技术，2019，50（9）：18-25.

[38] 张丰，白银，陈波，等 . 透水混凝土透水性能与抗压强度匹配关系研究 [J]. 施工技术，2020，49（15）：16-21.

[39] 郭丽朋，朱强，林姗 . 再生透水混凝土基本性能与孔隙特征的研究 [J]. 水力发电，2019，45（12）：117-122.

[40] 李钧 . 透水混凝土性能及其影响因素试验研究 [D]. 赣州：江西理工大学，2018.

[41] 林海威 . 矿渣聚丙烯透水混凝土性能及细观机理研究 [D]. 昆明：云南大学，2018.

[42] 中华人民共和国交通运输部 . 公路土工试验规程：JTG 3430—2020[S]. 北京：人民交通出版社，2020.

[43] Zhou Q，Glasser F.Thermal stability and decomposition mechanisms of ettringite at< 120℃ [J]. Cement and Concrete Research，2001，31：1333-1339.

[44] 黄冬辉，崔璨，汤斐宇，等 . 基于孔结构特征的透水混凝土性能研究进展 [J]. 混凝土与水泥制品，2021，（12）：20-23.

[45] Locher F.G，W.Richartz，S.Sprung.Setting of cement：Part I. Reaction and development of structure [J]. ZKG 10，1976：436– 443.

[46] 李文臣 . 硫酸盐对胶结充填体早期性能的影响及其机理研究 [D]. 北京：中国矿业大学，2016.

[47] 中华人民共和国住房和城乡建设部 . 透水水泥混凝土路面技术规程：CJJ/ T 135—2009[S]. 北京：中国建筑工业出版社，2010.

[48] Novokshchenov，V."Investigation of concrete deterioration due to sulfate attack -a case history，" concrete durability，SP-100，V.2[J]. American Concrete Institute，Farmington Hills，Mich，1987：1979-2006.

[49] Benavente D，Cura G D，M.A.，A.Bemabeu，et al.，Quantification of salt weathering in porous stones u-sing an experimental continous partial immersion method[J]. Engineering Geology，2001，09（3-4）：313-325.

[50] Buenfeld NR.Shurafa-Daoudi MS. Mclough-Lin IM. Chloride transport due to wick action in concrete [Z]. Paris：RILEM，1997.

[51] Scherer GW.Stress from crystallization of salt in pores [C]//Proceedings of International Congress on Deterioration & Conservation of Stone. Stoke-on-Trent，UK：British Ceram-ic Society，2000：187-194.

[52] Han J，Pan G，Sun W，et al. Application of nanoindentation to investigate chemomechanical properties change of cement paste in the carbonation reaction[J]. Sci ChinaTechnol Sci,2012,55（3）：616-622.

[53] Castellote M，Fernandez L，Andrade C，et al. Chemical changes and phase analysis of OPC pastes carbonated at differentCoz concentrations[J]. Mater Struct，2009，42（4）：515-525.

05

第 5 章

改性透水混凝土在非自重
湿陷性黄土地区
的应用

5.1 透水混凝土在非自重湿陷性黄土地区的应用背景

黄土湿陷等级的划分方法主要是依据两个数值指标，其中一个是总湿陷量（Δ_s），另一个是计算自重湿陷量（Δ_{zs}）。

根据现行国家标准《湿陷性黄土地区建筑标准》GB 50025 中的相关规定，黄土主要分为两个类别：一个是非湿陷性黄土，另一个是湿陷性黄土。而湿陷性黄土又划分为自重湿陷性黄土与非自重湿陷性黄土。湿陷性黄土地基的湿陷等级划分见表 5-1。

众多研究证实，黄土湿陷性影响因素主要可分两个主要的部分，一部分是内部因素，另一部分是外部因素，内部因素有微结构特征等自身固有的特点，外部因素包括水的浸入以及相应的外力作用等人为或者天气气候因素。含水量对黄土湿陷性是一个动态的参数，在初始状态时是初始含水量，在产生变化时是浸水含水量。含水量对非自重湿陷性黄土路基承载能力以及沉降具有极大的影响。抑制含水量增长的两种途径主要是：对路基进行处理；采取有效的排水措施。

非自重湿陷性黄土与自重湿陷性黄土的主要区别在于在一定的压力下遭到水浸湿时，不产生明显沉降的黄土为非自重湿陷性黄土，产生明显沉降的黄土为自重湿陷性黄土，因此非自重湿陷性情况相比自重湿陷性情况具有相对较好的承载力。在合理的施工设计方案下，能够更加有效地保证上部结构的稳定性与安全，更加契合透水混凝土道路铺装。要将非自重湿陷性黄土作为透水混凝土道路铺装的路基，道路面层不仅仅需要考虑面层应当具备的物理力学性能，也应当充分考虑透水混凝土道路面层的排水性能，增加透水混凝土道路在非自重湿陷性黄土地区铺装的安全耐久性能。

湿陷性黄土地基的湿陷等级 表 5-1

湿陷等级	非自重湿陷性场地	自重湿陷性场地	
	$\Delta_{zs} \leqslant 70mm$	$70mm < \Delta_{zs} \leqslant 350mm$	
$\Delta_s < 300mm$	Ⅰ（轻微）	Ⅱ（中等）	$\Delta_s < 300mm$
$300mm < \Delta_s \leqslant 700mm$	Ⅱ（中等）	*Ⅱ（中等）或Ⅲ（严重）	$300mm < \Delta_s \leqslant 700mm$
$\Delta_s > 700mm$	Ⅱ（中等）	Ⅲ（严重）	$\Delta_s > 700mm$

注：当 $\Delta_s > 600mm$、$\Delta_{zs} > 300mm$ 时，可判为Ⅲ级，其他情况可判为Ⅱ级。

透水混凝土在非自重湿陷性黄土地区铺装对比自重湿陷性黄土地区铺装，非自重湿陷性黄土路基有更好的极端天气适应能力。透水混凝土在非自重湿陷性黄土地区的铺装工程案例国内外相对较少，相关的研究也较少，较为经典的案例是御道广场的透水混凝土铺装。

王宏旭针对御道广场工程中的实际问题，阐述了透水混凝土在非自重湿陷性黄土地区铺装的施工过程以及采取的行之有效的排水措施，得出了基层、面层、垫层等需要提高关注的地方。通过这个案例证实透水混凝土可以带来很好的经济效益，而且也能产生不俗的社会效益，也用工程实例说明了在非自重湿陷性黄土地区铺装透水混凝土是可取的也是可行的。

目前透水混凝土的排水方式以基层排水为主，而面层分担的排水能力比较薄弱，如果使面层也能具备一定比例的排水能力，能够增强排水效率。

5.2 透水混凝土在非自重湿陷性黄土地区路用性能要求

根据现行行业标准《透水水泥混凝土路面技术规程》CJJ/T 135，透水混凝土的路用性能主要体现在面层结构，而面层结构的主要指标又主要分为四个方面：（1）孔隙率协同工作条件；（2）渗透系数协同工作条件；（3）力学性能协同工作条件；（4）耐久性协同工作条件。文章结合这四个方面的内容作为透水混凝土的适用条件与改性依据。

5.2.1 孔隙率协同工作条件

1. 透水混凝土孔隙堵塞机理

透水混凝土铺装的优势主要因为其横竖纵横的多通道特点，正因为透水混凝土这样的多通道特性，透水混凝土才能具备一般混凝土所不能具备的优点，但随着时间的推移，其孔隙率会呈现出逐年下降的趋势，孔隙率降低会导致透水系数数值减小。造成孔隙率下降的原因是透水混凝土的多孔特点为降尘的堆积提供了空间，在降尘填充孔隙的同时，也逐年造成了透水混凝土道路透水系数的折减。目前除了定期的人为采用高压水枪进行清理，还没有特别有效的方法来解决这一问题。我国西北地区具有独特的沙尘天气，降尘量对透水混凝土孔隙的填充会更加明显。下面以湿陷性黄土地区与非湿陷性黄土地区的降尘量数据对比来分析降尘的影响。

2. 湿陷性黄土地区降尘特点

湿陷性黄土地区以陕西为例，陕西省在 2017 年前三个月的降尘量为：整个陕西省不同地区降尘数值区间为 4.78 ~ 13.24t/（km²·月）。延安市、咸阳市和铜川市的降水量分别为 13.24t/（km²·月）、12.55t/（km²·月）、12.53（t/km²·月）。如果以降尘量为 13.24t/（km²·月），透水堵塞厚度为 1cm，降尘密度取 1g/cm³ 进行计算，那么每月每平方米的道路上的降尘量约为 0.000013m³ 的"尘"，不进行维护 13 年左右将完全堵塞。而且在此期间，因局部堵塞导致的孔隙率下降也会对透水混凝土道路的透水性能造成削减。而上海市在 2017 年 6 月的降尘质量区县排序从大到小依次为：静安 [4.8t/（km²·月）]、金山 [4.7t/（km²·月）]、普陀 [4.7t/（km²·月）]、浦东 [4.1t/（km²·月）]、黄埔 [4.0t/（km²·月）]、宝山 [3.9t/（km²·月）]、嘉定 [3.6t/（km²·月）]、虹口 [3.5t/（km²·月）]、杨浦 [3.5t/（km²·月）]、奉贤 [3.5t/（km²·月）]、青浦 [3.4t/（km²·月）]、长宁 [3.3t/（km²·月）]、松江 [3.3t/（km²·月）]、徐汇 [3.3t/（km²·月）]、闵行 [3.3t/（km²·月）]、崇明 [2.9t/（km²·月）]。上海最大降尘量是西安的 36%，显然陕西地区的降尘量比上海地区大很多。

因此，针对不同非自重湿陷性黄土地区的降尘特点，铺装透水混凝土应该在满足基本物理力学性能条件的前提下，采用相对较大孔隙率，这样能够延长透水铺装的有效排水能力时间，也能够更加契合湿陷性黄土地区的特点。

5.2.2 渗透系数协同工作条件

透水混凝土最大的优势就在于其排水蓄水能力。而排水能力是否能够满足使用地区的需要，关键在于降雨强度的大小。

不同地区的降雨强度是不同的，因此它们所需要的渗透系数取值是具有一定差异的。渗透系数与孔隙率联系十分密切，孔隙率越大，所对应的渗透系数也就越大，反之孔隙率越低，对应的渗透系数也就越低。而在非自重湿陷性黄土地区，渗透系数太大反而会导致路基更容易出现病害，渗透系数太小，洪涝灾害无法有效解决。因此在满足降雨消纳作用的前提下并综合考虑降尘影响的作用，应当选取合适的透水系数区间。

国内气象部门所采用的降雨强度级别的划分方式如下：

小雨：12h 内降雨量区间为 0~5mm 或 24h 内降雨区间为 0~10mm；中雨：12h 内降雨区间为 5~14.9mm 或 24h 内降雨量区间为 10~24.9mm；大雨：12h 内降雨区间为 15~29.9mm 或 24h 内降雨区间为 25~49.9mm；暴雨：12h 内降雨量大于等于 30mm 或 24h 内降雨量大于等于 50mm；大暴雨：12h 降雨量大于等于 70mm 或者 24h 内降雨量大于等于 100mm；特大暴雨：12h 内降雨量大于等于 140mm 或 24h 内降雨量大于等于 250mm。

以陕西省为例，陕西部分地区暴雨强度公式如下：

渭南市暴雨强度计算公式：

$$q=2602 \times \frac{1+1.07\lg P}{t+18.0^{0.91}} \tag{5-1}$$

铜川市暴雨强度计算公式：

$$q=990 \times \frac{1+1.5\lg P}{t+7.0^{0.67}} \tag{5-2}$$

咸阳市暴雨强度计算公式：

$$q=384 \times \frac{1+1.3\lg P}{t^{0.51}} \tag{5-3}$$

宝鸡市暴雨强度计算公式：

$$q=1838.5 \times \frac{1+0.94\lg P}{(t+12.0)^{0.93}} \tag{5-4}$$

式中　q——设计暴雨强度 [L/（ha·s）]；

　　　t——集水时间（s）；

　　　P——设计降雨重现期（年）。

根据现行行业标准《透水水泥混凝土路面技术规程》CJJ/T 135 中对渗透系数的规定，通过上述公式的计算，当渗透系数大于 1mm/s 时，基本能够满足上述地区的暴雨强度要求。因此，应该在达到渗透系数的条件下，兼顾考虑降尘不良后果，得出适合需要的透水混凝土配合比。

5.2.3 力学性能协同工作条件

湿陷性黄土地区极端强降雨的天气并不少见，在连续降雨作用下，湿陷性黄土地区道路可能出现的病害类型为路基会沉陷与陷穴，而路面则可能产生开裂。其中，路基沉陷的因素是湿陷性黄土路基遭到水的浸湿，路基土体结构遭到影响，从而引发了路基的沉降变形，进一步引发路基沉陷。路基陷穴主要原因是阶地边缘与冲沟两侧黄土的固有特性所导致，因为黄土大多都是坡积松散黄土，被冲蚀的可能性较大，因此离阶地斜坡和沟谷斜坡的距离是形成陷穴的原因，距离越近形成陷穴的几率越大。路面开裂的原因是路基沉陷以及路基陷穴等路基病害以及道路结构层承载力不足导致。

在非自重湿陷性黄土地区铺装透水混凝土，相对来说更容易导致湿陷性黄土路基遭到水的浸湿。透水混凝土虽然多用于人行道路、停车场，但其多孔特性注定限制了其强度。在非自重湿陷性黄土地区铺装透水混凝土，在透水混凝土强度不高的特性与路基容易湿陷的特性两者相互作用的条件下，透水混凝土道路更容易出现上述的诸多病害。病害发生的几率增大是制约在非自重湿陷性黄土地区铺装透水混凝土的主要因素。

为了有效避免路基沉陷、路基陷穴、路面开裂等问题的发生，应当采取行之有效的措施。其中为了避免路基沉陷、路基陷穴应该采取一定的排水措施，尽可能避免雨水渗入路基，并对路基进行处理。而针对路面开裂这一病害，应该优化透水混凝土配合比设计，提高透水混凝土道路面层的抗压抗折强度，从而达到避免路面开裂的目的。因此，作为用于非自重湿陷性黄土地区透水混凝土铺装的道路面层结构，不但应该具有合理的排水措施，也应该具有良好的路基地区面层的强度，这样才能够契合非自重湿陷性黄土地区的湿陷性特点。

5.2.4 耐久性能协同工作条件

1.抗冻融能力协同工作条件

我国的湿陷性黄土地区主要分布在长城以南，长江以北，而一年四季气温的极小值与纬度和海拔关系最为密切，一般来说，纬度与温度呈现反比关系；海拔与温度也呈现反比关系。湿陷性黄土地区相当大的一部分区域，在冬天时气温会低于 0℃，因此只有充分考虑了透水混凝土的抗冻性能，才能充分满足湿陷性黄土地区的气候条件。

现行行业标准《透水水泥混凝土路面技术规程》CJJ/T 135 中规定，透水混凝土的抗冻性能主要参照冻融循环次数，其中规定：25 次冻融循环后抗压强度损失率小于20%，25 次冻融循环后质量损失率小于 5%。

2017 年，西南科技大学付东山参照现行国家标准《普通混凝土长期性能和耐久性能试验方法标准》GB/T 50082 进行了透水混凝土的抗冻性能试验研究。采用的试验方法为快冻法，试验试件的各边边长为 400mm×100mm×100mm，采用正交试验方法，基于透水混凝土的质量损失率与横向基频率分析了聚丙烯纤维掺量、孔隙率、水灰比以及骨料颗粒直径对透水混凝土抗冻性能的内在联系。分析结果表明，各组均能满足现行行业标准《透水水泥混凝土路面技术规程》CJJ/T 135 规定的冻融循环次数。得出在较寒冷地区采用水灰比为 0.31、骨料颗粒直径为 5 ~ 10mm、聚丙烯纤维掺量为 0.4% 的透水混凝土能够适应较寒冷地区的气候条件。

研究采用 3 ~ 5mm 以及 5 ~ 10mm 颗粒直径骨料作为铺设在非自重湿陷性黄土上的道路面层原料进行试验，试验目标孔隙率均采用 20% 以下，水灰比取值均为 0.3，根据西南科技大学付东山的相关试验结论，所制备的透水混凝土能够满足现行行业标准《透水水泥混凝土路面技术规程》CJJ/T 135 中所要求的抗冻性能，因此没有再单独考虑透水混凝土的抗冻性能，综合分析了改性透水混凝土的主要路用性能。

2. 耐硫酸盐腐蚀能力协同工作条件

硫酸盐腐蚀混凝土反应的过程为，含有酸性物质的液体通过微孔扩散到混凝土内表面，从而被内表面吸附产生化学反应，生成物可能是半水石膏也有可能是二水石膏。

生成的石膏会导致混凝土体积膨胀，从而微裂缝发展，会导致混凝土强度降低，腐蚀过程是缓慢的，但是造成的影响是不可忽视的。

杨圣元通过试验对硫酸侵蚀透水混凝土的劣化机理进行了试验研究，侵蚀类型主要分为石膏型硫酸侵蚀、钙矾石型硫酸侵蚀。透水系数与腐蚀速度是一种正相关的关系。伴随着酸液浸泡的时间变长，试件的强度呈现出递减的曲线走向。李彦坤对酸雨侵蚀透水混凝土进行了试验研究，结果表明 16 ~ 19mm 粒径的试件相比 9.5 ~ 16mm 的试件，伴随着酸液的浸泡时间增加，强度损失更大。

道路的硫酸盐腐蚀主要由酸性沉降引起，酸性沉降分为干沉降与湿沉降，其中影响最大的是酸雨，而酸雨中又多含硫酸盐。透水混凝土相比普通混凝土，具有的特点是多孔特性，这样硫酸盐与混凝土有更大的接触面积，从而导致腐蚀会相对普通混凝土更严重。我国酸雨区主要是以长江为分界线，酸雨区大多分布在长江的南边，而湿陷性黄土地区大多位于长江的北边，其中非酸雨区 pH 值在 5.65 以上，湿陷性黄土地区主要位于非酸雨区。

而且随着对污染的治理，酸雨已经逐年减少，湿陷性黄土地区的酸雨对混凝土的腐蚀作用也越来越小，但是这并不意味着湿陷性黄土地区没有硫酸盐腐蚀的现象发生，而且酸雨的发生还是时有报道，陕西的一名摄影师在网上发帖怀疑说建陵可能被人为进行了清洗，因为清洗的原因导致了文物约 1000 年的包浆消失得无影无踪。对于这个质疑，陕西省相关部门的负责人进行了相应的解释，石刻看起来新的原因是近年来的酸雨所导致的，文物部门从来没有对包浆进行过清洗，可见酸雨的影响仍然不能到忽略不计的地步。

虽然湿陷性黄土地区的酸雨现象在气象数据的统计中并不严重，但是应当作为道路耐久性的不利因素来考虑。酸雨对混凝土腐蚀的化学机理是会生成石膏与钙矾石等降低混凝土力学性能的化学物质。透水混凝土的多孔特性，以及蓄水的能力，无疑为上述化学反应提供了"帮助"，因此所制备的透水混凝土应当具备一定的耐硫酸盐腐蚀能力，这样才能够满足各种复杂极端的气象条件。综合考虑这一特点，采用对耐硫酸盐腐蚀有提升作用的矿渣微粉进行改性。

5.3 试验方案与正交试验方法

5.3.1 针对非自重湿陷性黄土地区应用的原材料选取

1. 骨料

骨料对透水混凝土性能的影响不容忽视，也是透水混凝土的主要组分。现行行业标准《透水水泥混凝土路面技术规程》CJJ/T 135 中要求：集料的压碎值应当小于15%，针状碎片含量也应当小于 15%，含泥量小于 1%，表观密度应当大于 2500kg/m³，紧密堆积密度应当大于 1350kg/m³，堆积孔隙率应当小于 47%。尺寸要求分为三个类别：2.4~4.75mm、4.75~9.5mm、9.5~13.2mm，且应当采用单一级配。

试验所使用的骨料为绵阳的碎石，粒径选用 3~5mm 与 5~10mm 两种单一级配作为试验原材料。骨料的相关物理指标见表 5-2。

骨料的相关物理性能　　　　　　　　　　　　　　　　表 5-2

粒径范围（mm）	表观密度（kg/m³）	堆积密度（kg/m³）	孔隙率（%）
3~5	2601.93	1675	35.62
5~10	2606.17	1650	36.69

其中，3~5mm 与 5~10mm 粒径的骨料满足相应的尺寸要求，表观密度 2601.93kg/m³ 与 2606.17kg/m³ 均大于 2500kg/m³，紧密堆积密度 1675kg/m³ 与 1650kg/m³ 也均大于 1350kg/m³，孔隙率 35.62% 与 36.69% 均小于 47%。另外压碎值、针状碎片含量以及含泥量均小于相应要求。

2. 水泥

水泥作为粘结骨料颗粒与颗粒间的胶凝材料，水泥的性能对透水混凝土胶结面的粘结强度有着极大程度的影响，而且通过胶结面的粘结强度对透水混凝土的整体强度也有着很大的影响，因此水泥的性能处于一个极为重要的地位。本书试验中所使用的水泥类别为 P.O42.5R 普通硅酸盐水泥，是由双马水泥股份有限公司生产，水泥的相关具体技术指标见表 5-3。

表 5-3 中的数据以及指标都满足 P·O 42.5R 普通硅酸盐水泥所要求的技术指标。

水泥技术指标　　　　　　　　　　　　　　　　　　　表 5-3

水泥强度等级	标准稠度用水量（%）	凝结时间（min）		密度（g/cm³）	抗折强度（MPa）		抗压强度（MPa）	
		初凝	终凝		3d	28d	3d	28d
42.5R	26.8	176	234	3.05	5.3	8.4	29.5	51.5

3. 外加剂

试验使用的外加剂有两种，一种是由山东博客化工设备有限公司生产的聚羧酸高效减水剂，另一种是由四川靓固科技集团有限公司生产的靓固胶粘剂。

其中减水剂的建议掺加量为1%，胶粘剂的建议掺加量为2%。减水剂具有对水泥颗粒的分散作用，能够提升水泥的工作性能，减少单位用水量，改善拌合物的流动性，从而能够进一步提高透水混凝土的综合性能。另外值得注意的问题是，减水剂的特性决定了它有一定的缓凝作用，因此在试验时拆模应当比不掺加减水剂延缓1~2d。

另外，通过四川靓固科技集团有限公司的大量工程实践表明，掺加靓固胶粘剂能够有效提高透水混凝土的抗压强度以及抗折强度，因此在试验过程中相应地掺入可提高试件的综合物理力学性能。

4. 矿渣微粉

矿渣微粉的级别根据相关的等级划分规定分为S105级、S95级与S75级，试验所采用的矿渣微粉为S95级矿渣微粉。其相关性能指标均满足表5-4相关要求。

矿渣微粉性能指标　　　　　　　　　　　　　　　　　　　表5-4

项目	S95 级矿渣微粉
密度（g/cm³）	≥2.8
比表面积（m²/kg）	≥400
7d 活性指数	≥75%
28d 活性指数	≥95%
流动度比	≥95%
含水量	≤1.0%
三氧化硫	≤4.0%
氯离子	≤0.06%
烧失量	≤3.0%
玻璃体含量	≥85%
放射性	合格

5. 玄武岩纤维

试验采用的是短切玄武岩纤维，长度是12mm，如图5-1所示。其相关性能指标见表5-5。

12mm 短切玄武岩纤维相关性能指标　　　　　　　　　表5-5

性能指标	数值
使用温度（℃）	1000 以内
单丝直径（μm）	13
密度（g/cm³）	2.63~2.65
抗拉强度（MPa）	3000~4000
弹性模量（MPa）	1.05×10^5

图 5-1 玄武岩纤维

5.3.2 对照组和改性组透水混凝土配合比设计

1. 对照组配合比

对照组是 3 ~ 5mm 颗粒直径与 5 ~ 10mm 颗粒直径的透水混凝土在水灰比为 0.3，目标孔隙率为 20% 时，进行的抗压强度试验以及渗透系数试验。

对照组的配合比（1m³）见表 5-6。

在对照组的基础上，以目标孔隙率 1% 递减的方式进行配合比试验，骨料颗粒直径为 3 ~ 5mm 的透水混凝土抗压试件在 14% 目标孔隙率时达到了抗压强度为 C20 的临界孔隙率要求，骨料颗粒直径为 5 ~ 10mm，透水混凝土抗压试件在 16% 目标孔隙率时达到了抗压强度为 C20 的临界孔隙率要求。

	对照组配合比（1m³）			表 5-6
骨料颗粒直径（mm）	目标孔隙率（%）	骨料质量（kg）	水泥质量（kg）	水质量（kg）
3 ~ 5	20	1675	344	103
5 ~ 10	20	1650	330	99

注：减水剂掺量为水泥质量的 1%，胶粘剂掺量为水泥质量的 2%，未在表中列出，水灰比为 0.3。

通过对比实测孔隙率试验数据与目标孔隙率试验数据，误差均在 2% 以内，因此试验中骨料颗粒直径为 3 ~ 5mm 的透水混凝土的目标孔隙率分别为 14%、15%、16%、17%、18%、19%、20%。骨料颗粒直径为 5 ~ 10mm 的透水混凝土的目标孔隙率分别为 16%、17%、18%、19%、20%。

其中抗压试件与透水系数试件均为每组三个。骨料颗粒直径为 3 ~ 5mm 的透水混凝土按照目标孔隙率从 14% ~ 20% 分别编组为 1-1、1-2、1-3、1-4、1-5、1-6、1-7。骨料颗粒直径为 5 ~ 10mm，透水混凝土按照目标孔隙率从 16% ~ 20% 分别编组为 2-1、2-2、2-3、2-4。

2. 矿渣微粉改性组配合比

众多品种的水泥中，矿渣硅酸盐水泥的耐硫酸盐腐蚀性能最好，而矿渣微粉的火山灰性能良好，因此本章选用 S95 级矿渣微粉作为改性掺合料。

在颗粒直径为 3～5mm、目标孔隙率为 14% 时采取三个水平掺量的矿渣微粉，水平掺量分别为 5%、7.5%、10%。在颗粒直径为 5～10mm、目标孔隙率为 16% 时，采取三个水平的矿渣微粉掺量也分别为 5%、7.5%、10%。内掺法作为掺入方法。

颗粒直径为 3～5mm 的透水混凝土矿渣微粉改性配合比见表 5-7，编号分别为 3-1、3-2、3-3。

颗粒直径为 5～10mm 的透水混凝土矿渣微粉改性配合比见表 5-8，编号分别为 3-4、3-5、3-6。

骨料颗粒直径为 **3～5mm** 的透水混凝土矿渣微粉改性配合比（1m³） 表 5-7

组号	骨料颗粒直径（mm）	目标孔隙率（%）	骨料质量（kg）	水泥质量/矿粉质量（kg）	水质量（kg）
3-1	3～5	14	1675	326.8/17.2	103
3-2	3～5	14	1675	318.2/25.8	103
3-3	3～5	14	1675	309.6/34.4	103

骨料颗粒直径为 **5～10mm** 的透水混凝土矿渣微粉改性配合比（1m³） 表 5-8

组号	骨料颗粒直径（mm）	目标孔隙率（%）	骨料质量（kg）	水泥质量/矿粉质量（kg）	水质量（kg）
3-4	5～10	16	1650	313.5/16.5	99
3-5	5～10	16	1650	305.2/24.8	99
3-6	5～10	16	1650	297.0/33.0	99

注：减水剂掺量为水泥质量的 1%，胶粘剂掺量为水泥质量的 2%，未在表中列出，水灰比为 0.3。

3. 玄武岩纤维改性组配合比

在骨料颗粒直径为 3～5mm，目标孔隙率为 14% 时，采取三个水平掺量的 12mm 长的玄武岩纤维，水平掺量分别为 0.1%、0.2%、0.3%。在骨料颗粒直径为 5～10mm、目标孔隙率为 16% 时，采取三个水平的 12mm 长的玄武岩纤维掺量也分别为 0.1%、0.2%、0.3%。

骨料颗粒直径为 3～5mm 的透水混凝土玄武岩纤维改性配合比见表 5-9，编号分别为 4-1、4-2、4-3。

骨料颗粒直径为 5～10mm 的透水混凝土玄武岩纤维改性配合比见表 5-10，编号分别为 4-4、4-5、4-6。

骨料颗粒直径为 **3～5mm** 的透水混凝土玄武岩纤维改性配合比（1m³） 表 5-9

组号	骨料颗粒直径（mm）	目标孔隙率（%）	骨料质量（kg）	水泥质量/矿粉质量（kg）	水质量（kg）	纤浆比（%）
4-1	3～5	14	1675	326.8/17.2	103	0.1
4-2	3～5	14	1675	318.2/25.8	103	0.2
4-3	3～5	14	1675	309.6/34.4	103	0.3

骨料颗粒直径为 5~10mm 的透水混凝土玄武岩纤维改性配合比（1m³） 表 5-10

组号	骨料颗粒直径（mm）	目标孔隙率（%）	骨料质量（kg）	水泥质量/矿粉质量（kg）	水质量（kg）	纤浆比（%）
4-4	5~10	16	1650	313.5/16.5	99	0.1
4-5	5~10	16	1650	305.2/24.8	99	0.2
4-6	5~10	16	1650	297.0/33.0	99	0.3

注：减水剂掺量为水泥质量的 1%，胶粘剂掺量为水泥质量的 2%，未在表中列出，水灰比为 0.3。

5.3.3 对照组与改性组正交试验方法

本节试验主要分为三组：对照组透水混凝土抗压强度与渗透系数试验、矿渣微粉改性组抗压强度与抗折强度试验、玄武岩纤维改性组抗折强度试验。

1. 对照组试验

对照组试验是第二组试验的基础，第二组是第三组试验的基础。

对照组试验的试验目的是，在水灰比为 0.3 时，对 3~5mm 颗粒直径的透水混凝土以及 5~10mm 颗粒直径的透水混凝土进行目标孔隙率递减的试验，目标孔隙率的最高取值都是 20%，分别以 1% 的目标孔隙率作为递减差值，得出 3~5mm 与 5~10mm 骨料颗粒直径的透水混凝土满足力学性能要求，为 C20 所需要的孔隙率，这样做的目的是，兼顾透水混凝土强度以及西北地区非自重湿陷性黄土区域的降尘特点，通过试验得出临界孔隙率，并得出对应的抗压强度以及渗透系数，为后面的面层排水分析奠定基础。

2. 矿渣微粉改性组抗压强度与抗折强度试验

采用矿渣微粉的原因不仅仅在于其具有火山灰特性，而且在不同类别的水泥中，矿渣硅酸盐水泥的耐硫酸盐腐蚀效果是最佳的，第二组试验在第一组试验的基础上进行，对临界孔隙率进行内掺法替代水泥的研究，替代水泥的掺量采取三个水平，分别为 5%、7.5% 以及 10%，最终得出不同掺量的抗压强度，并且对最优掺量的抗压强度进行相应的物理力学试验。本组试验未对透水性能进行测试，原因在于，综合调研分析国内外文献，采用内掺法利用硅灰、粉煤灰、矿渣微粉替代水泥时，其对实测孔隙率影响很小。之所以只对最优抗压强度的 3~5mm 与 5~10mm 的透水混凝土配合比进行抗折强度试验研究的原因是通过对国内外文献的充分调研分析，一般抗压强度出现峰值时，抗折强度也会出现峰值。

3. 玄武岩纤维改性组抗折强度试验

之所以在众多纤维中选取玄武岩纤维，不仅仅因为玄武岩纤维性能优良，而且因为其作为柔性纤维，不会影响道路的平整度，在行人不慎跌倒时也不容易造成划伤，玄武岩纤维改性是基于第二组的基础上，采用纤浆比进行外掺，掺加量仍然采取三个水平，分别为 0.1%、0.2% 以及 0.3%，最终得出抗折强度最优秀的掺量。通过第二组以及第三组的改性试验研究，旨在得出透水混凝土较为优良的抗压与抗折强度，从而能够兼顾到非自重湿陷性黄土路基易湿陷的特点。

5.4 改性组与对照组物理力学性能曲线拟合

5.4.1 曲线拟合方法选取

透水混凝土相关试验数据具有不连续性，只能反映出多元函数点与点之间的相对位置关系，而不能直观地反映出它们彼此之间的联系。

通过对文献充分的调研，拟采用二次多项式对数据进行拟合，从而能够更直观地看出某一区间内的函数变化关系，并借此推测试验中并未涉及的相关点。

二次项拟合方法是根据数据序列 (x_i, y_i)，$i=0, 1, \cdots, m$，令 $P(x)=a_0+a_1x+a_2x^2$ 得出拟合函数与数据序列的均方误差，进一步得出 a_0、a_1、a_2 的取值。

整理上述函数表达式即可得到需要的二次函数。通过得到的二次函数绘制对应的函数曲线，从而更直观地分析透水混凝土相关试验数据的联系与发展趋势。

5.4.2 对照组物理力学性能曲线拟合

1. 对照组抗压强度

1-1 组~ 1-7 组的配合比及标准养护 28d 后的抗压强度见表 5-11。

骨料颗粒直径为 3～5mm 的透水混凝土配合比（1m³）与抗压强度　　表 5-11

组号	骨料颗粒直径（mm）	目标孔隙率（%）	骨料质量（kg）	水泥质量（kg）	水质量（kg）	抗压强度（MPa）
1-1	3～5	14	1675	344	103	20.04
1-2	3～5	15	1675	328	99	19.21
1-3	3～5	16	1675	312	94	18.45
1-4	3～5	17	1675	296	89	18.06
1-5	3～5	18	1675	280	85	17.03
1-6	3～5	19	1675	264	80	16.39
1-7	3～5	20	1675	248	75	15.82

注：减水剂掺量为水泥质量的 1%，胶粘剂掺量为水泥质量的 2%，未在表中列出，水灰比为 0.3。

2-1 ～ 2-5 组的配合比及标准养护 28d 后的抗压强度见表 5-12。

骨料颗粒直径为 5～10mm 的透水混凝土配合比（1m³）与抗压强度　　表 5-12

组号	骨料颗粒直径（mm）	目标孔隙率（%）	骨料质量（kg）	水泥质量（kg）	水质量（kg）	抗压强度（MPa）
2-1	5～10	16	1650	330	99	20.54
2-2	5～10	17	1650	314	94	19.25
2-3	5～10	18	1650	298	89	19.17
2-4	5～10	19	1650	282	85	18.56
2-5	5～10	20	1650	266	80	17.38

注：减水剂掺量为水泥质量的 1%，胶粘剂掺量为水泥质量的 2%，未在表中列出，水灰比为 0.3。

为了更直观地观察变化规律，分别对骨料颗粒直径为 3～5mm 的三组，以及骨料颗粒直径为 5～10mm 的三组二次多项式进行曲线拟合。

在水灰比为 0.3 的条件下，骨料颗粒直径为 3～5mm 的透水混凝土的抗压强度与目标孔隙率的函数表达式如下，设抗压强度为 $f(p)$，孔隙率为 p。其中 p 的取值范围为（0.14，0.20），其函数关系曲线如图 5-2 所示。

$$f(p) = 73.81p^2 - 95.52p + 31.93 \tag{5-5}$$

在水灰比为 0.3 的条件下，骨料颗粒直径为 5～10mm 的透水混凝土的抗压强度与目标孔隙率的函数关系式如下，设抗压强度为 $f(p)$，孔隙率为 p，其中取值范围为（0.16，0.2）。其函数关系曲线如图 5-3 所示。

$$f(p) = 121.43p^2 - 119.81p + 36.49 \tag{5-6}$$

从图 5-2 与图 5-3 可以看出，二次项拟合曲线与试验曲线基本一致，采用二次项拟合曲线是相对合理的。显而易见，透水混凝土的强度随着孔隙率的增大呈现出下降趋势，骨料颗粒直径为 3～5mm 的透水混凝土满足 C20 强度要求的临界孔隙率为 14%，骨料颗粒直径为 5～10mm 的透水混凝土满足 C20 强度要求的临界孔隙率为 16%，考虑到非自重湿陷性黄土地区降尘特点，推荐采用 14% 目标孔隙率的骨料颗粒直径为 3～5mm 的透水混凝土或者采用 16% 目标孔隙率的骨料颗粒直径为 5～10mm 的透水混凝土。

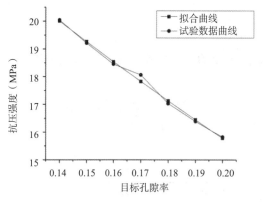 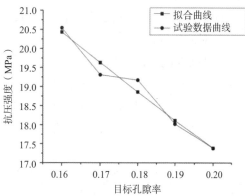

图 5-2 骨料颗粒直径为 3～5mm 的透水混凝土抗压强度与目标孔隙率关系曲线　　**图 5-3** 骨料颗粒直径为 5～10mm 透水混凝土抗压强度与目标孔隙率关系曲线

将骨料颗粒直径为 3～5mm 的透水混凝土的抗压强度与骨料颗粒直径为 5～10mm 的透水混凝土的抗压强度在相同目标孔隙率下进行对比，如图 5-4 所示。

不难看出，在相同目标孔隙率下，颗粒直径为 5～10mm 的透水混凝土抗压强度高于颗粒直径为 3～5mm 的透水混凝土。因为透水混凝土的制备方法是水泥裹石法，颗粒直径为 5～10mm 的透水混凝土的外面包裹的水泥相比颗粒直径为 3～5mm 的透水混凝土更厚，界面粘结能力是影响抗压强度的重要原因。

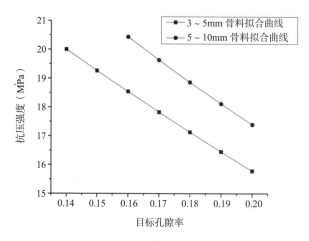

图5-4 3～5mm骨料颗粒直径与5～10mm骨料颗粒直径透水混凝土抗压强度拟合曲线对比图

骨料颗粒直径为5～10mm的透水混凝土包裹水泥浆体更厚。假设一个正方体有一定质量的水泥浆体，将水泥浆体均匀涂抹在正方体的六个面上，将另外一个正方体，一分为二，也均匀涂抹一定质量的水泥浆体，水泥浆体一定会多涂两个面，此时两次涂抹的几何体质量相同，而表面积后者更大，因此前者所包裹的水泥浆体相比后者所包裹的水泥浆体更厚。这就是5～10mm粒径透水混凝土骨料外表面所包裹的水泥浆体相对3～5mm粒径的透水混凝土骨料外表面所包裹的水泥浆液体积更厚的原因。所包裹的水泥浆体的厚度即影响透水混凝土强度的主要原因，从而造成了不同颗粒直径在相同目标孔隙率下的抗压强度的不同。

2. 对照组渗透系数

对照组六组的渗透系数以每组三个圆饼的数值的平均值作为渗透系数的最终试验结果。

骨料颗粒直径为3～5mm的透水混凝土标准养护28d后的渗透系数见表5-13。

骨料颗粒直径为5～10mm的透水混凝土标准养护28d后的渗透系数见表5-14。

骨料颗粒直径为3～5mm的透水混凝土标准养护28d后的渗透系数　　表5-13

组号	骨料颗粒直径（mm）	目标孔隙率（%）	骨料质量（kg）	水泥质量（kg）	水质量（kg）	渗透系数（mm/s）
1-1	3～5	14	1675	344	103	2.7
1-2	3～5	15	1675	328	99	2.9
1-3	3～5	16	1675	312	94	3.5
1-4	3～5	17	1675	296	89	3.8
1-5	3～5	18	1675	280	85	3.9
1-6	3～5	19	1675	264	80	4.1
1-7	3～5	20	1675	248	75	4.4

骨料颗粒直径为 5 ~ 10mm 的透水混凝土标准养护 28d 后的渗透系数   表 5-14

组号	骨料颗粒直径（mm）	目标孔隙率（%）	骨料质量（kg）	水泥质量（kg）	水质量（kg）	渗透系数（mm/s）
2-1	5 ~ 10	16	1675	330	99	3.7
2-2	5 ~ 10	17	1675	314	94	4.4
2-3	5 ~ 10	18	1675	298	89	4.6
2-4	5 ~ 10	19	1650	282	85	4.8
2-5	5 ~ 10	20	1650	266	80	5.2

注：减水剂掺量为水泥质量的 1%，胶粘剂掺量为水泥质量的 2%，未在表中列出，水灰比为 0.3。

设骨料颗粒直径为 3 ~ 5mm 的透水混凝土的渗透系数为 $k_1(p)$，设骨料颗粒直径为 5 ~ 10mm 的透水混凝土的渗透系数为 $k_2(p)$，孔隙率为 p，其中 p 的取值范围为（0.14，0.20）与（0.16，0.20）。

颗粒直径为 3 ~ 5mm 的透水混凝土，渗透系数与目标孔隙率的关系式如下（因目标孔隙率为 17% 时试验测出渗透系数有明显偏差，未采用此点进行函数拟合），其函数关系曲线如图 5-5 所示。

$$k_1(p) = 44.55p^2 - 13.09p \tag{5-7}$$

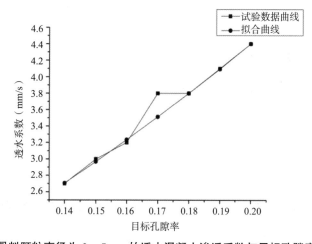

图 5-5　骨料颗粒直径为 3 ~ 5mm 的透水混凝土渗透系数与目标孔隙率关系曲线

骨料颗粒直径为 5 ~ 10mm 的透水混凝土，渗透系数与目标孔隙率的关系式如下，其函数关系曲线如图 5-6 所示。

$$k_2(p) = 46.91p^2 + 16.73p \tag{5-8}$$

不难看出，随着孔隙率的增大，渗透系数呈现出指数增长的趋势，且所有数据均满足渗透系数大于 1mm/s 的要求。

将骨料颗粒直径为 3 ~ 5mm 透水混凝土的渗透系数与骨料颗粒直径为 5 ~ 10mm

透水混凝土的渗透系数在相同目标孔隙率下进行对比，如图 5-7 所示。

可以看出，在孔隙率相同时，骨料颗粒直径为 5～10mm 的透水混凝土渗透系数大于骨料颗粒直径为 3～5mm 的透水混凝土的渗透系数。原因在于，5～10mm 颗粒直径的骨料相比 3～5mm 颗粒直径的骨料形成的流动通道更"宽"，因此渗透系数更大。

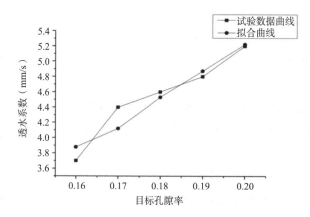

图 5-6　骨料颗粒直径为 5～10mm 的透水混凝土渗透系数与目标孔隙率关系曲线

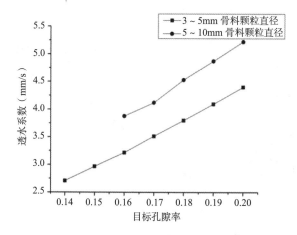

图 5-7　3～5mm 骨料颗粒直径与 5～10mm 骨料颗粒直径透水混凝土渗透系数拟合曲线对比图

5.4.3　矿渣微粉改性组物理力学性能曲线拟合

1. 矿渣微粉改性组抗压强度

在标准养护 28d 后，3-1～3-3 组的抗压强度见表 5-15。

显然，在矿渣微粉掺量为 7.5% 时，具有最优的抗压强度，对矿渣微粉掺量百分比与其对应的抗压强度进行二次多项式拟合，设 3-1～3-3 组的抗压强度为 $c_1(x)$，矿渣微粉掺量百分比为 x，其中 x 取值范围为（0，0.1），得出函数关系式如下，函数的抗压强度最大值对应的 x 值为 5.8%。

$$c_1(x) = -544.71x^2 + 63.16x + 19.85 \tag{5-9}$$

在标准养护 28d 后，3-4 ～ 3-6 组的抗压强度见表 5-16。

显然，在矿渣微粉掺量为 7.5% 时，具有最优的抗压强度，对矿渣微粉掺量百分比与其对应的抗压强度进行二次多项式拟合，设 3-4 ～ 3-6 组的抗压强度为 $c_2(x)$，矿渣微粉掺量百分比为 x，其中 x 取值范围为（0，0.1），得出函数关系式如下，函数的抗压强度最大值对应的 x 值为 5.6%。

$$c_2(x) = -548.45x^2 + 61.18x + 20.34 \qquad (5-10)$$

骨料颗粒直径为 3 ～ 5mm 的透水混凝土矿渣微粉改性组抗压强度　　表 5-15

组号	骨料颗粒直径（mm）	目标孔隙率（%）	矿渣微粉掺量（%）	抗压强度（MPa）
3-1	3 ～ 5	14	5	20.96
3-2	3 ～ 5	14	7.5	21.53
3-3	3 ～ 5	14	10	21.13

骨料颗粒直径为 5 ～ 10mm 的透水混凝土矿渣微粉改性组抗压强度　　表 5-16

组号	骨料颗粒直径（mm）	目标孔隙率（%）	矿渣微粉掺量（%）	抗压强度（MPa）
3-4	5 ～ 10	16	5	21.35
3-5	5 ～ 10	16	7.5	21.79
3-6	5 ～ 10	16	10	21.42

注：减水剂掺量为水泥质量的 1%，胶粘剂掺量为水泥质量的 2%，未在表中列出，水灰比为 0.3。

通过图 5-8 所示的函数图像能够更直观地看出矿粉掺量对抗压强度的影响。不难看出，仍然是颗粒直径为 5 ～ 10mm 的透水混凝土具有更优良的抗压性能。而且通过对透水混凝土进行矿渣微粉改性，能够使其强度有一定的提高，这样能够有效提高其耐久性能，可以容许在恶劣环境下有更大程度的强度损失，从而更加契合在非自重湿陷性黄土地区的应用。

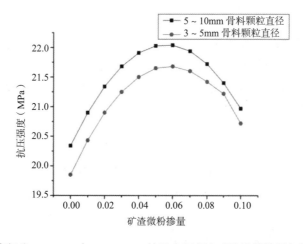

图 5-8　骨料颗粒直径为 3 ～ 5mm 与 5 ～ 10mm 的透水混凝土矿渣微粉掺量与抗压强度函数图像

2. 矿渣微粉改性组抗折强度

基于上述的最优掺量对透水混凝土进行抗折性能试验，同样在标准养护 28d 后，抗折强度见表 5-17，编号为 3-2 与 3-4。

可以从表 5-17 中看出，试验对应的抗折强度均满足现行行业标准《透水水泥混凝土路面技术规程》CJJ/T 135 与《再生骨料透水混凝土应用技术规程》CJJ/T 253 中所要求抗折强度 2.5MPa 这一限值。

矿渣微粉改性最优掺量下的透水混凝土抗折强度　　　表 5-17

组号	骨料颗粒直径（mm）	目标孔隙率（%）	水泥质量/矿粉质量（kg）	水质量（kg）	抗折强度（MPa）
3-2	3~5	14	318.2/25.8	1650	2.95
3-4	5~10	16	305.2/24.8	1650	3.15

5.4.4　玄武岩纤维改性组物理力学性能曲线拟合

在标准养护 28d 后，4-1~4-3 组的抗折强度见表 5-18。

显然，在玄武岩纤维纤浆比为 0.2% 时，具有最优的抗折强度，对玄武岩纤维纤浆比与其对应的抗折强度进行二次多项式拟合，设 4-1~4-3 组的抗折强度为 $T_2(y)$，玄武岩纤浆比为 y，其中 y 的取值范围为（0，0.003），得出函数关系式如下，函数的抗折强度最大值对应的 y 值为 0.153。

$$T_1(y) = -4.25x^2 + 1.30x + 2.94 \qquad (5-11)$$

骨料颗粒直径为 **3~5mm** 的透水混凝土玄武岩纤维改性组抗折强度　　表 5-18

组号	骨料颗粒直径（mm）	目标孔隙率（%）	纤浆比（%）	抗折强度（MPa）
4-1	3~5	14	0.1	2.98
4-2	3~5	14	0.2	3.07
4-3	3~5	14	0.3	2.93

显然，在玄武岩纤维纤浆比为 0.2% 时，具有最优的抗折强度，对玄武岩纤维纤浆比与其对应的抗折强度进行二次多项式拟合，设 4-4~4-6 组的抗折强度为 $T_2(y)$，玄武岩纤维纤浆比为 y，其中 y 的取值范围为（0，0.3），得出函数关系式如下，函数的抗折强度最大值对应的 y 值为 0.140。

$$T_2(y) = -4.25y^2 + 1.19y + 3.13 \qquad (5-12)$$

在标准养护 28d 后，4-4~4-6 组的抗折强度见表 5-19。

骨料颗粒直径为 3~5mm 与 5~10mm 的透水混凝土玄武岩纤维纤浆比与抗折强度函数如图 5-9 所示。

骨料颗粒直径为 5～10mm 的透水混凝土玄武岩纤维改性组抗折强度　表 5-19

组号	骨料颗粒直径（mm）	目标孔隙率（%）	纤浆比（%）	抗折强度（MPa）
4-4	5～10	16	0.1	3.16
4-5	5～10	16	0.2	3.25
4-6	5～10	16	0.3	3.09

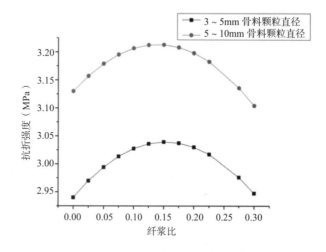

图 5-9　骨料颗粒直径为 3～5mm 与 5～10mm 的透水混凝土玄武岩纤维纤浆比与抗折强度函数图像

　　对比未掺加玄武岩纤维的矿渣微粉改性组，掺加玄武岩纤维对透水混凝土的抗折强度有小幅度提升，但对其渗透系数有一定程度的影响，孔隙率以及渗透系数必然有所下降，因此推荐在非自重湿陷性黄土地区铺装透水混凝土时，在相对湿陷程度更严重的地区采用玄武岩纤维以及矿渣微粉改性，在湿陷程度相对较小的地区仅采用矿渣微粉进行改性，这样能够降低成本，且具有较大的孔隙率对于西北地区的降尘问题具有更良好的适应性。

5.5　基于 Fluent 的透水混凝土道路面层排水研究

5.5.1　Fluent 多孔介质模型简介

　　多孔介质是多相物质所占有的共有空间，透水混凝土渗流模拟主要为两相物质，分别为液态水与透水混凝土所构成的多孔介质区域。

　　多孔介质区域就是在其区域上结合了一个根据经验假设为主的流动阻力，相当于多孔介质模型在动量方程上叠加了一个动量源项。多孔介质模型可以应用于数量众多的问题，例如：通过充满介质的流动、通过滤纸、通过穿孔圆盘、流量分配等问题。

　　本节主要利用了 Fluent 多孔介质模型解决通过充满介质的流动以及流量分配等相关问题。主要涉及液态水通过透水混凝土，以及透水混凝土面层结构的流量分配等问题。

5.5.2　达西定律与黏性阻力系数换算

1. 达西定律简介

达西定律是由法国工程师达西通过试验总结得出的，通过水流经饱和砂，得出了以下的公式，公式主要内容是阐述了饱和土中水的渗流速度、水力坡降之间的线性关系。适用于低速层流，而透水混凝土中水流的渗流特性刚好满足这一条件，因此达西定律契合透水混凝土的相关渗流特性，达西定律也是渗透系数的测定的主要依据。达西定律如公式（5-13）所示。

$$Q=KA\ (h_2-h_1)/L \tag{5-13}$$

2. 黏性阻力系数简介

黏性阻力系数与速度成正比关系，是 Fluent 多孔介质模型中的主要相关参数。

黏性阻力系数的计算方法为：

（1）已知压力降，基于表观速度计算得出阻力系数。

（2）利用厄根公式计算。

（3）使用经验公式计算。

（4）通过压力降与速度关系试验数据计算。

透水混凝土通过厄根公式以及经验公式进行计算与真实结果有着一定程度的差别。因此本节结合透水混凝土低速层流的特点，通过达西定律将渗透系数换算为黏性阻力系数进行运算，这样能够具有比较高的精确度。

3. 达西定律和黏性阻力系数的换算关系

由达西定律不难得出，压降：

$$\Delta P=-\frac{\rho g v}{k}=\frac{\mu v}{\alpha} \tag{5-14}$$

式中　ρ——流体密度；

　　　g——重力加速度；

　　　k——渗透系数；

　　　μ——流体动力黏度；

　　　$1/\alpha$——黏性阻力系数。

因此黏性阻力系数为：

$$\frac{1}{\alpha}=\frac{\rho g}{k\mu} \tag{5-15}$$

在 25℃时，水的动力黏度为 $1.004\times10^{-3}\mathrm{Pa\cdot s}$。不同粒径不同孔隙率的透水混凝土的黏性阻力系数见表 5-20。从表中可以看出，渗透系数越大，黏性阻力越小。

不同粒径不同孔隙率的透水混凝土渗透系数及黏性阻力系数　　　　表 5-20

骨料颗粒直径（mm）	目标孔隙率（%）	渗透系数（mm/s）	黏性阻力系数
3～5	14	2.7	3.62×10^9

续表

骨料颗粒直径（mm）	目标孔隙率（%）	渗透系数（mm/s）	黏性阻力系数
3～5	17	3.8	2.57×10^9
3～5	20	4.4	2.22×10^9
5～10	16	3.7	2.64×10^9
5～10	18	4.6	2.12×10^9
5～10	20	5.2	1.88×10^9

4. 分析方法的有效性验证

为了确保面层排水研究的有效性，需要对分析方法进行有效性验证，将渗透系数转化为黏性阻力系数，并将黏性阻力系数在 Fluent 多孔介质模型中 Porous Zone 选项卡下进行设置，从而进行相关计算。为了验证将渗透系数转化为黏性阻力系数在 Fluent 多孔介质模型中计算的有效性，方法有效性分为三部分进行验证，分别为模型建立、验证方法、结果分析。

（1）模型建立

建立模型如图 5-10 所示，导入 ICEM 进行网格划分。

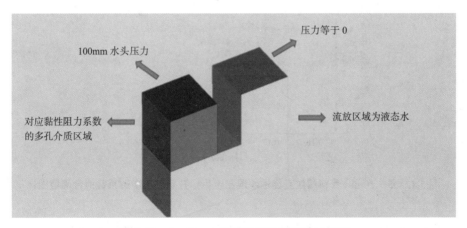

图 5-10 5～10mm 有效性与合理性验证模型

对模拟结果有影响的尺寸只有进出口横截面的面积与其尺寸，所建立的模型的左右两侧出水口的横截面尺寸为 50mm×50mm，进水口与出水口的高度都处于同一个水平线上（未说明的尺寸对本次分析结果不会产生影响）。

为了有效地形成一定水头的水位差，选取水头高度为 100mm，并将水头转化为压强，设置进水口为压力进口，并将压强值设置为 100mm 的水头高度的压强，出水口为压力出口，压强值为零，从而对所建立的模型进行渗透系数转化为黏性阻力系数的有效性验算。

（2）验证方法

建立连通器模型等效透水系数试验装置，并通过连通器出水口的出口质量流量来分析出口水流流速,从而得出渗透系数,将得出的渗透系数与试验得出的渗透系数进行对比,从而验证分析方法的合理性与有效性。

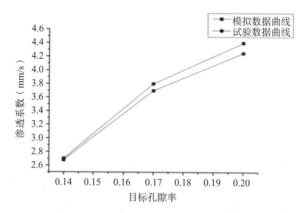

图 5-11　3～5mm 骨料颗粒直径透水混凝土目标孔隙率与渗透系数拟合函数图像

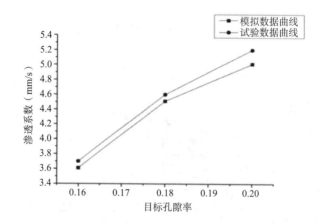

图 5-12　5～10mm 骨料颗粒直径透水混凝土目标孔隙率与渗透系数拟合函数图像

验证模型将进水口所在容器的液面与出水口所在液面的高差换算为压强,作为 Fluent 的压力入口。出口压力设置为 0,模拟透水系数试验装置的渗流,其中 Fluent 的计算模型采取 k-ε 的标准计算模型。

(3)结果分析

通过将出口的质量流量转化为流速,代入达西定律的计算公式得出渗透系数,将模拟数据代入达西定律所得出的渗透系数与试验所得的渗透系数进行对比,对比结果如图 5-11 与图 5-12 所示,模型中不同黏性阻力系数对应的出口质量流量见表 5-21。

从图 5-11 与图 5-12 可以看出,对模拟结果有影响的只有黏性阻力系数,与骨料颗粒直径和目标孔隙率无关,通过试验所得的渗透系数与模拟所得的渗透系数进行对比,可以看出渗透系数基本一致,其中,黏性阻力系数与渗透系数呈现出反比关系,因此采用将渗透系数转化为黏性阻力系数进行渗流计算是合理的,也是有效的。

黏性阻力系数	出口质量流量（kg/s）
3.62×10^9	0.013396
2.57×10^9	0.018523
2.22×10^9	0.021264
2.64×10^9	0.018060
2.12×10^9	0.022536
1.88×10^9	0.025052

5.5.3 基于 Fluent 的透水混凝土道路单面层排水研究

现行行业标准《再生骨料透水混凝土应用技术规程》CJJ/T 253 中对透水混凝土道路单面层的相关规定：主要用途是人行道、步行街这类的透水混凝土道路透水面层的厚度应为 100 ~ 180mm 之间，抗压强度等级高于 C20。单面层相比双面层而言施工周期较短，施工成本较低，但蓄水空间相比双面层较低。

1. 单面层排水方案

单面层排水可以使用在非自重湿陷性黄土地区，主要考虑到西北部分地区降雨量少，为了将降雨资源充分加以利用，方案简图如图 5-13 所示。

图 5-13 中左下方最下层部分代表路基与基层垫层等，左上方浅灰色的凸起结构代表路缘石，上层的浅灰色与深灰色部分代表透水混凝土面层部分，其中深灰色面层部分在一定间隔距离设置排水通道，图形右侧长方体部分为道路路缘石边的绿化带，图形右下方的位置为蓄水设施。将整个道路模型看做一个左右相通的连通器模型，不难发现，在蓄水设施的蓄水量大于降雨量时，积水深度不会高于面层深灰色部分与浅灰色部分的交界面，这样，配合基层的排水管道，能够在一定程度上加大透水混凝土道路的排水效果，这样能在一定程度上避免暴雨天气雨水过多渗入路基，减少道路病害的发生。

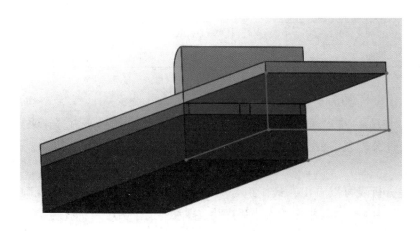

图 5-13 单面层排水方案简图

2. 单面层模型建立与分组

单面层的模型建立方法为采用 Solidworks 进行建模，用 ICEM 进行网格划分，最终将画出的网格导入 Fluent 进行面层排水研究。道路所采用的宽度为四级公路标准 3.5m，本节中模拟的面层结构为对称结构，因此考虑到对称性，采取模拟道路的一半进行建模，宽度为 1.75m。

单面层建模尺寸为模型高度为 90mm、100mm 与 110mm，长度为 1750mm，宽度为 600mm，其中宽度取 600mm 的原因是 600 刚好为 2、3、4 的公倍数，其中 2、3、4 的单位为个，代表在 600mm 纵向长度上的排水通道的个数。本节目标是寻求一个排水通道个数与尺寸，以及目标孔隙率这三者对排水效率的影响大小，因此目标孔隙率的取值并未完全遵循 C20 的抗压强度限定，目的是将三者对排水效率的影响进行有效的分析。

单面层的试验分组采用 L9（3^3）正交表进行正交试验分析，分组分别为 5-1、5-2、5-3、5-4、5-5、5-6、5-7、5-8、5-9，见表 5-22。其中排水 H 代表深灰色部分面层的厚度，浅灰色部分面层的厚度为 30mm，排水通道的宽度均为 50mm。目标孔隙率取值为 16%、18%、20%，对应的 5~10mm 骨料颗粒直径的透水混凝土。排水通道的个数取值为 2、3、4 个。因此，三个因素分别为"排水 H"、排水通道个数和目标孔隙率，分别为三个水平。

单面层饱和排水研究 L9（3^3）正交表 表 5-22

组号	排水 H（mm）	目标孔隙率 1	目标孔隙率 2	排水通道个数	排水百分比（%）
5-1	60	0.20	0.20	2	0.88
5-2	60	0.16	0.16	3	1.25
5-3	60	0.18	0.18	4	1.61
5-4	70	0.16	0.16	2	1.05
5-5	70	0.18	0.18	3	1.53
5-6	70	0.20	0.20	4	2.07
5-7	80	0.16	0.16	2	1.26
5-8	80	0.20	0.20	3	1.82
5-9	80	0.18	0.18	4	2.34

3. 排水结果与分析

对"排水 H"、排水通道个数以及目标孔隙率所对应的排水百分比采用极差法分析，得到极差分析表（表 5-23）。排水百分比列在单面层排水研究 L9（3^3）正交表中（表 5-22）。

从极差分析表可以看出，最优组合为"排水 H"为 80mm，目标孔隙率为 20%，排水通道个数为 4 个，其中影响大小排序为：排水通道个数、目标孔隙率、"排水 H"，遵循抗压强度与抗折强度的限值要求，适用的最优"排水 H"为 80mm，目标孔隙率为18%，排水通道个数为4个，这种道路面层结构适用于暴雨强度不强、降雨量不大的地区，能够有效地避免路面积水，并且能够将雨水储存在蓄水结构中，加以利用。从单面层排水研究速度云图与压力云图中也可以看出排水通道对应的水压力更大，水流速度更快，因此具备一定的排水能力（图5-14、图5-15）。

单面层饱和排水研究极差分析表　　　　　表5-23

组号	排水 H（%）	目标孔隙率（%）	排水通道个数（%）
K_1	3.74	3.57	3.19
K_2	4.65	5.48	4.60
K_3	5.42	5.57	6.02
k_1	1.25	1.19	1.06
k_2	1.55	1.83	1.53
k_3	1.81	1.86	2.01
R	0.56	0.67	0.95

注：其中 K_1、K_2、K_3 分别代表"排水 H"、目标孔隙率、排水通道个数各自的三个水平所对应的排水百分比，其中 k_1、k_2、k_3 分别代表"排水 H"、目标孔隙率、排水通道个数各自的三个水平所对应的排水百分比的平均值。其中 R 代表目标孔隙率、排水通道个数各自的三个水平所对应的排水百分比的平均值的极大值与极小值之间的差值。

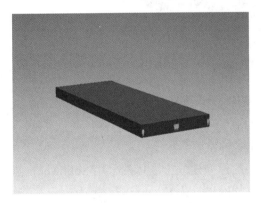

图5-14　单面层排水研究速度云图

图5-15　单面层排水研究压力云图

5.5.4　基于 Fluent 的透水混凝土道路双面层排水研究

双面层分为上面层与下面层，现行行业标准《再生骨料透水混凝土应用技术规程》CJJ/T 253 中规定：主要用途是人行道、步行街等的透水混凝土道路透水面层的上面层厚度应为 30~60mm 之间，下面层的厚度应为 90~120mm 之间，上下面层的抗压强度应当满足 C20。双面层相较单面层而言具有相对较多的蓄水空间，适用于暴雨强度较大的地区。

1. 双面层排水方案

双面层透水混凝土道路应用于非自重湿陷性黄土地区，主要是考虑到部分非自重湿陷性黄土地区暴雨强度大，降雨量大，类似西安部分地区，在暴雨中，易导致路面积水，影响人们的日常生活，而双面层具有较多的蓄水空间，加上相应的排水方案，能够有效避免道路积水，也能够有效避免雨水渗入路基，导致非自重湿陷性黄土地基的路基湿陷。模拟的方案简图如图 5-16 所示。

其中左下方最下层部分代表路基与基层垫层等，左上方浅灰色的凸起结构代表路缘石，上层的浅灰色与深灰色部分代表透水混凝土上面层部分与下面层以及基层部分，其中浅灰色部分右侧为排水口，右凹凸部分为绿化带，其中的低洼部分为"微型洼地"，具有一定的蓄水作用，在降雨时，根据连通器原理，当基层的排水能力足够优秀时，水位不会超过浅灰色与深灰色面层部分的交界线，并且深灰色部分面层还具有一定的蓄水能力，即使暴雨强度过大，也会延缓路面出现径流。而且相应的面层排水方案与基层排水管道协同作用，能够有效避免雨水渗入路基，一定程度上保证了路基的稳定性。

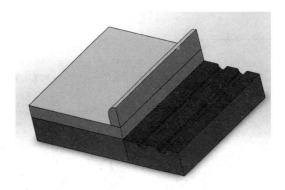

图 5-16　双面层排水模拟的方案简图

2. 双面层模型建立与分组

双面层的建模方法与单面层类似，双面层的模型建立方法依然采用 Solidworks 进行建模，用 ICEM 进行网格划分，最终将画出的网格导入 Fluent 进行模拟分析。道路所采用的宽度为四级公路标准 3.5m，文中模拟的面层排水结构为对称结构，因此考虑到对称性，采取模拟道路的一半进行建模，宽度为 1.75m。

透水混凝土道路模型中长度仍然取 1.75m，宽度为 600mm，上面层厚度组合为：（1）上面层厚度 30mm，下面层厚度 120mm；（2）上面层厚度 45mm，下面层厚度 105mm；（3）上面层厚度 60mm，下面层厚度 90mm，目标孔隙率选取三个水平，分别为 0.16、0.18、0.20，对应的为 5～10mm 骨料颗粒直径的透水混凝土。模拟分组依次为 6-1、6-2、6-3、6-4、6-5、6-6、6-7、6-8、6-9。模拟工况为饱和排水研究，相关数据见表 5-24，其中上面层厚度为"排水 H"，目标孔隙率 1 代表上面层部分目标孔隙率，目标孔隙率 2 代表下面层部分目标孔隙率。

3. 排水结果与分析

从表 5-24 可以看出，在 6-9 组中达到最大值 6.07%。排水 H 的递增会带来成本的增加，而孔隙率的递增会带来成本的降低。虽然 6-9 组中所采用的参数具有最优秀的

双面层饱和排水研究相关数据表 表 5-24

组号	排水 H（mm）	目标孔隙率 1	目标孔隙率 2	排水百分比（%）
6-1	30	0.16	0.16	4.48
6-2	30	0.18	0.18	4.83
6-3	30	0.20	0.20	5.03
6-4	45	0.16	0.16	5.03
6-5	45	0.18	0.18	5.42
6-6	45	0.20	0.20	5.65
6-7	60	0.16	0.16	5.42
6-8	60	0.18	0.18	5.83
6-9	60	0.20	0.20	6.07

排水能力，可是采用 20% 目标孔隙率对透水混凝土的强度不利。而且排水 H 的成本增加显然大于孔隙率增加带来的成本减少。

因此对表中的数据进行综合分析，采用 80% 目标孔隙率时不仅具有较高的强度，也具有相对较好的排水能力。因此综合考虑 6-5 组为最优组合。

从图 5-17 以及图 5-18 中可以看出相应的速度云图与压力云图，排水 H 具有较大的压力与较快的水流速度。因此该排水方案也是有效的。

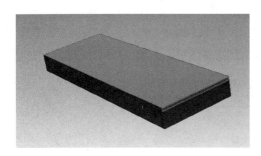

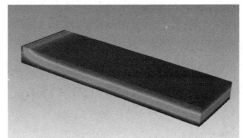

图 5-17 双面层排水速度云图　　图 5-18 双面层排水压力云图

5.5.5 排水研究结果

文中的计算方法主要是利用 Fluent 多孔介质模型的流量分配以及液态水通过多孔介质区域的计算能力，对透水混凝土的一些问题进行了排水模拟。主要内容总结如下：

（1）对将渗透系数转化为黏性阻力系数的有效性进行了验证，验证结果表明了采用多孔介质模型计算透水混凝土的面层排水是合理的。

（2）对大明宫御道广场的透水铺装进行了简述，这个工程实例是在非自重湿陷性黄土地区铺装透水混凝土的典型案例。

（3）对构想的单面层以及双面层结构进行了数值模拟，结合面层强度要求与试验数据，得出了单面层以及双面层结构中几个影响因素的最优组合。

5.6　本章小结

本章立足于将透水混凝土应用于非自重湿陷性黄土地区，结合了非自重湿陷性黄土地区的气候特点以及非自重湿陷性黄土路基的湿陷特性，对透水混凝土的相关指标进行了匹配试验。采用了矿渣微粉以及玄武岩纤维对透水混凝土进行了改性，并采用二次项函数对相关规律进行了曲线拟合。利用了 Fluent 多孔介质模型模拟了透水混凝土的流量分配问题。本章主要结论如下：

（1）非自重湿陷性黄土地区铺装的透水混凝土应当具备的物理力学特点为：具有适应西北地区严寒气候的抗冻融能力；具有能够适应沙尘天气的相对较大的孔隙率；考虑到路基的湿陷性，透水混凝土还应当具备优良的抗压抗折性能。

（2）骨料颗粒直径为 3～5mm 的透水混凝土抗压强度满足 20MPa 的临界孔隙率为14%，骨料颗粒直径为 5～10mm 的透水混凝土抗压强度满足 20MPa 的临界孔隙率为16%。渗透系数均满足 1mm/s 的要求。孔隙率相同时不论抗压抗折强度或者渗透系数，骨料颗粒直径为 5～10mm 的透水混凝土都优于骨料颗粒直径为 3～5mm 的透水混凝土。

（3）采用矿渣微粉对透水混凝土进行改性，矿渣微粉掺量采用内掺法，矿渣微粉掺量为 7.5% 时，透水混凝土抗压强度达到峰值；采用玄武岩纤维进行改性，玄武岩纤浆比为 0.2% 时，透水混凝土抗折强度达到峰值。

（4）通过连通器模型的验证，将透水混凝土的渗透系数通过达西定律转化为黏性阻力系数进行流量分配计算的方法是有效的。

（5）构想中的双面层结构适用于降雨较少、雨强较小的地区，通过排水通道能够有效避免路面积水，并通过周边的蓄水设施将雨水储存利用，过剩的雨水通过管网排出；构想中的单面层结构适用于降雨较多、雨强较大的地区，雨水可以通过绿化带的低洼部分进行蓄积，从而有效避免路面积水。

参考文献

[1] 李萍，李同录.黄土物理性质与湿陷性的关系及其工程意义 [J].工程地质学报，2007，15（4）：506-512.

[2] 雷祥义.西安黄土显微结构类型 [J].西北大学学报，1983，41（4）：56-63.

[3] 王宏旭，苏微，姚尔可.弱湿陷性黄土地区大面积透水混凝土地面施工技术 [J].施工技术，2012，41（5）：50-51.

[4] 黄建栋，赵方冉.基于透水混凝土渗透衰减规律的骨料响应分析 [J].混凝土，2015，（5）：55-58.

[5] 孙萍萍，张茂省，朱立峰，等.黄土湿陷典型案例及相关问题 [J].地质通报，2013，32（6）：847-851.

[6] 付东山.基于正交方法透水混凝土性能影响因素试验 [D].绵阳：西南科技大学，2017.

[7] 杨圣元.酸雨环境下透水性混凝土耐久性研究 [D].昆明：昆明理工大学，2010.

[8] 李彦坤，胡彦帅，余金维，等.模拟酸雨侵蚀下透水混凝土的性能变化分析 [J]. 混凝土，2008，10（228）：27-29.

[9] 王从锋，刘德富.高透水性生态混凝土强度变化规律试验研究 [J]. 混凝土，2010，（11）：47-48.

[10] 解伟，范程程，陈爱玖，等.再生骨料和橡胶颗粒对透水混凝土性能的影响 [J]. 硅酸盐通报，2017，36（5）：1492-1498.

[11] 乔宏霞，卢国文，王晋伟，等.粗骨料级配对透水混凝土性能的影响 [J]. 混凝土，2017，（9）：64-68.

[12] 尹健，张贤超，宋卫民，等.基于混料设计理论的透水混凝土骨料特征响应分析[J].建筑材料学报，2013，16（5）：846-852.

[13] 范士锦.改性透水混凝土在非自重湿陷性黄土地区路用性能研究 [D]. 绵阳：西南科技大学，2018.

第 6 章

06

透水混凝土在河道
护坡中的应用

6.1　透水混凝土在河道护坡中的应用背景

透水混凝土作为一种"海绵体"，逐渐成为护坡材料的新选择，具有良好的透水性、反滤性及环保性等，能显著改善流水侵蚀下土体流失和堤坝管涌现象，进而增加堤坝的整体稳定性，在改善堤岸周边环境、补充城市地下水、还原生态多样性等方面发挥积极作用。自 20 世纪 90 年代起，日本开始对多孔混凝土进行探索，发现在其内部和表层覆土并种植植物，具有改善生态环境、提高堤岸及边坡稳定性的作用。将植生混凝土敷设在堤岸，使河道两岸的植被能够自然地生长并保留生物群落的栖息地，从而对河道周围环境进行美化、增强了河道的自净能力、吸收周边噪声、减少城市的热岛效应，达到修复生态环境的目的。

6.1.1　植生混凝土基本性能研究现状

植生混凝土基本性能研究学者较多，认为随着种植植物和实际应用的不同，植生混凝土的孔隙率应该控制在 20%～30%，这样有利植物的生长。在植生混凝土的配合比设计方面，诸多学者对此进行了充分研究。西南科技大学的蒋友新等对植生混凝土配合比进行了研究，试验得到植生混凝土适宜的配合比：水胶比 0.36，灰骨比 0.17，20% 的 5～10mm 粒径的粗集料，80% 的 15～20mm 粒径的粗集料制备的植生混凝土性能优异。全洪珠以颗粒级配、水灰比、浆骨比为变量，通过不同配合比设计实验。研究表明植生混凝土的浆骨比宜为 0.21 和水灰比宜为 0.35，并且植物生长高度会随着植生混凝土的试块厚度减少、覆盖土壤层厚度的增加而增加。2009 年许燕莲等以日本植生混凝土的配合比计算思路为基础，提出了一种"预包裹"技术，通过四步搅拌工序，振捣与加压相结合的成型方式。设计分别掺入 20% 粉煤灰、20% 矿渣和 25% 细砂的三组植生混凝土配合比，所制得的混凝土有效孔隙率与目标空隙率十分接近，各性能均满足相关标准。

中国建筑第八工程局有限公司王桂玲通过大量植生混凝土配合比试验，认为比表面积法是设计植生混凝土配合比的有效手段。通过比表面积法计算的配合比和采用裹浆法搅拌的植生混凝土工作性能优良，并且植生混凝土的强度要明显高于常规方式拌制的混凝土。江苏大学徐荣进等选取 20～40mm 的集料，P·O 42.5 水泥，并采用煤矸石取代普通砂石骨料，水灰比控制在 0.26 左右，添加了植生混凝土专用外加剂 ZS-2。混凝土 28d 后强度可达 15MPa，pH 值为 10.5，孔隙率达到 25%，满足植物生长需求，实现了煤矸石植生混凝土植生绿化、边坡防护等多项功能。

植生混凝土的强度也是其重要的力学性能之一，重庆大学的王智等采用水泥的型号为 P·O 52.5，加入定量外加剂，在制备的过程中结合振动与压制成型的工艺，成型后的植生混凝土孔隙率大于 30%，抗压强度大于 20MPa。通过一系列的试验表明粗集料的性能与混凝土的孔隙率对植生混凝土力学性能的影响强于胶结浆体的强度。广东省水利水电科学研究院李红彦，对多孔混凝土的力学性能与骨料类型进行了试验研究，他表明随胶凝材料用量的增加、混凝土养护龄期的延长。水泥用量一定时，由于与之对应的最佳水灰比，此时多孔混凝土的强度和孔隙率达到平衡。同时，在设计配合比时，需多从成本考虑，选择环保经济的水泥使用量。

华南理工大学黄剑鹏、胡勇有在混凝土中加入矿渣，其掺入量控制在 5%～20%，通过试验研究表明当矿渣掺入量为 10% 时最佳。选用骨料级配为 10～20mm 占总量的 30%、10～30mm 占总量的 70%，水灰比控制在 0.33～0.37，骨灰比控制在 5～7。植生混凝土标准养护 28d 的抗压强度为 6～12MPa，孔隙率大于 21%。研究表明植生混凝土的抗压强度随水灰比的增加先上升后降低，混凝土的抗压强度随骨灰比的减小及骨料粒径的降低而升高。

同样，国外 MAR Bhutta、A Krishnamoorthi 等学者也对这类多孔混凝土进行了相关研究，发现这类混凝土不需要振捣也能获得较好的和易性和黏聚力，且保水性良好，对植物的生长非常有利。如增加或减少一些成分会改变透水混凝土的相关性能，也可以考虑废弃建筑材料再利用等方式，这样有利于降低生产成本和能耗，而且有助于保护环境。

6.1.2　植生混凝土内部碱环境研究现状

植生混凝土采取降碱措施时，既要保证混凝土内部水泥水化产物稳定性，又要满足植物的生长需求。日本多以高炉 B、C 型水泥配制植生混凝土，该水泥呈低碱性，pH 值维持在 8～9 左右。我国通常采用普通硅酸盐水泥为胶凝材料配制植生混凝土，硅酸盐水泥呈强碱性，其 pH 值在 13 左右，造成混凝土孔隙内部环境不能满足植被生长的现象。混凝土内部的强碱性使得我国植生混凝土的普及应用困难，推广较少。目前可采用化学方法、物理方法、土壤化学方法、生物化学方法、结构方法、农艺方法等降碱方法。

2003 年奚新国等对低碱度多孔混凝土进行研究，研究表明掺入比例在 0.65～0.70 的粉煤灰，养护 28d 后，混凝土孔隙内环境的 pH 值降低，能够满足植物生长的环境要求。

2007 年 YI Kim 等对多孔混凝土掺入稻壳灰后的抗压、抗弯强度和 pH 值进行研究，结果表明稻壳灰掺入 5% 和 10% 均对混凝土的抗压、抗弯强度有所提高，养护 28d 后 pH 值小于 9.5 适合播种种植。

2008 年韩国的조영국通过试验表示，混凝土孔隙溶液的 pH 值随加入普通硅酸盐水泥的高炉矿渣、粉煤灰掺合料含量的增加而减少，抗压强度也略有提高。

2013 年深圳大学廖文宇、石宪采用碳化降碱的手段对植生混凝土孔隙内环境进行处理，试验表明碳化对混凝土的碱度改善作用明显，且碳化后的植生混凝土表层可接近中性，适宜播种植株；并且表明碳化对植生混凝土的强度有小幅提高。日本的远藤典男等对多孔混凝土的碱度试验，采用竹粉覆盖多孔混凝土表面，并将混凝土浸泡在水中观察，对水中 pH 值的变化进行监测。研究表明，竹粉能够有效抑制多孔混凝土中的碱成分析出。并表明竹粉粘合的影响，特别是淀粉系胶粘剂和碱成分溶出抑制效果之间的关系，有必要作进一步的研究。

2014 年 MY Kon 等提出将造纸厂生产后的污泥用于植生混凝土，解决造纸污泥对环境的影响。将造纸污泥与土壤混合后填充于植生混凝土内部，选择百慕大草、黑麦草和高羊茅三种植被，并播撒草种进行种植试验。试验结果表明，造纸污泥仅略有推迟草种的萌发，但对草茎和草根的生长具有显著的促进效果。当造纸污泥对土壤的添加比率在 25% ~ 50% 的范围时，造纸污泥最为适合草种种植，植生混凝土性能表现优异。

2015 年陈景、卢佳林等研究了以自制磷酸盐水泥为胶凝材料，采用 10 ~ 20mm 粒径的集料配制混凝土，制得的混凝土 pH 值几乎呈中性，十分适宜植物的生长。标准养护后 28d 的抗压强度可达到 67.2MPa，远高于同型号的普通硅酸盐水泥 28d 的抗压强度。同时对不同胶材体系制备的多孔混凝土进行了研究，研究表明采用普通硅酸盐水泥并掺入磷渣粉，经过硫酸亚铁溶液进行降碱处理后，pH 值可降低至 9.2，建议选择耐碱性的植株播种。采用普通硅酸盐水泥掺入粉煤灰且通过硫酸亚铁溶液进行降碱处理后，也可满足耐碱植被的生长条件，但硫酸亚铁溶液对混凝土的强度影响较大。

2016 年福建省建筑科学研究院的钱震生对植生混凝土碳化降碱处理后的力学性能和内部孔隙碱环境进行了研究。试验表明碳化降碱对植生混凝土内部碱环境没有改善作用，而加入活性掺合料和养护周期的延长可以有效地降低混凝土的碱环境 pH 值，增强其力学性能。

6.1.3　植生混凝土护坡性能研究

植生混凝土是多孔混凝土的一种，是一种全新的生物边坡防护措施，它的特点是在多孔混凝土上能为植物创造生长条件，恢复了因工程和人为而破坏的生态系统，制造与自然种植土相近的生长基础，培育出稳固边坡与周边环境和谐的植物，有效恢复生态，并形成可粗放管理的优美植生。

2002 年董建伟、裴宇波等对植生混凝土防护特性进行研究，研究表明植生混凝土在堤防护砌工程中，受水位骤降的影响较小，具有高透水性。六角形植生混凝土构件的对边尺寸为 45cm，质量为 30kg，播种植被待植株生长茂盛时，拔起需要 160kg。植生混凝土多孔结构具有良好的透气透水性能，兼具强度稳定性需求。

2003 年国家 863 "十五" 重大科技专项 "镇江城市水环境质量改善与生态修复技术研究与示范" 总课题的项目之一："生态堤—滨江带—湿地系统的修复和污染控制技术研究及示范" 中生态堤的主要材料便采用了植生混凝土，由于其植生混凝土的多孔性和良好的透气透水性，该类混凝土不仅能够加固护堤，而且能够实现植物和水中生物的生长，起到净化水质、改善生态景观和保护生态系统的功能。

2004 年天津市外环河内侧河段植生混凝土护坡，总长 373m，试验面积为 1400m²。并对护坡面进行监测，监测表明传统混凝土框格中填土种草后杂草丛生，在雨季时大量土壤被流水冲走。而植生混凝土护坡仍完整美观，且植物生长良好，耐寒。并有研究表明多孔混凝土能够连续且有效地净化水体。

2005 年重启交通科研设计院魏涛等结合实体工程，对完工后 2 年内的生态进行调查。结果表明植生混凝土作为护坡材料，为确保混凝土在施工时和施工后不被破坏，提高其稳定性。设计植生混凝土时，其抗压强度应大于 5.0MPa，抗折强度应大于 1.0MPa。并且施工完成 2 年后，在无人管理的自然条件下，植被生长良好，绿意盎然，坡面无水土流失现象，表明了植生混凝土对坡面绿化防护起到了很好的作用。上海大学罗仁安、樊建超等提出植生混凝土护坡主要体现在四个方面：根对土层的锚固作用、浅根的加筋作用，降低坡体孔隙水压力，控制土粒流失。选用浆砌石、加筋混凝土内置植生混凝土护坡，可以提高边坡的稳定性。

2007年韩国的남정만等在济州市的37个地点对多孔混凝土的堵塞现象进行研究，结果表明当多孔混凝土的渗透系数为0.1mm/s时，多孔混凝土的使用寿命为22个月。

2009年东南大学朱健等表示植生混凝土在净化水质方面效果明显，提高了去除N、P的能力，混凝土的孔隙构造，加强了植物的净化水质效果，协同作用更为明显。SB Park等将炉渣用于制备多孔混凝土，并表示制得的混凝土可应用于种植、吸收噪声、人工鱼礁等，但是需要对其强度加以改善。

2010年HK Kim等研究表明多孔混凝土对噪声有很好的吸收效果。多孔混凝土的吸收系数在0.60~1.00之间，并显示的频率在400Hz以上。

2011年JK Lan等研究表明多孔生态混凝土具有良好的水质净化能力，并表示添加黏土矿物、矿渣和粉煤灰等后，都有较高的吸附污水中污染物的能力。石从黎等对植生混凝土现场施工成型工艺进行了研究，结果表明单独采用压制或振动成型的工艺都存在一定的缺陷，而通过复合成型工艺效果良好，混凝土的强度达到最高。

2012年防城港港口区临港工业园排洪沟工程采用了植生混凝土，排洪沟左岸长为230m，右岸长为190m，左、右边坡设计坡比为1:2，在边坡高程10m处设置1.5m宽的亲水平台，亲水平台以上坡面采用现浇植生型生态混凝土护坡并设置灌注型植生卷材植生绿化，亲水平台以下坡面采用反滤型生态混凝土砌石护坡。

2014年江苏大学的薛冬杰等，采用间断级配5~20mm的碎石、中砂、水、ZS-1外加剂等材料制备出透水性生态混凝土。利用快速冻融方法的测试并研究了不同掺合料拌制的混凝土试件的各项指标，并采用图像处理技术探究了混凝土在冻融环境下孔隙率和孔径的变化规律、破坏现象。通过试验结果表明添加粉煤灰的混凝土抗冻性优于硅粉。混凝土冻融环境下的孔隙平均半径为0~5mm的孔隙增幅达37%，孔隙不断变大并且达到35mm。

2015年云南农业大学欧正蜂等对植生混凝土在水库护坡中的应用进行了试验，研究表明植生混凝土的灰集比为1/7~1/6时，植物的成活率较高且长势较好；当水灰比为0.38，灰集比为1/9，复合双掺22.5%的粉煤灰和矿渣微粉时，混凝土的植生性能最佳。同时对黑麦草、高羊茅、狗牙根、百喜草四种草本植物在水库边坡进行了播种试验，试验表明四种植物在水淹胁迫条件下，能够适应河床水位变化和植生固土护坡的需求。BJ Lee等采用炉渣取代粗骨料（30%、50%、100%）制备多孔混凝土用于海洋牧场，目标孔隙率分别为15%、20%、25%。试验表明，炉渣中对环境有害的物质含量稀少，并且炉渣本身呈多孔状，可供海洋生物附着，降低污染物含量。

综上所述，植生混凝土尚无统一、合理的配合比方法，孔隙率、水灰比等参数与强度的关系需进一步研究。当前我国多采用普通硅酸盐水泥制备的植生混凝土，其高碱性难以满足植物正常生长的环境需求，因此限制了植生混凝土的广泛应用。许多学者对植生混凝土碱度控制进行了研究，抑碱方式多样，但其工程效果无法保障，尤其在植生混凝土护岸形式方面相关应用及研究更少，因此有必要对植生混凝土的配合比优化改良，并对其河道护坡性能进行研究。

6.2　植生混凝土配合比设计及试件制备

6.2.1　植生混凝土设计的基本原则及方法

1. 设计基本原则

植生混凝土是以胶凝材料包裹骨料的形式，依靠点与点的粘结成型的多孔大粒径骨料结构。混凝土骨料之间的接触面积小，在外加荷载的作用下，内部受力不均匀容易发生变形破坏。工程方面重度不应低于 1800kg/m³，抗压强度不应小于 5MPa。根据不同防护结构形式、生态环境，因地制宜选择合理的混凝土配合比。植生混凝土需满足植株的生长所需空间，植物发芽生根通过混凝土内部连续贯通的孔隙达到底层土壤。孔隙率宜控制在 25%～30%。平衡抗压强度与孔隙率之间的关系，使植生混凝土满足防护工程强度需求，同时达到修复生态环境的目的。

植生混凝土内部的多孔隙连通构造，使其具有快速排水，截流除杂的能力。渗透系数是衡量混凝土排水能力的重要指标，根据普通透水混凝土规程要求，道路混凝土的透水系数 0.5mm/s，植生混凝土采用大粒径粗骨料制备，内部孔隙更多，因此较透水混凝土其排水能力更优。降雨充沛的地区宜以高透水系数的植生混凝土用于实际防护工程。目前我国常用硅酸盐水泥为胶凝材料制备植生混凝土，硅酸盐水泥水化时释放大量碱性物质导致植生混凝土内部呈高碱状态，不利于植物的生长，需合理选择降碱措施对植生混凝土内部碱环境改良。

2. 配合比确定

本试验分别采用普通硅酸盐水泥（A）、普通硅酸盐水泥—秸秆粉（B）、低碱硫铝酸盐水泥（C）三种胶凝体系制备植生混凝土。混凝土的水灰比控制为 0.33，目标孔隙率 28%，硅灰按水泥的 5% 添加，B 组秸秆粉按水泥的 2% 添加，并等比替代水泥质量，植生混凝土的配合比见表 6-1。

（1）单位体积粗集料用量：

$$W_G = \alpha \cdot \rho_G \tag{6-1}$$

式中　W_G——植生混凝土粗集料用量（kg/m³）；

ρ_G——粗集料堆积密度（kg/m³）；

α——粗集料用量修正系数，取 0.98。

（2）胶结材料体积用量：

$$V_P = 1 - \alpha \cdot (1 - \gamma_C) - R_{Void} \tag{6-2}$$

式中　V_P——每立方米胶结材料用量；

γ_C——粗集料紧密堆积空隙率（%）；

R_{Void}——设计孔隙率（%）。

（3）单位体积水泥用量：

$$W_C = V_P \cdot \rho_C / (R_{W/C} + 1) \qquad (6-3)$$

式中　　W_C——每立方米水泥用量（kg/m³）；

　　　　　ρ_C——水泥密度（kg/m³）；

　　　　　V_P——每立方米胶结材料用量（m³），$R_{W/C}$ 为水灰比。

（4）单位体积用水量：

$$W_W = W_C \cdot R_{W/C} \qquad (6-4)$$

式中　　W_W——每立方米用水量（kg/m³）；

　　　　　W_C——每立方米水泥用量（kg/m³）；

　　　　　$R_{W/C}$——水灰比。

植生混凝土配合比　　　　　表 6-1

编号	粒径（mm）	水灰比 W/C	水（kg/m³）	水泥（kg/m³）	粗骨料（kg/m³）	硅灰（kg/m³）	减水剂（kg/m³）	胶粘剂（kg/m³）
A1	16～20	0.33	66.46	191.32	1568.0	10.07	1.62	2.01
A2	20～25	0.33	70.49	202.93	1531.7	10.68	1.72	2.14
A3	25～30	0.33	73.44	211.42	1489.6	11.13	1.80	2.23
B1	16～20	0.33	66.46	188.22	1568.0	10.07	1.62	2.01
B2	20～25	0.33	70.49	199.63	1531.7	10.68	1.72	2.14
B3	25～30	0.33	73.44	207.99	1489.6	11.13	1.80	2.23
C1	16～20	0.33	64.70	186.25	1568.0	9.80	1.58	1.96
C2	20～25	0.33	68.62	197.55	1531.7	10.40	1.68	2.08
C3	25～30	0.33	71.49	205.82	1489.6	10.83	1.70	2.17

6.2.2　植生混凝土原材料实地选取及其制备

1. 原材料及其性能

（1）水泥

水泥是由无机物构成，为粉末状的胶凝材料。加入适量的水后形成流动性较大的水泥浆体，在空气和水中都能很好地硬化，并具有一定的强度。固结砂石、填充孔隙是水泥在混凝土中的主要作用。本试验选用四川双马 P·O 42.5 硅酸盐水泥及 L·SAC 42.5 低碱度硫铝酸盐水泥，硅酸盐水泥技术指标见表 6-2。

水泥技术指标　　　　　表 6-2

水泥强度等级	标准稠度用水量（%）	凝结时间（min）		密度（g/cm³）	抗折强度（MPa）		抗压强度（MPa）	
		初凝	终凝		3d	28d	3d	28d
42.5	26.8	176	234	3.05	5.3	8.4	29.5	51.5

（2）粗集料

粗集料作为植生混凝土骨架，起支撑受力作用。其粒径、形状、密度、集料强度等对植生混凝土的配合比设计和混凝土强度等有关键的影响。植生混凝土宜采用单一级配的粗集料，才能保证混凝土内部孔隙相互连通，适合植株生长。本试验选用绵阳本地的碎石，粗集料粒径为 16～20mm、20～25mm、25～30mm 的三种级配碎石，其基本物理性质见表 6-3。

粗集料物理性质　　　　　　　表 6-3

粒径（mm）	松散堆积密度（kg/m³）	振实堆积密度（kg/m³）	表观密度（g/cm³）	孔隙率（%）
16～20	1512	1600	2.6688	40.05
20～25	1437	1563	2.6432	40.87
25～30	1403	1520	2.5971	41.47

（3）硅灰

掺合料是在混凝土拌合时掺入天然或人工的粉状物质。加入混凝土是为了改善并提高混凝土的性能，能够减少水泥的使用量，数据表明，掺合料在一定程度上能改善混凝土的力学性能。本试验选用硅灰和秸秆粉两种掺合料，硅灰用于提高混凝土强度，秸秆粉用于改善混凝土内部碱环境。

硅灰属于惰性物质，在水泥水化的过程中不与水发生反应，但能与水泥水化产物产生反应生成具有胶凝性的产物并填充混凝土内部有害孔隙。因此硅灰能够改善混凝土内部结构，在一定程度上提高混凝土的强度及耐久性，减少水泥的用量，降低生产成本，节约环境资源。本试验采用绵阳本地硅灰，掺量为水泥质量的 5% 并等比替代水泥质量。其化学成分、物理性质见表 6-4。

硅灰的化学成分和物理性质　　　　　　　表 6-4

SiO_2（%）	Al_2O_3（%）	Fe_2O_3（%）	CaO（%）	MgO（%）	MnO（%）	烧失量（%）	密度（kg/m³）	平均粒径（μm）
90.77	0.86	1.79	0.92	1.03	2.21	2.61	1600～1700	0.1-0.3

（4）秸秆粉

秸秆是我国首要的农耕垃圾，每年生产数量庞大，焚烧秸秆产生大量有害物质，严重影响空气质量，目前我国全面禁止焚烧秸秆，如何再次有效利用废弃秸秆依旧是值得探究的问题。秸秆是多方面的制造原料，广泛用于建筑材料、纺织行业等，使用秸秆代替木材可以有效减少森林的破坏，且秸秆本身有较高的耐久性及良好的保温性能，因此秸秆将在未来建筑行业的发展中起到重要的作用。本试验拟在硅酸盐水泥中外掺一定量的秸秆粉，研究添加秸秆粉后混凝土孔隙内环境碱度变化及秸秆粉对混凝土强度的影响。选取来自绵阳市某农田废弃的玉米秸秆，将玉米秸秆晒干后经粉碎机粉碎为 10 目大小的粉状，秸秆粉的添加量为水泥质量的 2%。拌制混凝土前，将水泥、硅灰、胶粘剂、秸秆粉与粗集料混合均匀，再倒入水进行拌制（图6-1、图6-2）。

图6-1 粉碎后的秸秆　　　　　　图6-2 秸秆混凝土拌制

（5）外加剂

本试验外加剂主要为减水剂和胶粘剂，减水剂采用山东博克化工设备有限公司生产的聚羧酸高效减水剂，掺量为水泥用量的1%，添加减水剂能够明显提高拌合物的流动性，方便搅拌，此外该减水剂还具有早强功效，可以避免透水混凝土在成型过程中浆体向下流动，堵塞试件的有效孔隙。

胶粘剂采用四川靓固科技集团公司提供的产品，结合公司实际生产工程的添加量，胶粘剂掺量为水泥用量的2%，该材料主要起到提高混凝土抗压强度的作用。

2. 植生混凝土的制备

（1）混凝土制备方式

植生混凝土制备时有别于普通混凝土，普通混凝土通常采用振动台或者振动棒压制密实混凝土成型。但植生混凝土为多孔混凝土，主要由粗集料与水泥的点与点接触支撑，当采用振动台或者振动棒压制密实混凝土成型时，水泥浆体会迅速沉降，造成混凝土底部孔隙堵塞，使得混凝土孔隙率降低。后期植物在混凝土生长时，根须无法正常穿过混凝土底部，向下发展将受到影响。因此本试验采用人工搅拌的方式制备植生混凝土，并选用造壳法进行拌制。首先将称量完毕的粗集料平铺在地面上，先加入一部分水使粗集料表面湿润。然后把水泥、硅灰、胶粘剂、秸秆粉等混合均匀后倒在粗集料上面，然后用铁铲将粗集料与粉状物质混合均匀。将剩余水量倒入搅拌至粗集料表面浆体包裹均匀，最后用振动棒逐层插捣并压实成型，试件浇制成型。抗压强度试件尺寸为150mm×150mm×150mm，抗折强度试件尺寸为150mm×150mm×550mm，渗透系数试件尺寸为$\Phi100\times50$（图6-3～图6-6）。

（2）混凝土养护工艺

植生混凝土的养护多分为标准养护室养护、表面覆膜、涂刷养护液等养护模式。如果将植生混凝土直接放置室外不进行任何保护处理，当处于暴晒天气下，由于混凝土内部为多孔构造，早期混凝土内部水分蒸发迅速，对混凝土的强度发展有不利影响，

图 6-3   混凝土拌制

图 6-4   混凝土装模

图 6-5   抗折试件图

图 6-6   混凝土成型

当处于强降雨的天气下，雨水对混凝土表面冲刷，容易造成表面受损起砂的现象。

采用标准养护室进行混凝土养护时，需控制室内温度在 $20 \pm 2℃$，相对湿度 95%以上。同时需要人员定期检测养护室内养护环境，保持洁净适宜的养护条件。采用表面覆盖塑料膜养护混凝土，植生混凝土表面洒水，然后覆膜防止内部水分蒸发，以保证混凝土强度增长期内部水泥水化充分。混凝土往往由于养护不当，出现脱水、开裂等现象，因此混凝土的养护对混凝土后期性能的发挥具有很大的影响。制备完成的植生混凝土放置在标准养护室中进行养护。待制备成型的混凝土固结成型后即可脱模，脱模后的混凝土迅速转移至标准养护室里（图 6-7）。调节温度、湿度至规范要求，定期检查养护条件，养护时间为 28d。

图 6-7   标准养护室

6.3 植生混凝土力学、物理性能研究

6.3.1 植生混凝土抗压、抗折强度测定及结果分析

1. 抗压强度测定方法

在试验室制作尺寸为 150mm×150mm×150mm 的植生混凝土试块，待试块成型脱模后放入标准养护室养护 28d 后，按照现行国家标准《混凝土物理力学性能试验方法标准》GB/T 50081，测定其抗压强度，试验仪器型号为 YES-2000 数显压力试验机，如图 6-8 所示。

计算公式为：

$$f_{cc} = \frac{F}{A} \tag{6-5}$$

式中　f_{cc}——混凝土立方体试件抗压强度（MPa）；

　　　F——试件破坏荷载（N）；

　　　A——试件承压面积（mm²）。

图 6-8　抗压强度测定

2. 抗折强度测定方法

在试验室制作尺寸为 150mm×150mm×550mm 的混凝土试件，在标准养护室养护 28d 后取出，并按照现行国家标准《混凝土物理力学性能试验方法标准》GB/T 50081，对其进行抗折强度试验研究。本试验采用的仪器为 YES-300 数显压力试验机，如图 6-9 所示。

计算公式为：

$$f_t = \frac{Fl}{bh^2} \tag{6-6}$$

式中　f_t——混凝土抗折强度（MPa）；

　　　F——试件破坏荷载（N）；

　　　l——支座间跨度（mm）；

h——试件截面高度（mm）；

b——试件截面宽度（mm）。

图 6-9　抗折强度测定

6.3.2　植生混凝土孔隙率、透水系数的测定及结果分析

1. 孔隙率测定方法

孔隙率也是衡量植生混凝土的重要指标，对植生混凝土采用重量法测定生态混凝土孔隙率。将生态混凝土试件置于烤箱烘烤24h后，用电子天平测量该试件的质量 m_2，将试件置于水中，并用浸水天平称取试件在水中的质量 m_1，计算得到孔隙率。计算公式为：

$$P = \left(1 - \frac{m_2 - m_1}{V}\right) \times 100\% \qquad (6\text{-}7)$$

式中　P——孔隙率（%）；

　　　V——试件体积（cm³）；

　　　m_1——试件在水中的重量（g）；

　　　m_2——试件在烘箱中烘24h后的重量（g）。

2. 渗透系数测定方法

衡量多孔混凝土排水能力的指标便是透水系数，植生混凝土为连续多孔型构造，内部孔隙密集交错，相互贯通，具有优秀的排水能力。测定透水系数的主要方法为常水头法和变水头法。常水头法是指保持水压不变，当水流通过试件便记录渗透的水量，计算得到渗透系数的方法。常水头法常用于多孔混凝土试件的渗透系数测定；变水头法是指水压随着时间而逐渐减小，通过测量一定时间内的渗透水量计算出渗透系数，该方法常用于道路多孔混凝土的渗透系数测定。

本试验制备的植生混凝土采用常水头法测定其透水系数。即保持水压大小不变，均匀稳定地透过试件并测定该时间段内透过试件的水量，计算得出透水系数。试验装

置如图 6-10 所示。计算公式为:

$$K_T = \frac{L}{H} \times \frac{Q}{A \cdot t} \qquad (6-8)$$

式中　K_T——水温为 T℃时的透水系数(cm/s);

　　　Q——ts 内的渗出水量(mL);

　　　L——试件的厚度(cm);

　　　H——水位差(cm);

　　　t——测定的时间(s);

　　　A——截面面积(cm^2)。

图 6-10　试验室透水系数试验装置

3. 孔隙率、透水系数的测定结果(表 6-5)

透水系数、孔隙率的测定结果　　　　　　　　　　表 6-5

粗集料级配(mm)	编号	胶凝材料	掺合料	实测孔隙率(%)	透水系数(cm/s)
16~20	1	硅酸盐水泥	—	31.16	2.35
	2			29.78	2.24
	3			33.28	2.51
	4	硅酸盐水泥	秸秆粉	28.44	2.16
	5			30.37	2.27
	6			30.15	2.28
	7	低碱硫铝酸盐水泥	—	30.81	2.32
	8			29.77	2.24
	9			29.92	2.26

粗集料级配(mm)	编号	胶凝材料	掺合料	实测孔隙率（%）	透水系数（cm/s）
20~25	10	硅酸盐水泥	—	30.13	2.33
	11			28.83	2.22
	12			29.74	2.30
	13	硅酸盐水泥	秸秆粉	28.13	2.16
	14			30.11	2.33
	15			30.42	2.36
	16	低碱硫铝酸盐水泥	—	30.80	2.38
	17			30.54	2.36
	18			29.71	2.30
25~30	19	硅酸盐水泥	—	29.90	2.39
	20			31.44	2.50
	21			31.14	2.47
	22	硅酸盐水泥	秸秆粉	31.10	2.44
	23			29.36	2.32
	24			29.74	2.37
	25	低碱硫铝酸盐水泥	—	30.84	2.44
	26			33.19	2.71
	27			30.37	2.39

（1）骨料颗粒直径对孔隙率、透水系数的影响

由图 6-11 可知，混凝土试件的抗压强度随透水系数的增大而降低。当设计目标孔隙率一定时，混凝土的透水系数随粗集料粒径的增大而增大；粗集料的粒径不变时，透水系数随着孔隙率的增大而增大。当选用粒径 16~20mm 的粗集料制备的植生混凝土的平均透水系数为 2.29cm/s，透水性能良好，能够有效迅速地缓解雨水径流带来的危害。当混凝土被营养土填充后，后期植物生长，根系有利于土壤的固结，仍属于高透水型混凝土，能有效缓解洪涝灾害。

本试验设计目标孔隙率为 28%，由于人工制备混凝土时存在误差，使得真实孔隙率与目标孔隙率存在差距，通过试验测试表明该混凝土真实孔隙率接近目标孔隙率。孔隙率是控制多孔材料强度的主要因素，植生混凝土的抗压强度随着孔隙率增大而降低，现行团体标准《生态混凝土应用技术规程》CECS 361 中提出孔隙率宜控制在 25%~30%。当混凝土的孔隙率偏小时，其强度能够满足需求，但是不利于植物根系的发展，后期植物成活率、覆盖率低；当混凝土的孔隙率偏大时，混凝土强度低，不能满足实际工程的防护要求，并且在雨水的冲刷下，该混凝土的反滤作用差，底层土壤流失率大，因此不适宜实际工程中的推广和应用。

当水泥与粗集料用料比例一定时，粗集料的粒径越大，植生混凝土的抗压强度越小，其有效孔隙率越小，透水系数也越低。在骨料颗粒直径为 16~20mm 时，植生混凝土 28d

抗压强度相对较低，仅为 5.39MPa，其孔隙率为 32%，测得透水系数为 2.7cm/s；当粗集料粒径为 20～25mm 时，植生混凝土强度降低为 3.78MPa，并且透水系数相对较低，为 2.1cm/s。当粗集料粒径为 25～30mm 时，植生混凝土的透水系数增大，抗压强度减小。考虑到本试验所用水泥量相对较少，为了提高植生混凝土的抗压强度，需要增加水泥的用量，而水泥增加会进一步减少有效孔隙率和透水系数。骨料颗粒直径为 16～20mm 时，可满足强度要求，且有效孔隙率及透水系数均较大，综合考虑植生混凝土对强度及有效孔隙率、透水系数的要求，因此建议选用粒径 16～20mm 的粗集料用于实际工程。

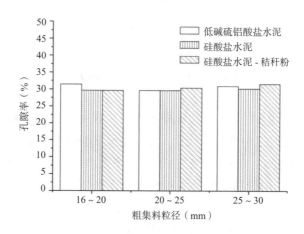

图 6-11 骨料颗粒直径与孔隙率的关系

（2）透水系数与孔隙率的影响关系

由图 6-12 可知，粗集料为 25～30mm，采用低碱硫铝酸盐水泥制备的混凝土孔隙率可达 31.19%，同时透水系数也达到 2.71cm/s。16～20mm 粒径的粗集料制备的植生混凝土孔隙率达 33.28%，孔隙率均能满足并适宜植株生长，有助于根须的发展伸长。在雨水较大的气候时，能迅速地将雨水排出，减少表面积水和路面渗流等现象发生。同时孔隙也有一定降低噪声的作用，当在公路两旁使用时，能吸收来往车辆的声音，同时植株吸取汽车废弃物，共同减低环境负荷。

当植生混凝土粗集料一定时，其透水系数随孔隙率的增大而增大。透水系数与植生混凝土有效孔隙率有着良好的相关性，透水系数随着有效孔隙率的增大而增大，并呈现线性关系。这是因为随着植生混凝土孔隙率的增大，混凝土内部连通孔隙通道随之增多，水流的实际过水断面面积增加，且水流受到的阻力减小，从而导致水流速度加快，透水系数增大。反之则水流速度减慢，透水系数减小。

（3）抗压强度与孔隙率的影响关系

植生混凝土不但要满足防洪抗冲的要求，还要具有一定的孔隙率来满足透水、植生要求。植生混凝土的强度与孔隙率是一种负相关的关系，要制备出既能满足工程要求强度又具有一定孔隙率的生态混凝土，需要对其强度和孔隙率之间的关系进行研究分析。

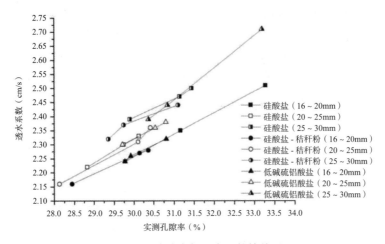

图 6-12　孔隙率与透水系数的关系

由图 6-13 可知，植生混凝土的孔隙率与其抗压强度呈现负相关的关系，随着孔隙率的增加，强度越来越小，两者呈非线性关系，且孔隙率越大，抗压强度减小幅度越大，减少幅度在 0.3 ~ 2.3MPa。究其原因，由于孔隙率的增加，胶凝浆体的量会随之减少，植生混凝土的骨架结构中骨料的胶结面积减少，而植生混凝土的强度主要源于胶凝浆体之间的相互粘结，所以混凝土强度直接由粗骨料的级配与压碎强度决定，粗骨料的粒径越大，其连续孔隙越大，混凝土的强度越低。

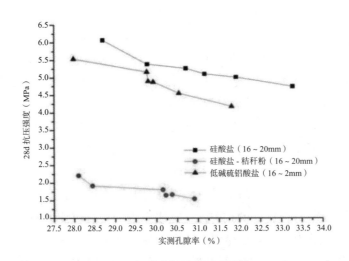

图 6-13　孔隙率与抗压强度的关系

在 16 ~ 20mm 粗骨料级配下，生态混凝土在目标孔隙率为 28% 时，试块 28d 养护期的抗压强度都大于 5MPa，当水泥用量一定的条件下，粗骨料颗粒直径越小，骨料的比表面积越大，生态混凝土结构骨架内骨料颗粒之间接触点数量以及面积就越大，从而提高了混凝土的强度。但实测孔隙率较目标孔隙率相差较大，幅度在 1.6% ~ 2.9%；在实测孔隙率为 30% 时试块在 28d 养护期的抗压强度都小于 5MPa，而且实测孔隙率较目标孔隙率相差也较大，幅度在 2.7% ~ 4.1%。可以看出，在 20 ~ 25mm 粗骨料级配下，生态混凝土虽然实测孔隙率较目标孔隙率偏差范围较小，但是在目标孔隙率为 28% 时，试块在 28d 养护期的抗压强度都小于 7MPa，究其原因，在水泥用量一定的条件下，粗骨料颗粒直径越大，比表面积越小，总胶结面积就越小，强度就大大的降低，同时粒径大的集料制备的生态混凝土形成的孔隙率也就越大，从而使强度不高。在 25 ~ 30mm 粗骨料级配下，生态混凝土在目标孔隙率为 28%，液固比为 0.30 时，实测孔隙率较目标孔隙率偏差范围较小，试块在 28d 养护期的抗压强度小于 4MPa。植生混凝土有效孔隙率越大，则内部孔隙越多，混凝土密实度不够，受压时更容易受力不均，所承受荷载的能力也就减弱，故抗压强度降低。反之，混凝土有效孔隙率越低，则孔隙越少，密实度越大，从而强度也越强。

6.3.3 植生混凝土 pH 值分析

1. 混凝土 pH 值测定

通常采用固液萃取法测定混凝土的 pH 值，但是混凝土在拌制的过程中由于水泥水化不充分，取样磨细溶于水溶液后，未水化的水泥颗粒水化后释放碱性物质，因此测得的 pH 值偏高。本试验采取净浆试件浸泡法，制作 20mm × 20mm × 20mm 的净浆立方体试件，标准养护至 7d 后，取出并密封放置在 2500mL 蒸馏水的广口瓶中。通过 pH 测定计测试浸泡后水溶液的 pH 值来反映混凝土内部孔隙碱环境（图 6-14，图 6-15）。

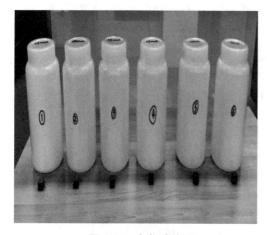

图 6-14 净浆试件图

图 6-15 pH 测定计

2. 降碱方式及其效果分析

植物适宜生长的环境普遍为中性，并且大多数植物更倾向于酸性或者弱酸性土壤中生长。以硅酸盐水泥为代表的普通胶凝材料制备的混凝土，内部呈高碱性，pH 值高达 13。植生混凝土是以混凝土为依托，植株在其表面及内部孔隙生根发芽的新型混凝土，混凝土内部碱环境对植物的生长起关键作用。高碱度非常不利于植物根系发展，使得植物不能在普通混凝土中正常生长。因此对混凝土内部碱环境的改造是必不可少的，通过有效低成本的处理手段，既可以降低碱性物质的危害，又能节约混凝土制造成本。

（1）低碱胶凝材料

采用强度等级为 P·O 42.5 低碱硫铝酸盐水泥，用该水泥替代普通硅酸盐水泥制备植生混凝土。试验前，用 pH 试纸和 pH 电子测定剂对低碱硫铝酸盐水泥和硅酸盐水泥初始碱度进行测试，试验结果如图 6-16~图 6-19 所示，结果表明硅酸盐水泥初始 pH 值在 12.5 左右，低碱硫铝酸盐水泥制备的植生混凝土初始 pH 值为 7.5 左右，呈弱酸性。硅酸盐水泥密度为 3.05g/cm³，低碱硫铝酸盐水泥密度为 2.892g/cm³，全部等比代替硅酸盐水泥使用量，制备 150mm×150mm×150mm 混凝土，待试件成型脱模后对 7d、14d、28d、40d、60d 的混凝土孔隙内环境碱度变化进行监测。

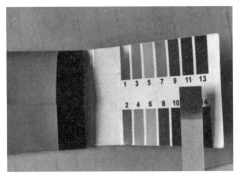

图 6-16　pH 试纸测定低碱硫铝酸盐水泥 pH 值

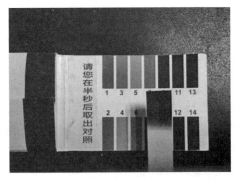

图 6-17　pH 试纸测定硅酸盐水泥 pH 值

图 6-18　低碱硫铝酸盐水泥 pH 值

图 6-19　硅酸盐水泥 pH 值

如图 6-20 所示，使用硅酸盐水泥制备植生混凝土，成型拆模后混凝土初期孔隙内环境 pH 值为 13.1，呈高碱状态，随着时间推移混凝土 pH 值逐渐降低，但其下降幅度较小。60d 硅酸盐植生混凝土内部孔隙碱环境 pH 值为 11.3，下降 13.7%，孔隙内环境依旧为高碱状态，且混凝土表面泛碱严重如图 6-21 所示。这种高碱环境下对植株的生长和周边环境均会带来一定的危害。

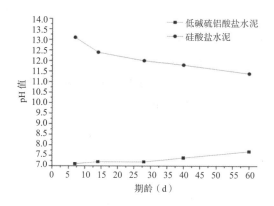

图 6-20　低碱硫铝酸盐混凝土 pH 值变化图

以低碱硫铝酸盐水泥为胶凝材料制备的植生混凝土，成型拆模后混凝土孔隙内环境初期 pH 值为 7.2，接近中性状态，随着时间推移，混凝土孔隙内环境 pH 值呈上升状态，但是升幅很小。60d 低碱硫铝酸盐植生混凝土内环境的 pH 值为 7.5，仅上升4%，依旧呈低碱状态且表面无泛碱现象发生，混凝土表现良好。低碱状态对周围环境的影响较小，适宜动植物的生存发展（图 6-22）。

图 6-21　硅酸盐混凝土试块泛碱

图 6-22　低碱硫铝酸盐混凝土试块

（2）外掺定量秸秆粉

秸秆是我国首要的农耕垃圾，每年生产数量庞大，焚烧秸秆产生大量有害物质，严重影响空气质量，目前我国全面禁止焚烧秸秆，如何再次有效利用废弃秸秆依旧是当今社会的问题。本试验拟在硅酸盐水泥中外掺一定量的秸秆粉，研究添加秸秆粉后混凝土孔隙内环境碱度变化及秸秆粉对混凝土强度的影响。

试验材料选自本地农田玉米秸秆，经粉碎机粉碎后，通过筛网分筛为 10 目大小的粉状，掺入硅酸盐水泥质量 2% 的秸秆粉。拌制混凝土前，将水泥、硅灰、胶粘剂、秸秆粉与粗集料混合均匀，再分次倒入水进行拌制。制备 150mm × 150mm × 150mm混凝土，待试件成型脱模后对 7d、14d、28d、40d、60d 的混凝土孔隙环境 pH 值进行监测。

如图 6-23 所示，以硅酸盐水泥为胶凝材料，并掺入水泥质量 2% 的秸秆粉制备植生混凝土，试验表明添加秸秆粉对硅酸盐混凝土高碱内环境有一定的改良作用。拌制成型的硅酸盐—秸秆混凝土，初期内部孔隙环境 pH 值为 12.7，且 7 ~ 14d 时，混凝土 pH 值降幅最快，14 ~ 40d 时下降速度较为平稳，40 ~ 60d 下降速度较之前增快，60d 的混凝土内部 pH 值为 9.4，pH 值较初始下降 26%。

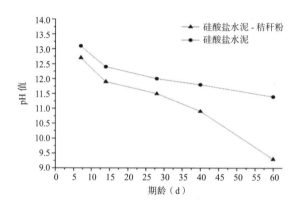

图 6-23 秸秆粉对硅酸盐混凝土碱环境的影响

硅酸盐水泥混凝土的拌制成型过程中，水泥水化时会产出大量的碱性物质，使得硅酸盐混凝土普遍呈高碱性。当在混凝土中加入秸秆粉后，在水泥水化释放碱的过程中，秸秆粉遇水膨胀并吸收一部分的碱物质，且秸秆粉本身为弱酸性物质，因此对高碱混凝土有一定的降碱效果。通过普通混凝土拌制过程中采用添加秸秆粉的手段，并选择耐碱喜碱的植被种植，可以达到一定的绿化治理效果。同时添加秸秆粉降低了混凝土降碱成本，对废弃秸秆也进行了良好的处理，秸秆粉在植株根系生长时还能提供一定的养分，促进植株的生长。

（3）碳化降碱

混凝土的碳化是一种常见的化学反应，混凝土与大气接触的过程中，与空气中的二氧化碳发生反应生成碳酸盐、水等物质，原混凝土碱性逐渐降低的过程。碳化反应对钢筋混凝土产生一定的威胁，碳化造成钢筋混凝土内部钢筋出现锈蚀等现象，并引起收缩形变、产生裂缝等，失去对混凝土的保护。而对素混凝土，碳化反应能提高混凝土某些性能，本试验拟对植生混凝土进行碳化试验，研究碳化后的混凝土物理化学性能的改变。

采用硅酸盐水泥制备四组植生混凝土，待混凝土成型脱模后，放入标准养护室养护 28d 后取出，对其孔隙内环境初始 pH 值进行记录后将试件依次放入 NJ-HTX 型碳化试验箱中。按照现行国家标准《混凝土砌块和砖试验方法》GB/T 4111 调节箱内湿度和温度到标准值。打开 CO_2 气瓶阀，使气瓶阀出口压力达到 0.0MPa，并保持压力表为 0.01MPa，启动碳化箱内部温度检测和 CO_2 检测。将植生混凝土试块在碳化箱中分别放置 1d、3d、7d、14d，取出后测定混凝土孔隙内环境 pH 值，并按照现行国家标准

《混凝土物理力学性能试验方法标准》GB/T 50081 对混凝土抗压强度进行测试。

如图 6-24 所示，采用碳化降碱的方式对植生混凝土孔隙内环境 pH 值降低的效果不如前两种降碱手段。植生混凝土初始状态测定 pH 值为 13.2 左右，将混凝土在碳化箱中放置 1d 后，测得混凝土孔隙内环境 pH 值降为 12.4。混凝土碳化 3d 后测得 pH 值为 12.2，放置 7d 后测得混凝土孔隙内环境 pH 值降低为 11.1。3 ~ 7d 时间段内，混凝土孔隙内环境的 pH 值下降速率最快，下降了 2.1；7 ~ 14d 混凝土 pH 值下降幅度呈平缓状态，14d 混凝土孔隙内环境 pH 值为 10.9。

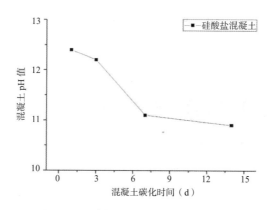

图 6-24　碳化对硅酸盐混凝土的影响

采用碳化降碱的手段对硅酸盐混凝土进行处理，14d 后的混凝土内部环境依旧呈现高碱性，对混凝土内环境的改善作用并不明显，pH 值为 10.9 并不适宜动植物的生长，对普通植株的生存产生威胁。

由表 6-6 可知，16 ~ 20mm 粗集料粒径，采用硅酸盐制备的植生混凝土，标准养护 28d 后的初始抗压强度为 5.41MPa。放置在碳化试验箱中 1d 后取出，测得抗压强度为 5.33MPa，碳化对其抗压强度影响较小。在碳化箱放置 3d 取出的混凝土试块，其抗压强度为 5.97MPa，抗压强度较碳化 1d 后的混凝土抗压强度提高 12%。究其原因，硅酸盐混凝土与二氧化碳接触后产生水，使得未水化的水泥颗粒与水继续产生水化反应，生产大量的氢氧化钙，此时还未来得及与二氧化碳发生化学反应，因此将放置在碳化箱中 3d 的混凝土试块取出后，在万能试验压力机上测得混凝土的强度呈现加强的状态。当植生混凝土在碳化箱中碳化 7d 后，测得混凝土的抗压强度为 4.81MPa，较 3d 时混凝土抗压强度下降 19.4%，混凝土强度由提升变为下降状态。究其原因，混凝土表层水泥颗粒达到充分水化，生成大量氢氧化钙等产物后，初期致使强度暂时得到提高，随后氢氧化钙等产物与充入的二氧化碳不断反应，生成碳酸盐等产物。此现象为化学腐蚀的过程，以碳酸钙为主要产物的碳酸盐物质，其强度很低，致使硅酸盐混凝土抗压强度降低。当硅酸盐水泥制备的混凝土在碳化试验箱放置 14d 后，混凝土抗压强度降为 4.49MPa，与 7d 相比下降 6.7%，与标准养护 28d 的混凝土初始抗压强度相比，下降 17%。二氧化碳通过植生混凝土内部孔隙，继而与内孔隙表层发生化学腐蚀，使尚未水化完全的水泥颗粒水化后，生成的氢氧化钙与二氧化碳反应，大量碳酸盐的生成致使植生混凝土抗压强度呈现不断下降的状态。

通过碳化试验，采用充入二氧化碳的方式对植生混凝土的性能并没有提高的作用。反而在碳化较长时间后，使混凝土的抗压强度降低，不利于混凝土维持自身力学性能，且碳化程度由表及里，由浅到深，不断向植生混凝土内部联通构造扩散，碳化后的混凝土内部改造松散，承载能力降低，因此不宜使用碳化的方式对植生混凝土性能改善，并且应该采用多种措施来保护植生混凝土免遭碳化的危害。

碳化时间与混凝土抗压强度的变化　　　　　　　表 6-6

时间	28d 养护后	碳化 1d	碳化 3d	碳化 7d	碳化 14d	碳化 28d
抗压强度（MPa）	5.41	5.33	5.97	4.81	4.49	4.22

6.4 植生混凝土降碱及植生性能研究

6.4.1 植物的筛选及填充材料选择

植株依托混凝土连续多孔的内部构造生根发芽，混凝土内部混凝状态对植株的生长产生影响，同时植株后期根须生长发育也对混凝土有一定影响。选取根须发达的植物，其根须不断粗壮伸长会破坏混凝土内部构造，使得混凝土内部开裂，最后破坏无法承载。根须短小的植株，在混凝土表面达不到所需的绿化效果，遭受大雨大风天气，植株容易被风或者雨水带走。同时植物对混凝土内环境的需求也各不相同，喜酸好碱植物种类不同，因此对植物的筛选也是必需的一项工作。

填充材料也是对植物生长至关重要的，植物的生长需要营养物质的不断提供，填充材料须具有良好的保水性，以防止在炎热天气下植株缺水枯竭死亡，填充材料可以根据混凝土内环境的条件适当调节 pH 值，使得适应植物生长所需环境。

1. 植物的筛选

根据植株的不同特性，需要对植株进行筛选。每一种植物都有其最适宜生长的环境条件，要选择和植生混凝土内环境相接近的植物进行栽培，考虑植株的生长周期、极端天气的耐受性，植株生长高度和广度，根须的发达与密度等。要选择根系发达，且根须密而细的植株，根须才能深入混凝土底部土壤，达到固土的作用，根须伸长越好其固土性能越佳，同时植物也获得更好的抗逆性（表 6-7）。

植物形态特征、生长习性　　　　　　　表 6-7

草种	形态特征	生长习性
黑麦草	生命周期超过两年（多年生），具有细弱的根状茎。秆丛生，高 30～90cm，各地普遍引种栽培的优良牧草	喜温凉湿润气候。宜于夏季凉爽、冬季不太寒冷地区生长
狗牙根	低矮草本植物，秆细而坚韧，高可达 30cm，为良好的固堤保土植物，常用以铺建草坪或球场	适于各温暖潮湿和温暖半干旱地区长寿命的多年生草，极耐热和抗旱，但不抗寒也不耐阴

续表

草种	形态特征	生长习性
结缕草	多年生草本，具横走根茎，须根细弱。秆直立，高14～20cm，花果期5～8月	喜温暖湿润气候，喜光又有一定的耐阴性。抗旱、抗盐碱、抗病虫害能力强，耐瘠薄、耐践踏、耐一定的水湿
高羊茅	禾本科多年生地被植物，高90～120cm，径2～2.5mm，上部伸出鞘外的部分长达30cm	性喜寒冷潮湿、温暖的气候，在肥沃、潮湿、富含有机质、pH值为4.7～8.6的细壤土中生长良好
格桑花	落叶灌木，奇数羽状复叶，高0.5～2m，茎多分枝，花期5～7月	可耐−50℃低温，喜微酸至中性、排水良好的湿润土壤，也耐干旱瘠薄
猫薄荷	花期6～8月，果期7～9月，多年生直立草本。茎高40～150cm	喜冷凉、全日照或半日照的环境，植床需要排水良好

选择植株的同时考虑耐碱性植物，植生混凝土内部呈高碱性，植株种子初期生长可能良好，一点碱性物质溢出将会对植物带来很大的威胁，这样选择耐碱吸碱性的植株才能使得植生混凝土充分发挥绿化固化环境的作用（图6-25～图6-31）。

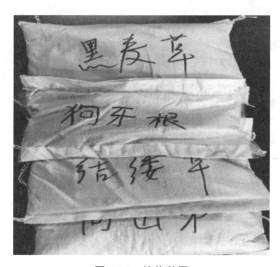

图6-25　植物种子

图6-26　狗牙根

图6-27　结缕草

图 6-28　猫薄荷

图 6-29　格桑花

图 6-30　高羊茅

图 6-31　黑麦草

经过初期初步种植比较，30d 高羊茅植株的生长状况最好，综上而言，高羊茅更适于进行植生试验，因此选择高羊茅草籽进行植生试验（表 6-8）。

植株播种 30d 后生长情况　　　　　　　　　　　　　　表 6-8

草种	播种 30d 后生长情况
黑麦草	发芽率低，存活率低，仅零星草籽发芽，发芽即死亡
狗牙根	发芽率低，植株萌芽慢，生长低矮
结缕草	长势良好，植株茎叶繁密，植株高度可以，但是植株株体较软容易低垂
高羊茅	发芽率高且生长快，植株高度高，根叶粗壮繁茂，温度变化对其影响较小，更耐低温
格桑花	植株长势较好，但是植株较正常生长相比，矮小且成活率低
猫薄荷	发芽率高且生长快，但植株后期根根分明，密度低，受温度变化影响大

2. 填充材料选择

填充材料一般由水、种植土、营养液、保水剂等构成，作为营养基为植株提供生长所需营养，同时填充材料也能在一定程度上保护植株根系，减缓混凝土内部碱性物质的危害。填充材料需具备一定的吸水性和保水性，容易填充在混凝土孔隙且不会密封孔隙导致植株不能扎根穿过材料。填充材料需要经济可行，多利用废弃材料，进行再次利用且不对周围环境产生危害，降低生产成本，且有利于植株的生长。

6.4.2 种植方式对植生混凝土的影响

植物生长状况是衡量植生混凝土植生性能的重要指标，植株的生长既受到混凝土内部环境的影响，又与其栽种的营养土质相关。同时植生混凝土内部连通孔隙的大小也对植株根系的发展起到一定的制约作用，植物的种类也会对混凝土有一定的影响，植株根系后期发展会过于迅速，会破坏混凝土构造，使混凝土破坏变形。因此需要综合以上几种因素对植生混凝土进行分析研究，合理地对植生混凝土内环境及孔隙大小平衡。

本书采用上、中、下三种种植方式对三种胶凝材料制备混凝土的植生性能进行研究，以高羊茅草种播种，观测60d内植株的生长高度，并结合各置式生长特点为不同适用场合提供一定参考。

1. 植株的种植方式

目前生态混凝土按种植方式可分为上、中、下三种构造。其中，上置式构造如图6-32所示，将土壤、水、营养物质等混合成均匀且流动性较大的浆体填充整个混凝土块，并在生态混凝土的上方铺设一层土，将高羊茅草籽播撒在该土层中。初期保持混凝土层湿润，确保植物根系能更好地向生态混凝土的孔隙生长并最终穿过混凝土达到基层土壤。

图6-32 上置式植生混凝土

中置式构造如图6-33所示，首先浇筑一层多孔混凝土，拌制成型并标准养护约10d后，将高羊茅草籽与水、土壤、营养填充剂等搅拌均匀，形成流动性良好的浆体，填充混凝土内部，使浆体均匀透过混凝土并填满孔隙，高羊茅草籽在混凝土内部萌芽生长。

图 6-33 中置式植生混凝土

下置式构造如图 6-34 所示，是在植生混凝土下方先预铺一层营养土，将高羊茅草籽播撒在该土层中，然后将植生混凝土置于土层的上部，草籽发芽后向上穿过混凝土。

图 6-34 下置式植生混凝土

2. 上置式植株生长情况

如图 6-35 所示，上置式种植模式下，高羊茅草籽在三种胶凝材料混凝土表层土同时发芽，初期生长不受混凝土内部环境的影响，且 7～30d 生长速率最快。高羊茅植株 60d 生长高度，硅酸盐水泥混凝土低于掺入秸秆粉、低碱硫铝酸盐水泥制备的混凝土。后期高羊茅植株根系逐渐生长穿过表层土壤并进入混凝土内部，由于硅酸盐水泥制备的混凝土内部孔隙环境呈高碱性，不利于根系的发展，抑制了高羊茅植株的正常生长。采用低碱硫铝酸盐水泥和硅酸盐水泥外掺秸秆粉的降碱手段，均对混凝土内部碱环境有一定的改良效果，使其有利于高羊茅根系生长，促进了植株繁茂。

3. 中置式结构生长情况

由图 6-36 可知，三种胶凝材料制备的混凝土，中置式种植模式下植株的生长高度均较上置式大幅下降。高羊茅草籽置于生态混凝土层中，因混凝土内部环境呈碱性，将会影响草籽的生根发芽，并且混凝土内部有限的孔隙也会抑制植株后期生长。由于中置式生态混凝土表层缺少土层覆盖，中置式比上置式更容易造成混凝土内部土壤的干旱，致使植物根系不能正常生长吸收水分，因此更需要提高土壤的保水能力以及加强灌溉频率。

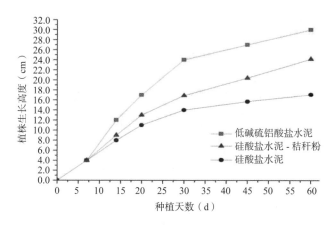

图 6-35　上置式植株生长高度

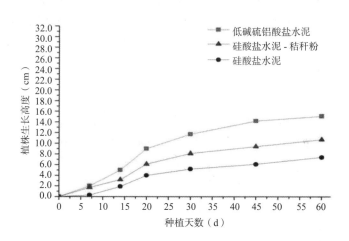

图 6-36　中置式植株生长高度

4. 下置式结构植株生长情况

由图 6-37 可知，下置式各胶凝材料制备的混凝土，植株的生长均受到限制。低碱硫铝酸盐水泥制备的生态混凝土，高羊茅植株 60d 高度降为 14.7cm，硅酸盐水泥和掺入秸秆粉后制备的生态混凝土，其高羊茅长势相近。生态混凝土内部的连续多孔性，下置式构造对底层土壤颗粒具有良好的反滤作用，提高了底部土层的保水性，同时减少了外界对植株根部的干扰。但植物种子生根发芽需要穿过生态混凝土内部孔隙，而孔隙的大小对植株的生长有很大的影响。并且混凝土表层孔洞数量有限，植株需要从这些孔洞钻出且良好生长，需有较大的孔隙，因此建议采用大粒径粗集料配制下置式生态混凝土。在流水的侵蚀作用下，大量碱性物质溢出并进入下部土层中，植物在碱的作用下，其生长也将受到一定的影响。

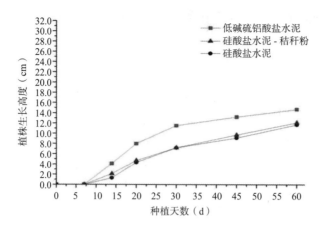

图 6-37　下置式植株生长高度

5. 植生性能比较及分析

如图 6-38 所示，采用上置式构造的三种胶凝材料制备的生态混凝土，60d 植株生长情况均好于中置式和下置式。其中低碱硫铝酸盐水泥制备的混凝土，植株生长最为良好，生长高度满足自然条件下，高羊茅的正常生长高度。硅酸盐水泥中添加秸秆粉，上置式、中置式植株生长高度较单一硅酸盐水泥制备混凝土好，但下置式构造两者高度几乎无差。

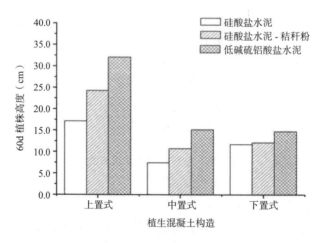

图 6-38　上、中、下置式植生性能比较

6.5　植生混凝土河道护坡截留返滤除杂研究

6.5.1　植生混凝土河道护坡截留返滤除杂试验设计

河道边坡的稳定性主要考虑降雨和流水的侵蚀作用，本章以降雨对植生混凝土护坡能力的影响为主要研究进行试验。以高羊茅草籽为种植对象，选择不同粒径粗集料，不同边坡坡度，暴雨强度对普通土体、植生混凝土表层无覆土、植生混凝土表层覆土

未植草、植生混凝土表层覆土植草、浆砌硬化护坡模式的影响进行了研究。

分别设计不同试验方法，在本地暴雨强度下，针对植生混凝土截流表层土质、反滤、吸附除杂三种性能进行试验。制作模拟边坡及护坡混凝土模型，通过控制变量和设置空白对照组的方法选择护坡方式。得到植生混凝土护坡模拟边坡在本地暴雨强度下，以上三种性能的影响规律，对植生混凝土护坡综合评价。

1. 边坡选择

边坡通常可分为自然边坡和人工防护边坡，边坡稳定性即边坡保持安全稳定的条件及能力。河道护坡也是众多护坡类型中的一种，植生混凝土主要用于河道护坡中，因此本书针对这一护坡类型进行试验研究，研究植生混凝土对边坡的抗冲刷、截留固土、吸附净化等能力。边坡坡度应根据不同的挖填高度、土的工程性质及工程特点而定，做到保证土体稳定和施工安全，本试验选取坡度为 1∶1 和 1∶3 的两个河道常见边坡坡度（图 6-39）。

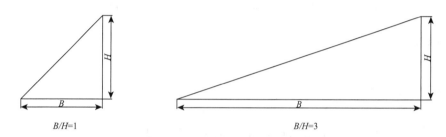

图 6-39 坡度为 1∶1 和 1∶3 的边坡示意图

2. 降雨强度设计及计算

考虑到降雨对生态护坡坡面的冲刷作用，查阅现行国家标准《室外排水设计标准》GB 50014 及相关文献，取暴雨重现期 P=5 年，对应绵阳地区降雨强度可查《给水排水设计手册（第 5 册）城镇排水》（第二版）：

$$q=\frac{2806\,(\,1+0.803\log P\,)}{(\,T+12.8P^{0.231}\,)^{\,0.768}} \tag{6-9}$$

式中 P——重现期（年）；

T——降雨历时（s）；

q——暴雨强度 [L/（s·ha]。

设计暴雨重现期取值为五年，即按照五年一遇的暴雨强度计算（表 6-9）。

设计暴雨重现期（年）　　　　　　　　　　表 6-9

城区类型	中心城区	非中心城区	中心城区的重要地区	中心城区地下通道和下沉式广场等
特大城市	3～5	2～3	5～10	30～50
大城市	2～5	2～3	5～10	20～30
中小城市	2～3	2～3	3～5	10～20

$$q=\frac{2806（1+0.803\lg T）}{（t+12.8T^{0.231}）^{0.768}}=386.97\text{L/}（\text{s}\cdot\text{ha}） \qquad （6\text{-}10）$$

降雨历时：$T=t_1+mt_2$

式中　t_1——地面集水时间（min）；

　　　t_2——管渠内雨水通过时间（min），应根据汇水距离、地形坡度和地面种类计算确定，一般采用 5～15min；

　　　m——折减系数。

计算得到绵阳暴雨强度：

$$q=\frac{2806（1+0.803\lg T）}{（t+12.8T^{0.231}）^{0.768}}=386.97\text{L/}（\text{s}\cdot\text{ha}）$$

降雨装置出水口雨水量计算：

$$Q=\frac{Fq}{10000}=\frac{60.5\times45.5\times386.97}{10000}=0.0107\text{L/s}$$

式中　Q——流量（L/S）；

　　　F——汇水面积（m^2）；

　　　q——暴雨强度 [L/（s·ha]。

3. 边坡模拟装置

设计内部尺寸为 610mm×460mm×130mm 的长方体边坡木箱（图6-40），植生混凝土试块的尺寸为 610mm×460mm×50mm，木箱下方出口高度为 70mm，固定混凝土且便于冲刷过程中水流土质溢出到集水箱中。将木箱放置在冲刷支撑架上，调节坡度 1∶1～1∶3。

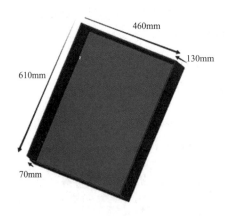

图6-40　模拟边坡木箱

制作过程简述：采用 16～20mm、20～25mm、25～30mm 的粗集料，以低碱硫铝酸盐水泥为胶凝材料分别浇筑尺寸 610mm×460mm×50mm 的混凝土板块，待试件成型后在标准养护室养护 28d 后取出。在附近土质边坡收集一定量的普通土壤，将土壤敷设在模型板框内底层，敷设厚度为 50mm，并将该土层紧密压实。把混凝土板块放置在土层上方，将水、营养液、土壤、保水剂等混合成均匀且流动性较大的混合物浆体，充分且均匀地填充到生态混凝土试件上。在混凝土上方敷设一层薄客土，采用上置式播种，表面播撒高羊茅草种，待高羊茅植株茂盛后进行冲刷试验（图 6-41 ~ 图 6-43）。

图 6-41　植生混凝土板

图 6-42　土体填充

图 6-43　表层覆土播种

4. 降雨模拟装置

选用 1000mm×1000mm×1200mm 和 1000mm×1000mm×1000mm 长方体水箱支撑架，将盛满水的水箱放置支撑架上以备冲刷降雨供水使用。截留板为 600mm×

600mm×80mm，与水平面呈 30°放置在冲刷架下侧。冲刷坡度支撑尺寸为 615mm×465mm×50mm，边坡坡度为 1∶1 和 1∶3 的两个支撑架（图 6-44）。

降雨管道（图 6-45）选用直径为 15mm 的 PVC 管，降雨面积为冲刷支架水平投影的面积，坡度 1 的降雨面积为 0.275m²，坡度 3 的降雨面积为 0.245m²，由 8 根 PVC 管拼接而成，每根 PVC 管开 6 个出水孔。降雨管道水平放置于冲刷槽上部，保持坡度 1∶1 和 1∶3 的坡道距离降雨口距离一致。流量计选用 MT 流速测量计。蓄水箱容积为 120L，塑料水管接水龙头，保持蓄水箱内水位保持一定，且降雨口出水量保持不变。

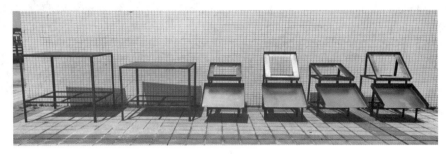

图 6-44　冲刷支撑架

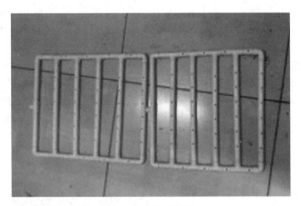

图 6-45　降雨管道

6.5.2　植生混凝土截留表层土质性能研究

未经过人工修缮的土坡，不能承受降雨和流水的侵蚀，往往发生水土流失及管涌现象。在普通土质边坡种植植物后，根系发展能够起到一定加筋作用，减少了降雨、流水对土坡的侵蚀，当遭遇强降雨时，植物对土质的保护作用迅速下降，不利于坡道的稳定性。本试验拟在土坡表面采用上置式植生混凝土护坡模式，表层覆土种植草，待植物生长到一定高度后，研究强降雨流水冲刷对表层种植土壤的影响。

1. 试验测试

以 0.0107L/s 的暴雨强度对边坡系数 1 和 3 的植草边坡进行冲刷，冲刷时间为 60min。冲刷结束后将土工布放置在烘箱中烘干，测量拦截的土质量。试验组类如下：

（1）A：覆土未植草；

（2）B：覆土植草组；

（3）C：16～20mm 植生混凝土（表层覆土植草）；

（4）D：20～25mm 植生混凝土（表层覆土植草）；

（5）E：25～30mm 植生混凝土（表层覆土植草）；

（6）F：16～20mm 植生混凝土（表层覆土未植草）；

（7）G：20～25mm 植生混凝土（表层覆土未植草）；

（8）H：25～30mm 植生混凝土（表层覆土未植草）。

　　试验装置固定放置完毕后，将集水箱放置在导流板下方，并在集水箱上覆盖一层土工布，并称量土工布冲刷前的质量。土工布需完整包裹整个集水箱上方，放置土壤颗粒从集水箱的边角流入集水箱内，造成试验误差。向水箱里注满水，完全打开上下两个阀门，调节上阀门至所需流量，确保降雨装置正常出水后，关闭下阀门。称量各试验组重量，记录初始数据，然后将试验组和对照组的护坡模型置于试验装置上，打开下阀门进行冲刷试验（图 6-46～图 6-48）。

图 6-46　表层土质冲刷试验

图 6-47　暴雨冲刷后的模拟边坡

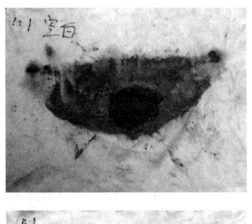
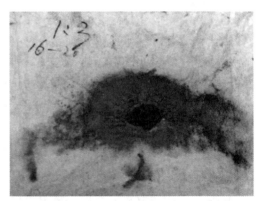
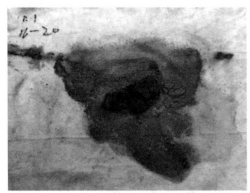

图 6-48 土工布截留土质

2.试验结果及分析（表 6-10、表 6-11）

冲刷土体质量（坡度 1：1）　　　　表 6-10

组别	框重（kg）	框 + 土（kg）	混凝土（kg）	总重（kg）	冲刷土（kg）
A	5.5	20.9	0	20.9	1.49
B	5.5	20.9	0	21.1	0.78
C	3.4	18.6	22.5	55.4	0.16
D	3.5	19.2	23.0	54.7	0.19
E	3.7	18.9	22.7	53.5	0.23
F	3.4	18.6	23.1	54.2	0.30
G	4.1	19.5	22.4	54.4	0.34
H	3.4	18.8	22.9	55.1	0.39

冲刷土体质量（坡度 1：3）　　　　表 6-11

组别	框重（kg）	框 + 土（kg）	混凝土（kg）	总重（kg）	冲刷土（kg）
A	5.5	20.9	0	20.9	1.16
B	5.5	20.9	0	21.0	0.52
C	3.4	18.6	23.0	56.1	0.09

续表

组别	框重（kg）	框+土（kg）	混凝土（kg）	总重（kg）	冲刷土（kg）
D	3.6	19.3	22.5	54.3	0.13
E	3.6	18.8	22.5	53.4	0.17
F	3.4	18.6	22.7	53.8	0.20
G	3.7	19.1	23.1	54.9	0.22
H	4.3	19.7	22.3	55.3	0.27

由图 6-49 可知，当边坡系数为 1∶1 时，粒径为 16～20mm 的植生混凝土覆土未植草组的土质冲刷量为 0.30kg，覆土植草组比无植草组在降雨作用下减少了 47% 的泥土损失；粒径为 20～25mm 的植生混凝土覆土未植草组的土质冲刷量为 0.34kg，覆土植草组比无植草组在降雨作用下减少了 44% 的泥土损失；粒径为 25～30mm 的植生混凝土覆土植草组的土质冲刷量为 0.23kg，覆土植草组比未植草组在降雨作用下减少了 41% 的泥土损失。

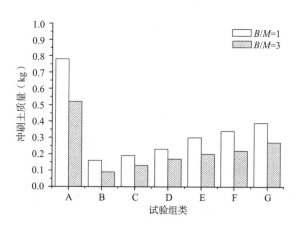

图 6-49　坡度 1∶1 和 1∶3 的表层土质冲刷量

当边坡系数为 1∶3 时，粒径为 16～20mm 的植生混凝土覆土未植草组的土质冲刷量为 0.20kg，覆土植草组比无植草组在降雨作用下减少了 55% 的泥土损失；粒径为 20～25mm 的植生混凝土覆土未植草组的土质冲刷量为 0.22kg，覆土植草组比无植草组在降雨作用下减少了 40.9% 的泥土损失；粒径为 25～30mm 的植生混凝土覆土植草组的土质冲刷量为 0.17kg，覆土植草组比未植草组在降雨作用下减少了 37% 的泥土损失。

当边坡系数为 1∶1 时，空白覆土植草组模拟边坡在降雨过程中土质流失量为 0.78kg，是边坡系数为 1∶3 的模型边坡的 1.5 倍。空白覆土未植草的模拟边坡的土质流失量为 1.49kg，空白覆土植草组模拟边坡的土质流失量为 0.78kg，植物根系对土壤的拦截率高于空白覆土组的 47.7%。边坡系数为 1∶3 的模拟边坡，覆土植草组对土壤的拦截率比空白覆土植草组高 55.2%。试验表明由于植株的根系有固结土壤的能力，使得表面土壤具有较强的抗冲刷能力，从而有效地减少了雨水对边坡的冲刷作用。

　　坡度为1:1的空白覆土植草组模拟边坡在强降雨作用下，22min后便出现滑坡塌落的现象，随后坡体上下部分裂越来越明显，裂缝不断扩大；坡度为1:3的空白植草组边坡并未出现滑坡的现象，随着时间累计流失土质量不断上升。植株根系使土壤连接成板块，在强降雨的作用下，土壤整体分裂成多个板块，出现分层滑坡的现象；而空白植草组模拟边坡在强降雨水作用下，土壤直接随水流失。

　　坡度为1:1的模拟边坡，敷设植生混凝土后，其覆土未植草组对表层土质的拦截比空白覆土组多78.3%以上；覆土植草植生混凝土组对表层土质的拦截比空白覆土植草组多70.5%以上。坡度为1:3的模拟边坡，敷设植生混凝土后，其覆土未植草组对表层土质的拦截比空白覆土组多76.7%以上；覆土植草植生混凝土组对表层土质的拦截比空白覆土植草组多67.3%以上。敷设植生混凝土，覆土植草待一定高度后，可减少土质边坡84.6%以上土质损失。植生混凝土多孔构造对表面土质的截留作用明显，同时结合植物根系固结土壤的能力，能够有效减少降雨对土质边坡的影响，提高边坡的稳定性。

6.5.3　植生混凝土反滤性能研究

　　混凝土的反滤性能，即混凝土对下部土壤的保护能力。本试验研究流水对植生混凝土底层土壤的影响规律，防止边坡在水流冲刷下，出现管涌塌陷等现象。

　　1.试验测试

　　（1）压实土组；

　　（2）16～20mm植生混凝土（表层无覆土无植草）；

　　（3）20～25mm植生混凝土（表层无覆土无植草）；

　　（4）25～30mm植生混凝土（表层无覆土无植草）。

　　试验装置固定放置完毕后，将集水箱放置在导流板下方，并在集水箱上覆盖一层土工布，并称量土工布冲刷前的质量。土工布须完整包裹整个集水箱上方，放置土壤颗粒从集水箱的边角流入集水箱内，造成试验误差。向水箱里注满水，完全打开上下两个阀门，调节上阀门至所需流量，确保降雨装置正常出水后，关闭下阀门。称量各试验组重量，记录初始数据，然后将试验组和对照组的护坡模型置于试验装置上，打开下阀门进行冲刷试验（图6-50）。

图6-50　反滤性能试验

2. 试验结果及分析（表 6-12、表 6-13）

底层土质冲刷量（坡度 1∶1） 表 6-12

组类	框重（kg）	框 + 土（kg）	混凝土（kg）	总重（kg）	冲刷土（kg）
A	5.3	21.0	0	21.0	1.31
B	3.4	18.6	22.5	41.1	0.08
C	3.5	19.2	23.0	42.2	0.11
D	3.7	18.9	22.7	41.6	0.16

底层土质冲刷量（坡度 1∶3） 表 6-13

组类	框重（kg）	框 + 土（kg）	混凝土（kg）	总重（kg）	冲刷土（kg）
A	5.3	21.0	0	21.0	0.91
B	3.4	18.6	23.0	41.6	0.02
C	3.6	19.3	22.5	41.8	0.07
D	3.6	18.8	22.5	41.3	0.11

由图 6-51 可知，边坡系数为 1∶1 时，覆土空白组边坡在降雨强度为 0.0107L/s 作用下，1h 内土壤流失质量为 1.31kg。16 ~ 20mm 粒径制备的植生混凝土模拟边坡，在降雨冲刷作用下，混凝土底部土壤流失量为 0.08kg；20 ~ 25mm 粒径植生混凝土模拟边坡，在降雨冲刷作用下，混凝土底部土壤流失量为 0.11kg；25 ~ 30mm 粒径植生混凝土模拟边坡，在降雨冲刷作用下，底部土壤流失量为 0.16kg；使用植生混凝土在坡度系数为 1 的模拟边坡，在降雨冲刷作用下对底部土壤的反滤拦截率为 87.8% 以上。

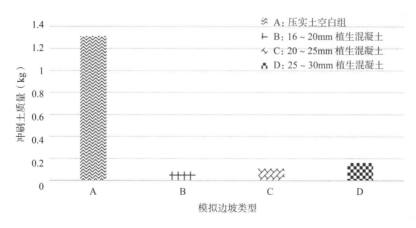

图 6-51 坡度 1∶1 护坡冲刷土质量

由图 6-52 可知，边坡系数为 1∶3 时，覆土空白组边坡在降雨强度为 0.0107L/s 作用下，1h 内土壤流失质量为 0.91kg。16 ~ 20mm 粒径制备的植生混凝土模拟边坡，在降雨冲刷作用下，下层土壤流失量为 0.02kg；20 ~ 25mm 粒径植生混凝土模拟边坡，在降雨冲刷作用下，下层土壤流失量为 0.07kg；25～30mm 粒径植生混凝土模拟边坡，在降雨冲刷作用下，下层土壤流失量为 0.11kg；采用植生混凝土在坡度系数为 3 的模拟边坡，在降雨冲刷作用下对底部土壤的反滤拦截率可高达 97.8%。

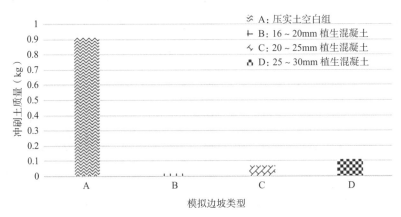

图 6-52　坡度 1∶3 护坡冲刷土质量

　　植生混凝土内部为多孔连续型构造，且表面呈凹凸不平状。当降雨流水冲击到坡面时，会在不同凹凸面产生反射波，这些不同方向的反射波叠加并抵消一部分能量。使得合成的反射波强度低于普通混凝土坡面产生的反射波强度，减少了强降雨等恶劣天气对混凝土结构的破坏，具有良好的消波能力。随着边坡系数的增大，植生混凝土模拟边坡混凝土底部的土壤流失量不断减小，同时混凝土底部土壤流失率随混凝土骨料颗粒直径增大而上升。因此建议实际工程中，在靠近水岸流水湍急的岸侧选用粒径较小的粗集料，可以更好地防止土质边坡管涌等土质流失现象发生，减少流水对土质边坡的侵蚀作用。

6.5.4　植生混凝土吸附除杂性能

　　1. 试验测试

　　将不溶于水的固体颗粒杂质，均匀地放在前导流板上，打开阀门使其随水流向植生混凝土，最后测定集水箱中的固体颗粒的质量，选取绵阳本地 0.5～1mm 粒径的细河砂作为固体杂质进行试验。打开水阀调节至所需的降雨强度 0.0107L/s，关闭下阀门，将模拟边坡放置在冲刷架上。把土工布均匀覆盖在集水箱上方，打开下阀门进行冲刷，持续时间为 1h。冲刷结束后，关闭上下两个供水阀门，取出集水箱上的土工布。然后将土工布上的土壤和砂石放在滤网上，清洗掉冲刷下来的土壤，滤净土壤后将清洗完毕的细砂放在烘箱中烘干，称取细砂的质量，更换不同类型的模拟护坡，调节护坡坡度，继续进行试验。试验组数：

　　A：普通混凝土硬化护坡；

　　B：16～20mm 植生混凝土（表层无覆土无植草）；

C：20～25mm 植生混凝土（表层无覆土无植草）；

D：25～30mm 植生混凝土（表层无覆土无植草）；

E：16～20mm 植生混凝土（表层覆土植草）；

F：20～25mm 植生混凝土（表层覆土植草）；

G：25～30mm 植生混凝土（表层覆土植草）。

2. 试验结果及分析（表 6-14）

冲刷细砂质量   表 6-14

坡度	A（kg）	B（kg）	C（kg）	D（kg）	E（kg）	F（kg）	G（kg）
1：1	0.93	0.21	0.24	0.24	0.19	0.24	0.27
1：3	0.88	0.17	0.18	0.22	0.10	0.16	0.21

普通硬化混凝土护坡，当边坡坡度为 1：3 时，固体颗粒的流失率为 88%；当边坡坡度为 1：1 时，固体颗粒的流失率为 93%，在强降雨冲刷下对固体颗粒的拦截作用微弱。采用植生混凝土护坡的模拟边坡，同降雨强度下对固体杂质的拦截率大幅提升，坡度为 1：1 的无覆土植草模拟边坡，固体颗粒的流失在 24% 以下；坡度为 1：3 的模拟边坡，其固体颗粒流失率在 22% 以下。当采用植生混凝土护坡且覆土植草的工况下，坡度为 1：1 的模拟边坡，固体颗粒的拦截率在 73% 以上；坡度为 1：3 的模拟边坡，其固体颗粒的拦截率在 79% 以上。

植生混凝土对固体的拦截能力，随粗集料粒径的增加而减弱，坡度为 1：3 的模拟边坡，采用 16～20mm 粒径的粗集料制备的植生混凝土对固体颗粒的拦截率高于 25～30mm 粒径混凝土的 5%；坡度为 1：1 的模拟边坡，采用 16～20mm 粒径的粗集料制备的植生混凝土对固体颗粒的拦截率高于 25～30mm 粒径混凝土的 3%。植生混凝土以多孔混凝土为框架，内部有许多大小不一各自相连的孔隙，降雨过程中，固体颗粒随水流经坡面，汇入孔隙中，孔隙重重叠加阻拦，使得固体杂质难以随流水向下扩散。

在模拟边坡敷设植生混凝土时，覆土植草到一定高度后，在强降雨条件下对固体杂质的拦截作用较覆土植株前有所提高，混凝土表面覆土播种后，待植株根系及茎叶达到繁茂，交错成网的茎叶根须对随水流下的固体杂质具有很好的拦截作用，同时也对表层种植土质截留，达到截留固土的双重作用。截留的固体杂质可分解为各类有机物、无机物等，又为动植物的生长提供了良好的营养环境，植物能够吸收固体杂质中的有害物质，转化为无害物质，减少生物链内有害污染物的传播。

试验表明，在模拟边坡敷设植生混凝土时，无覆土植草与覆土植草均对固体污染杂质有很强的拦截作用，其中覆土植草的混凝土模拟边坡对固体杂质的拦截能力最好，比普通硬化护坡拦截固体杂质高 78%，无覆土植草的模拟边坡固体杂质拦截率比硬化护坡高 74%，坡度对模拟边坡的固体拦截能力的影响高于骨料颗粒直径对模拟边坡的影响。

6.5.5　植生混凝土河道护坡截留返滤除杂研究结果

（1）试验表明由于植株的根系有固结土壤的能力，使得表面土壤具有较强的抗冲刷能力，从而有效地减少了雨水对边坡的冲刷作用。

（2）敷设植生混凝土，覆土植草待一定高度后，可减少土质边坡 84.6% 以上土质损失。植生混凝土多孔构造对表面土质的截留作用明显，同时结合植物根系固结土壤的能力，能够有效减少降雨对土质边坡的影响，提高边坡的稳定性。

（3）使用植生混凝土在坡度为 1∶1 的模拟边坡，在降雨冲刷作用下对底部土壤的反滤拦截率为 87.8% 以上。在坡度为 1∶3 的模拟边坡，在降雨冲刷作用下对底部土壤的反滤拦截率可高达 97.8%。

（4）在模拟边坡敷设植生混凝土时，无覆土植草与覆土植草均对固体污染杂质有很强的拦截作用，其中覆土植草的混凝土模拟边坡对固体杂质的拦截能力最好。

6.6　本章小结

本章针对植生混凝土展开研究，分析了骨料颗粒直径、种植方式、外加剂等对抗压强度、抗折强度、透水性能、孔隙率及植生性能的影响规律，采用降水试验，研究了植生混凝土护坡的截留、反滤、除杂等性能。

主要结论如下：

（1）骨料颗粒直径为 16～20mm 的碎石制备的植生混凝土 28d 抗压强度可达 5.39MPa，25～30mm 级配碎石制备的混凝土抗压强度大幅下降，下降幅度在 41.6% 以上。16～20mm 的混凝土 28d 抗折强度为 1.57MPa，25～30mm 级配碎石制备的混凝土抗折强度也大幅下降，下降幅度在 58% 以上。在水泥用量一定的条件下，粗骨料颗粒直径越小，骨料的比表面积越大，生态混凝土结构骨架内骨料颗粒之间接触点数量以及面积就越多，从而提高混凝土的强度。

（2）当粗集料粒径一定时，透水系数随孔隙率的增大而上升，当目标孔隙率一定时，透水系数随粗集料粒径的增大而上升。试验测得粗集料粒径为 16～20mm 制备的生态混凝土的平均透水系数为 2.29cm/s，孔隙率达 33.28%，透水性能良好，能够有效迅速地缓解雨水径流带来的危害。且孔隙率均能满足并适宜植株生长，有助于根须的发展伸长。遭受雨水天气时，能快速地将雨水从路面排出，减少积水和路面渗流的现象发生。同时孔隙也有一定降低噪声的作用，当在公路两旁使用时，能吸收来往车辆的声音，同时植株吸取汽车废弃物，共同降低环境负荷。

（3）以低碱硫铝酸盐水泥为胶凝材料制备的植生混凝土，60d 低碱硫铝酸盐植生混凝土内环境的 pH 值为 7.5，接近中性状态，对周围环境的影响较小，适宜动植物的生存发展。在硅酸盐水泥中添加秸秆粉，有一定吸附降碱的作用，使混凝土内部环境 pH 值降至 9.3 左右，能够较好满足植物生长。采用碳化降碱的手段对硅酸盐混凝土进行处理，14d 后的混凝土内部环境依旧呈现高碱性，对混凝土内环境的改善作用并不明显，pH 值为 10.9 并不适宜动植物的生长，对普通植株的生存产生威胁。

（4）敷设植生混凝土，待覆土植草一定高度后，可减少土质边坡 84.6% 以上土质损失。植生混凝土多孔构造对表面土质的截留作用明显，同时结合植物根系固结土壤的能力，能够有效减少降雨对土质边坡的影响，提高边坡的稳定性。无覆土植草与覆土植草均对固体污染杂质有很强的拦截作用，其中覆土植草的混凝土模拟边坡对固体杂质的拦截能力最好，比普通硬化护坡拦截固体杂质高 78%，无覆土植草的模拟边坡固体杂质拦截率比硬化护坡高 74%，坡度对模拟边坡的固体拦截能力的影响高于骨料颗粒直径对模拟边坡的影响。随着边坡系数的增大，植生混凝土模拟边坡混凝土底部的土壤流失量不断减小，同时混凝土底部土壤流失率随混凝土骨料颗粒直径增大而上升。因此建议实际工程中，在靠近水岸流水湍急的岸侧选用粒径较小的粗集料，可以更好地防止土质边坡管涌等土质流失现象发生，减少流水对土质边坡的侵蚀作用。

参考文献

[1]   王蔚，刘海峰 . 植生型多孔混凝土配合比设计方法初探 [J]. 江苏建筑，2005，（1）: 46-48.

[2]   蒋友新，张开猛，谭克峰，等 . 植生型多孔混凝土的配合比及力学性能研究 [J]. 混凝土，2006，（12）: 22-24.

[3]   王智，钱觉时，张朝辉，等 . 生态混凝土的应用研究及存在问题 [J]. 材料导报，2007，21（5A）: 434-436.

[4]   李红彦 . 无砂大孔生态混凝土配合比及力学性能研究 [J]. 广东水利水电，2008，2（1）: 54-59.

[5]   许燕莲，李荣炜，谭学军，等 . 植被型多孔混凝土的制备与植生试验 [J]. 新型建筑材料，2009，（2）: 16-20.

[6]   黄剑鹏，胡勇有 . 植生型多孔混凝土的制备与性能研究 [J]. 混凝土，2011，（2）: 101-104.

[7]   王桂玲 . 植生混凝土用多孔混凝土的制备技术研究 [J]. 混凝土，2013，（3）: 96-102.

[8]   徐荣进，刘荣桂，薛冬杰，等 . 煤矸石植生生态混凝土的制备和性能研究 [J]. 混凝土与水泥制品，2013，（5）: 81-84.

[9]   全洪珠 . 多孔生态混凝土与植物共生性能试验研究 [J]. 硅酸盐通报，2015，7（34）: 1985-1988.

[10]   MAR Bhutta, K Tsuruta, J Mirza.Evaluation of high-performance porous concrete prosperties[J].Construction & Building Materials，2012，31（6）: 67-73.

[11]   K Mutaguchi, K Takeda, K Murakami, et al.3 成分系エコバインダーを適用したポーラスコンクリートの緑化基盤材としての用途を想定した基礎物性 [J]. 日本建築学会研究報告 . 九州支部 .1，構造系，2012，66（1）: 684-691.

[12]   A Krishnamoorthi, G Mohan Kumar.Properties of green concrete mix by concurrent use of fly ash and quarry dust[J].Journal of engineering，2013，3: 48-54.

[13]   董建伟 . 随机多孔型绿化混凝土孔隙内盐碱性水环境及改造 [J]. 吉林水利，2003，（10）: 1-4.

[14] 奚新国，许仲梓．低碱度多孔混凝土的研究 [J]．建筑材料学报，2003，6（1）：86-89.

[15] YI Kim，CY Sung. Hydration，strength and pH properties of porous concrete using rice husk ash[J].Journal of the Korean Society of Agricultural Engineers，2007，49（3）：51-60.

[16] 조영국．시멘트 콘크리트의 배합조건에 따른 pH 저감에 관한 연구 [J]．한국건축시공학회지 제 8 권 제 4 호，2008，8（8）：79-85.

[17] 廖文宇，石宪，黄泽锋，等．植生混凝土的降碱技术及种植效果研究 [J]．混凝土，2013，（7）：155-158.

[18] 遠藤典男，依田直大，大内崇弘，等．竹粉接着によるポーラスコンクリート表面の性状改善に関する研究 [J]．長野工業高等専門学校紀要，2013，47：1-7.

[19] MY Kon，LH Chou.The eco-concrete with the papermaking sludge[J].Applied Mechanics & Materials，2014，670-671：454-457.

[20] 陈景，卢佳林，徐芬莲，等．植生多孔混凝土的制备及其植生性能研究 [J]．商品混凝土，2015，（5）：56-59.

[21] 钱震生．碳化对植生混凝土碱环境及力学性能的影响 [J]．福建交通科技，2016，（3）：20-22.

[22] 董建伟，裴宇波，王丽秋．环保型绿化混凝土的研究与实践 [J]．吉林水利，2002，（2）：1-4.

[23] 刘荣桂，吴智仁，陆春华，等．护堤植生型生态混凝土性能指标及耐久性概述 [J]．混凝土，2005，（2）：16-28.

[24] 孙永军，刘学功，程庆臣，等．环保型绿色植被混凝土的开发与应用 [J]．水利水电技术，2004，（1）：85-86.

[25] Sung-Bum Park，Mang Ti.An experimental study on the water-purification properties of porous concrete[J].Cement & Concrete Research，2004，34（2）：177-184.

[26] 魏涛，张兰军，张华君．植被混凝土坡面防护技术应用及防护效果生态调查 [J]．公路交通技术，2005，（5）：123-129.

[27] 罗仁安，樊建超，冯辉荣，等．生态混凝土护坡与边坡稳定性 [J]．土工基础，2005，19（5）：48-51.

[28] 남정만，윤중만，김승현，et al. 투수콘크리트의 공극막힘현상에 대한 실험적 연구 [J]．한국전산구조공학회학회지：전산구조공학，2007，4：69-76.

[29] 朱健，高建明，汪吉星．水生植物、多孔混凝土的综合水质净化效应 [J]．混凝土与水泥制品，2009，（1）：10-13.

[30] SB Park，YI Jang，J Lee，et al.An experimental study on the hazard assessment and mechanical properties of porous concrete utilizing coal bottom ash coarse aggregate in Korea[J]. Journal of Hazardous Materials，2009，166（1）：348-355.

[31] HK Kim，HK Lee.Influence of cement flow and aggregate type on the mechanical and acoustic characteristics of porous concrete[J].Applied Acoustics，2010，71（7）：607-615.

[32] JK Lan，BJ Liu.Notice of retraction comparing the purification effects of sewage water treated by different kinds of porous eco-concrete[J].International Conference on Bioinformatics &

Biomedical Engineering，2011，130（1）：1-4.

[33]　石从黎，谭免志，宋开伟，等．多孔植被混凝土的制备工艺 [J].商品混凝土，2011，（10）：64-67.

[34]　郑德戈，谢修平，林山华．生态混凝土护坡及灌注型植生卷材绿化工法在水利工程护岸中的应用 [J].水利水电技术，2012，43（2）：26-29.

[35]　薛冬杰，刘荣桂，徐荣进，等．冻融环境下透水性生态混凝土试验研究 [J].硅酸盐通报，2014，33（6）：1480-1484.

[36]　欧正蜂，王良泽南，王淑文，等．植生多孔混凝土在水库护坡中的应用试验研究 [J].人民珠江，2015，（1）：98-100.

[37]　BJ Lee，GG Prabhu，BC Lee，et al.Eco-friendly porous concrete using bottom ash aggregate for marine ranch application[J].Waste Management & Research，2015，34（3）：214-224.

[38]　姜伟民．植生混凝土综述与开发应用研究 [J].混凝土，2009，（7）：97-98.

[39]　王伟，王永海，周永祥，等．植生混凝土中碱环境测试方法综述 [J].工业，2016，（6）：293-294.

[40]　唐瑞．植生混凝土的制备及其河道护坡性能的研究 [D].绵阳：西南科技大学，2018.